Roland Schneider

Prozedurale Programmierung

Lehrbuch

Die Reihe „Lehrbuch", orientiert an den Lehrinhalten des Studiums an Fachhochschulen und Universitäten, bietet didaktisch gut ausgearbeitetes Know-how nach dem State-of-the-Art des Faches für Studenten und Dozenten gleichermaßen.

Unter anderem sind erschienen:

Stochastik
von Gerhard Hübner

Neuronale Netze
von Andreas Scherer

Rechnerverbindungs-strukturen
von Bernd Schürmann

Rechnerarchitektur
von Paul Herrmann

Konstruktion digitaler Systeme
von Fritz Mayer-Lindenberg

SPSS für Windows
von Wolf-Michael Kähler

PASCAL
von Doug Cooper und Michael Clancy

Programmieren mit JAVA
von Andreas Solymosi und Ilse Schmiedecke

Bausteinbasierte Software
von Günther Bauer

Anwendungsorientierte Wirtschaftsinformatik
von Paul Alpar, Heinz Lothar Grob, Peter Weimann und Robert Winter

Software Engineering
von Reiner Dumke

Grundlagen der Theoretischen Informatik mit Anwendungen
von Gottfried Vossen und Kurt-Ulrich Witt

Grundlagen und Konzepte der Informatik
von Hartmut Ernst

Von Pascal zu Assembler
von Peter Kammerer

Prozedurale Programmierung
von Roland Schneider

Vieweg

Roland Schneider

Prozedurale Programmierung

Grundlagen der Programmkonstruktion

Die Deutsche Bibliothek – CIP-Einheitsaufnahme
Ein Titeldatensatz für diese Publikation ist bei
Der Deutschen Bibliothek erhältlich.

1. Auflage April 2002

Der Vieweg Verlag ist ein Unternehmen der Fachverlagsgruppe BertelsmannSpringer.
www.vieweg.de

Konzeption und Layout des Umschlags: Ulrike Weigel, www.CorporateDesignGroup.de
Druck und buchbinderische Verarbeitung: Hubert & Co., Göttingen
Gedruckt auf säurefreiem und chlorfrei gebleichtem Papier.
Printed in Germany

ISBN 3-528-05653-3

Vorwort

Dieses Lehrbuch vermittelt eine Einführung in das Entwerfen und Konstruieren von Programmen für *prozedurale Programmierung.* Es kann zur Unterstützung und Begleitung von Lehrveranstaltungen dienen und ist zum Selbststudium geeignet.

Das Lehrbuch ist aus dem Begleitmaterial zu Lehrveranstaltungen entstanden, die ich viele Jahre an der Fachhochschule Dortmund und an der Universität Stettin gehalten habe. Der Inhalt dieses Lehrbuches umfasst den Stoff der *Vorlesungen und Übungen* zur Programmkonstruktion, also zur Entwicklung von Programmablaufplänen.

Auf die Umsetzung der Programmablaufpläne in ablauffähige Programme wird nicht näher eingegangen. Die Lehrveranstaltung wird von einem *Praktikum* begleitet, in dem beispielhafte Programme auf der Grundlage des Programmablaufplanes mit prozeduralen Programmiersprachen realisiert werden. Dem Leser dieses Buches empfehle ich, mehrere Übungsaufgaben nach Erarbeitung des Programmablaufplanes mit einer geeigneten prozeduralen Programmiersprache zu realisieren um so den Stoff zu vertiefen und die Lösungen durch Tests überprüfen zu können.

Hauptgegenstand des Lehrbuches sind Stapelverarbeitungs- und Dialog-Programme, die mehrere Dateien bearbeiten. Als Beispiele werden Programme aus dem Bereich der betriebswirtschaftlichen Anwendungen benutzt.

Dortmund, im Februar 2002

Prof. Dr. Roland Schneider

Inhaltsverzeichnis

Abbildungen

1 Grundlagen

1.1 Grundgedanken und Zielsetzungen

1.1.1 Prozedurale Programmierung

Ziel dieses Lehrbuches ist die Entwicklung einer Konstruktionslehre für Programme, die mit prozeduralen, imperativen Programmiersprachen, wie z.B. COBOL, PL/1, ASSEMBLER, PASCAL, C oder DBASE 3 realisiert werden sollen.

Die Entwicklung von Programmen wird in zwei Schritte untergliedert, in *Programm-Konstruktion* und *Programm-Codierung*.

Programm-Konstruktion

Die *Programm-Konstruktion* ist Gegenstand dieses Lehrbuches. Sie soll als Ergebnis einen Programmablaufplan (PAP) liefern, der mit möglichst vielen prozeduralen Programmiersprachen codiert und realisiert werden kann. Die Einzelheiten des Programmablaufplans werden in einem Pseudocode formuliert, dessen Funktionen in den meisten prozeduralen Programmiersprachen verfügbar sind oder simuliert werden können. Der Programmablaufplan soll weitgehend unabhängig von der später zu benutzenden prozeduralen Programmiersprache sein.

Programm-Codierung

Die *Programm-Codierung*, also die Umsetzung der Programmablaufpläne in ablauffähige Programme, kann mit einer geeigneten prozeduralen Programmiersprache erfolgen. Dazu müssen die Anweisungen des Pseudocodes den entsprechenden Anweisungen oder Anweisungsfolgen der gewählten Programmiersprache gegenübergestellt werden und durch sie ersetzt werden.

Die Programm-Codierung kann auch mit dem für Lehr- und Unterrichtszwecke entwickelten Programm-Entwicklungssystem DPM erfolgen, das die Realisierung von Programmen mit dem in diesem Lehrbuch benutzten Pseudocode ohne Kenntnis einer speziellen Programmiersprache ermöglicht.

Der Inhalt dieses Lehrbuches konzentriert sich auf Programme aus dem Bereich der betriebswirtschaftlichen Anwendungen, die mehrere Dateien bearbeiten. Dementsprechend sind Algorithmen zur Dateibearbeitung, also zur Speicherung, zum

Wiederauffinden und zur Verarbeitung von Informationen in Dateien, der wesentliche Inhalt der Konstruktionslehre.

1.1.2 Ziele der Konstruktionslehre

Die Konstruktionslehre verfolgt mehrere Ziele:

- Betriebssicherheit, Zuverlässigkeit und Fehlerfreiheit der Programme.
- Flexibilität der Programme gegenüber erfahrungsgemäß vorkommenden Änderungen und Erweiterungen.
- Wiederverwendbarkeit von entwickelten Programmen und Programmteilen.
- Wirtschaftlichkeit hinsichtlich des Erstellungsaufwandes und hinsichtlich einer angemessenen technischen Effizienz.

1.1.3 Vorgehensweise zum Erreichen der Ziele

Die Programme werden in die beiden Komponenten *Datenfluss-organisation* und *Problemlogik* zerlegt.

Datenfluss-Organisation

Die Datenflussorganisation umfasst im Wesentlichen die folgenden Programmfunktionen und die zu ihrer Realisierung benötigten Algorithmen:

- Bereitstellung der vom Programm benötigten Eingangsinformationen aus den Eingabedateien.
- Ausgabe der vom Programm erzeugten Ausgangsinformationen auf Ausgabedateien, die auch mit den Eingabedateien identisch sein können.

Programme, die im Datenfluss gleichartig oder ähnlich sind, können mit einer ähnlichen oder gleichen Datenflussorganisation arbeiten. Weil das auf viele Programme zutrifft, ist die Datenflussorganisation oft wiederverwendbar.

Problemlogik

Die *Problemlogik* umfasst die Programmfunktionen und Algorithmen, mit denen aus den schon bereitgestellten Eingangsinformationen die Ausgangsinformationen erzeugt werden.

Die Problemlogik ist von Programm zu Programm sehr unterschiedlich und selten wiederverwendbar. Erst bei einem Neuentwurf des Programms oder Programmsystems muss die Problemlogik, soweit es erforderlich ist, in eine nachfolgende Version des Programms übertragen werden und kann in gewisser Weise wiederverwendet werden.

Um die Zerlegung der Programme in die beiden Komponenten Datenflussorganisation und Problemlogik zu ermöglichen und zu erleichtern, werden die Programme in mehrere Einzelbausteine untergliedert. Jeder Einzelbaustein hat nur *einen* Eingangspunkt und *einen* Ausgangspunkt und nimmt eine Abbildung seiner Eingangsinformationen auf seine Ausgangsinformationen vor.

Einphasen-Programme

Einfache Programme werden aus diesen Einzelbausteinen synthetisch zusammengesetzt. Sie enthalten für die Datenflussorganisation nur eine Schleife und werden deshalb auch als *Einphasenprogramme* bezeichnet. Gewisse Einzelbausteine dieser Programme können in unterschiedlichen Programmen wiederverwendet werden.

Mehrphasen-Programme

Komplexe Programme enthalten für die Datenflussorganisation mehrere Schleifen und werden deshalb als *Mehrphasenprogramme* bezeichnet. Sie werden aus einfachen Programmen zusammengesetzt. Dabei werden einmal entwickelte einfache Programme nach Möglichkeit mehrfach verwendet.

1.1.4 Der ideale Lösungsweg

Der ideale Lösungsweg zum Erreichen der Ziele würde wie folgt aussehen:

Programm-Klassen und Programm-Modelle

- Programme mit gleichem oder ähnlichem Datenfluss werden jeweils zu einer *Programm-Klasse* zusammengefasst.
- Für jede so entstehende Programm-Klasse wird ein Lösungsmodell für den Datenfluss entwickelt, das als Programm-Modell bezeichnet wird und das für alle Programme der Programm-Klasse anwendbar ist.
- Die Funktionsfähigkeit der in den Programm-Modellen für den Datenfluss benutzten Algorithmen wird nachgewiesen.

Wenn für hinreichend viele Programm-Klassen Programm-Modelle zur Verfügung stehen, können Anwendungsprogramme in drei Schritten entwickelt werden:

- Das Anwendungsprogramm wird dem Datenfluss entsprechend einer Programm-Klasse zugeordnet.
- Mit dem Programm-Modell der betreffenden Programm-Klasse wird die Datenflussorganisation für das Anwendungsprogramm realisiert, entweder ganz oder überwiegend.
- Die Problemlogik des speziellen Anwendungsprogramms und eventuelle besondere Funktionen werden dem

Programm-Modell individuell hinzugefügt um so das gesamte Anwendungsprogramm zu realisieren.

Bei Anwendungsprogrammen ist ein Anteil von 50 bis 90 % der Anweisungen für die Datenflussorganisation erforderlich. Diese Teile sind für die Betriebssicherheit der Programme von großer Bedeutung. Wenn durch die angestrebte Entwicklungsmethodik diese Programmteile systematisch entwickelt werden und einen hohen Wiederverwendungseffekt aufweisen, wird die Programmentwicklung zugleich effizient und zuverlässig.

1.1.5 Der praktische Weg zu den Programm-Modellen

Der beschriebene ideale Lösungsweg ist als Vorgehensweise für eine Einführungsveranstaltung oder ein Lehrbuch nicht gut geeignet, weil gewisse Grundkenntnisse, die zur Charakterisierung und Abgrenzung der Programm-Klassen benötigt werden, zunächst nicht vorhanden sind. Daher wird aus didaktischen Gründen eine andere, umgekehrte Vorgehensweise gewählt, bei der *zuerst* das jeweilige Programm-Modell definiert wird und *danach* die Abgrenzung der Programm-Klassen einem Erfahrungsprozess überlassen wird.

Vier Schritte zum Programm-Modell und zur Programm-Klasse

Die Vorgehensweise zur Definition und Abgrenzung einer Programm-Klasse erfolgt in vier Einzelschritten:

1. Formulierung einer geeigneten idealisierten Aufgabenstellung, die für eine gewisse Datenflussorganisation typisch ist.
2. Entwicklung einer Programmkonstruktion als Lösung für die Aufgabenstellung und Verifizierung der benutzten Algorithmen.
3. Verallgemeinerung der für die idealisierte Aufgabe entwickelten Lösung zum *Programm-Modell* durch Entfernen von Funktionen, die bei ähnlichen Aufgabenstellungen erfahrungsgemäß nicht in gleicher Weise enthalten sind.
4. Untersuchung von ähnlichen Aufgabenstellungen auf ihre Lösbarkeit mit dem Programm-Modell. Die mit dem Programm-Modell lösbaren Aufgabenstellungen repräsentieren das Anwendungsspektrum des Programm-Modells und damit die Programm-Klasse sowie ihre teilweise fließende Abgrenzung gegen andere Programm-Klassen.

Die vier Schritte werden in diesem Lehrbuch insgesamt *viermal* durchlaufen. Dabei werden Umfang und Schwierigkeit der idealisierten Aufgabenstellung jedesmal verändert und gesteigert, um nacheinander *vier* Programm-Modelle zu erhalten.

Die Abgrenzung der Programm-Klassen erfordert einen längeren Erfahrungsprozess mit der Bearbeitung vieler Aufgaben. Da in diesem Lehrbuch nur wenige Aufgaben als Beispiele herangezogen werden, muss der Erfahrungsprozess in der Anwendungspraxis fortgesetzt werden.

Mehrdeutige Zuordnung von Programmen zu Programm-Klassen

Bei der Untersuchung gewisser Aufgabenstellungen von Anwendungsprogrammen auf ihre Lösbarkeit stellt sich in manchen Fällen heraus, dass ein Anwendungsprogramm mit verschiedenen Ansätzen für den Datenfluss der Eingabedateien und demgemäß mit unterschiedlichen Programm-Modellen realisiert werden kann. Die so erhaltenen unterschiedlichen Lösungen derselben Aufgabenstellung gehören unterschiedlichen Programm-Klassen an. Die Programm-Klassen überlappen sich und ihre Grenzen sind fließend. Die Zuordnung eines Anwendungsprogramms zu einer Programm-Klasse ist daher in manchen Fällen mehrdeutig und von dem für die Lösung des Anwendungsprogramms gewählten Datenfluss abhängig.

1.1.6 Einphasenprogramme

Mit dieser Vorgehensweise werden insgesamt vier verschiedene Programm-Modelle entwickelt, die mit ihren Variationen und ihrem Anwendungsspektrum jeweils eine Programm-Klasse repräsentieren. Die vier verschiedenen Programm-Modelle sind dabei so aufgebaut, dass sie durch Hinzufügen oder Entfernen von Teilen ineinander übergeführt werden können. Wenn bei einer Änderung oder Erweiterung der Aufgabenstellung das Programm aus dem Anwendungsspektrum des gewählten Programm-Modells herausfällt, ist deshalb meistens keine Neuentwicklung des Programms notwendig, weil das für die erweiterte Aufgabenstellung benötigte Programm-Modell durch eine Ergänzung oder Modifizierung aus dem schon benutzten Programm-Modell hervorgeht.

Bei der Anwendung dieser Entwicklungsmethodik zeigt sich, dass zunächst nur gewisse einfache Programme mit jeweils einem dieser vier Programm-Modelle entwickelt werden können. Diese Programme werden als *Einphasenprogramme* bezeichnet und sind überwiegend Stapelverarbeitungsprogramme.

1.1.7 Mehrphasenprogramme

Komplexe Programme oder *Mehrphasenprogramme* lassen sich nicht mit einem einzigen Programm-Modell realisieren. Um die Methodik auf solche Programme anwenden zu können, wird angestrebt, sie durch eine Kombination von Programm-Modellen zu realisieren.

Die Kombination besteht darin, dass *mehrere* gleiche oder unterschiedliche Programm-Modelle, kurz Phasen genannt, in unterschiedlichen Variationen miteinander verknüpft werden. Die so entstehenden Mehrphasenprogramme lassen sich nicht mehr dem Anwendungsspektrum *eines* Programm-Modells und seiner Programm-Klasse zuordnen. Die Komplexität eines Mehrphasenprogramms kann daran gemessen werden, aus wie vielen Phasen es besteht und welche Programm-Modelle zur Realisierung der Phasen benutzt werden. Dialogprogramme sind überwiegend Mehrphasenprogramme.

Eingabedatenstrom als Lösungsansatz

Schrittweise mit der Entwicklung der Programm-Modelle wird gezeigt, wie durch Analyse des *Datenflusses der Eingabedaten*, des sogenannten *Eingabedatenstromes*, ein sicherer Weg zur Gliederung komplexer Programme in Phasen gefunden werden kann. Jede der verschiedenen zur Realisierung benötigten Phasen kann dabei mit einem der vier Programm-Modelle und seinen Variationen realisiert werden.

Die Kombination von Phasen bietet damit die Möglichkeit, ein komplexes Programm aus mehreren einfachen Programmen sicher und wirtschaftlich zu entwickeln. Einfache Programme können mehrfach in einem komplexen Programm als Unterprogramme verwendet werden. In machen Fällen bestehen dafür verschiedene Kombinationsmöglichkeiten, die zu unterschiedlichen Lösungen führen.

1.1.8 Die vier Programm-Modelle im Überblick

Die vier Programm-Modelle werden kurz vorgestellt. Die Datenflusspläne sind mit den üblichen Symbolen beispielhaft in Bild 1.01 enthalten. Dabei werden die Dateien, soweit das möglich ist, wie folgt angeordnet:

- Eingabedateien, die sequenziell gelesen werden sollen, sind im Datenflussplan oben angeordnet.
- Eingabedateien, die je nach Interpretation der Aufgabe sequenziell oder direkt gelesen werden sollen, sind oben oder seitlich angeordnet.
- Update-Dateien werden so angeordnet, wie es ihrer Funktion als Eingabedatei entspricht.
- Ausgabedateien sind im Datenflussplan unten angeordnet. Wenn sie typischerweise oder überwiegend auf einem

Drucker realisiert werden, sind sie mit dem Druckersymbol dargestellt.

Modell 1

Kopieren

Das Kopier-Modell (Bild 1.01) dient der Abbildung

- *einer* sequenziellen Eingabedatei *auf*
- *eine* sequenzielle Ausgabe-Datei.

Es kann für die Anwendung erweitert werden um

- mehrere Direktzugriffsdateien *und* um
- mehrere Ausgabedateien.

Modell 1 ist erweiterbar zum Modell 2 oder 3. Die Überführung in Modell 2 erfolgt durch Einführung der Satzgruppenverarbeitung, die Erweiterung zum Modell 3 durch Hinzufügen der zweiten sequenziellen Eingabedatei und der Satzauswahl.

Insbesondere bei Modell 1 kann die sequenzielle Eingabedatei durch einen Bildschirm mit Tastatur ersetzt werden. Das Kopier-Modell ist das am häufigsten benötigte und benutzte Modell.

Modell 2

Abbildung von Satzgruppen

Das Modell 2 (Bild 1.01) dient der *Abbildung von Satzgruppen*

- *einer* sequenziellen Eingabedatei *auf*
- *eine* sequenzielle Ausgabedatei.

Es kann für die Anwendung erweitert werden um

- mehrere Direktzugriffsdateien *und* um
- mehrere Ausgabedateien.

Modell 2 ist modifizierbar zum *verkürzten Modell 2* und erweiterbar zum Modell 4 durch Einführung einer zweiten sequenziellen Eingabedatei und Ergänzung um die Satzauswahl.

Modell 2 wird angewendet, wenn Satzgruppen einer sequenziellen Eingabedatei auf eine oder mehrere Ausgabedateien mit gleicher oder ähnlicher Satzgruppierung abgebildet werden. Die Variationen des Modells 2 gestatten es, dass die Satzgruppen dabei eine unterschiedliche Anzahl von Rangstufen R (R > 0) haben.

Im Sonderfall R = 0 schrumpft Modell 2 zu Modell 1.

Bild 1.01
Datenflusspläne
der vier
Programm-Modelle

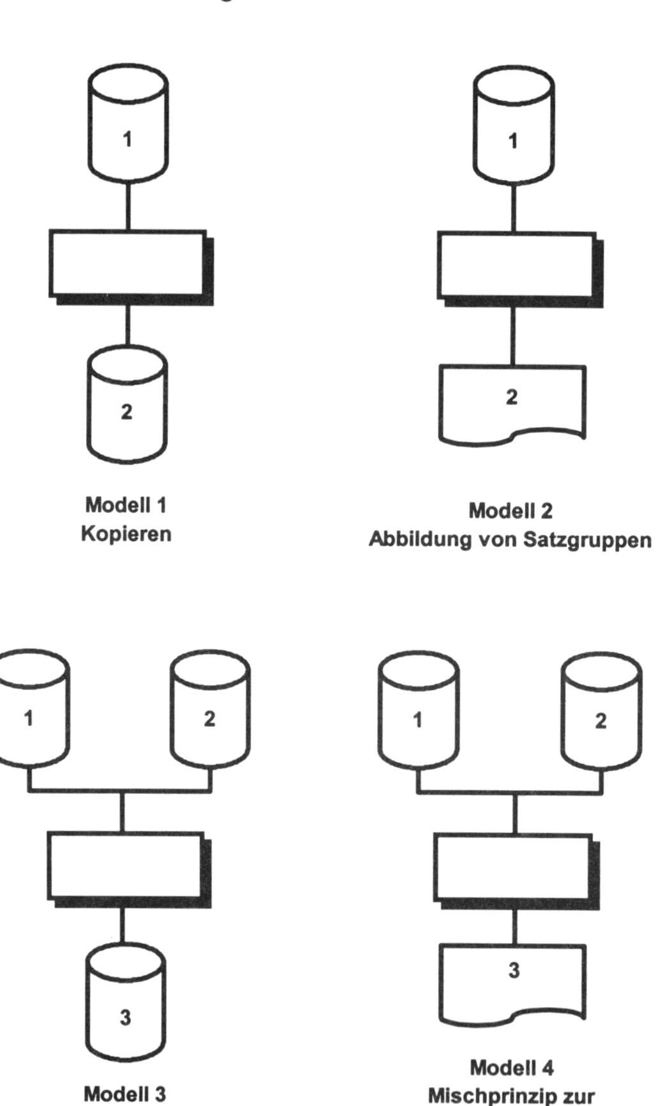

Modell 3

Mischen

Das Modell 3 (Bild 1.01) dient der Abbildung

- von *zwei* sequenziellen Eingabedateien *auf*
- *eine* sequenzielle Ausgabedatei.

Es kann für die Anwendung erweitert werden um

- weitere sequenzielle Eingabedateien,
- mehrere Direktzugriffsdateien *und* um
- mehrere Ausgabedateien.

Modell 3 kann überführt werden in Modell 4 durch Einführung der Satzgruppenverarbeitung.

Das Modell 3 wird angewendet, wenn Sätze von *zwei* oder mehr sequenziellen Eingabedateien auf eine oder mehrere Ausgabedateien abgebildet werden. Die Variationen von Modell 3 ermöglichen mehr als zwei sequenzielle Eingabedateien.

Modell 4

Mischprinzip zur Abbildung von Satzgruppen

Das Modell 4 (Bild 1.01) dient der *Abbildung von Satzgruppen*

- von *zwei* sequenziellen Eingabedateien *auf*
- *eine* sequenzielle Ausgabedatei.

Es kann für die Anwendung erweitert werden um

- weitere sequenzielle Eingabedateien,
- mehrere Direktzugriffsdateien *und* um
- mehrere Ausgabedateien.

Das Modell 4 wird angewendet um Satzgruppen, die von *zwei* oder mehr sequenziellen Eingabedateien gebildet werden, auf eine oder mehrere Ausgabedateien mit gleicher oder ähnlicher Satzgruppierung abzubilden.

Die Variationen des Modells 4 gestatten es, dass die Satzgruppen dabei eine unterschiedliche Anzahl von Rangstufen R (R > 0) haben und dass mehr als zwei sequenzielle Eingabedateien bearbeitet werden.

1.2 Symbole und Konstrukte

Für die Darstellung der Programmablaufpläne werden wenige einfache Symbole und Konstrukte verwendet, die sich an DIN 66001 anlehnen. Programmablaufpläne werden aus diesen Konstrukten zusammengesetzt. Nassi-Shneiderman-Diagramme werden nur gelegentlich als Alternativdarstellung benutzt. In 6.3 wird eine Symbolik für Mehrphasenprogramme vorgestellt.

1.2.1 Anweisung oder Anweisungsfolge

Das Rechteck (Bild 1.01) symbolisiert die Abbildung von Eingangsinformationen auf die Ausgangsinformationen und verfügt über genau *einen Eingang* und genau *einen Ausgang*.

Bild 1.02 Konstrukt *Anweisung oder Anweisungsfolge*

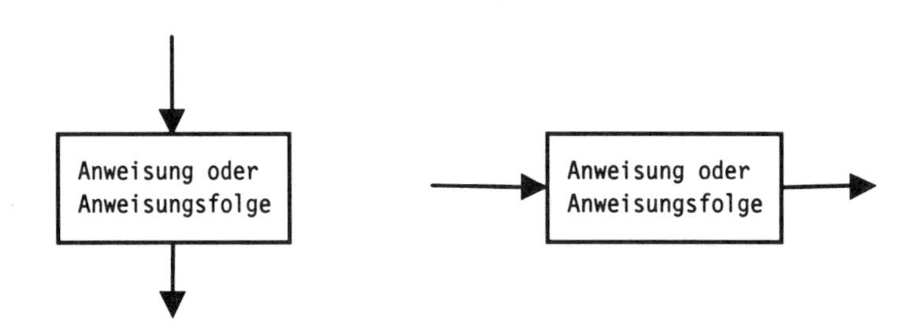

Der Eingang ist normalerweise *oben oder links*, der Ausgang normalerweise *unten oder rechts*. Pfeile können die Richtung deutlich machen. Die Anweisung oder Anweisungsfolge oder eine symbolische Abkürzung wird in den Kasten eingetragen. Die Eintragung erfolgt in einem Pseudocode. Die Größe wird dem Umfang angepasst und ist entsprechend unterschiedlich.

1.2.2 Bedingte Verzweigung

Der Rhombus (Bild 1.03) symbolisiert eine Programmverzweigung, die in Abhängigkeit von einer Bedingung erfolgt.

Bild 1.03 Konstrukt *Bedingte Verzweigung*

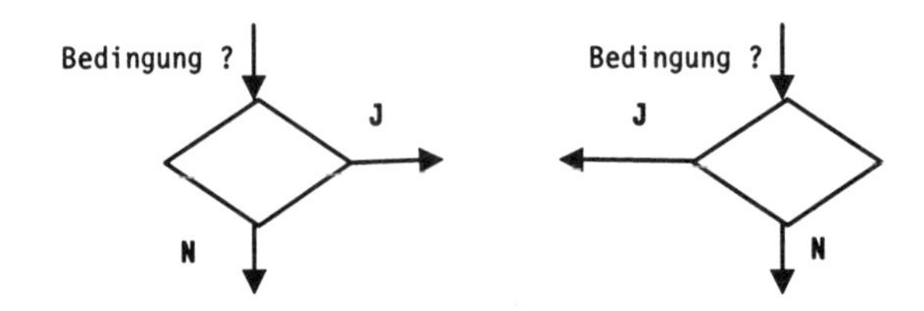

Der Eingang ist normalerweise oben, die beiden Ausgänge sind normalerweise *rechts und unten* oder *links und unten*. Die Bedingung wird angegeben. **J** und **N** geben den weiteren Programmlauf bei erfüllter bzw. nicht erfüllter Bedingung an.

1.2.3 Zusammenführung

Die Eingänge sind normalerweise *oben oder links*, der Ausgang ist *unten*. Pfeile können die Richtung anzeigen.

Bild 1.04
Konstrukt
Zusammenführung

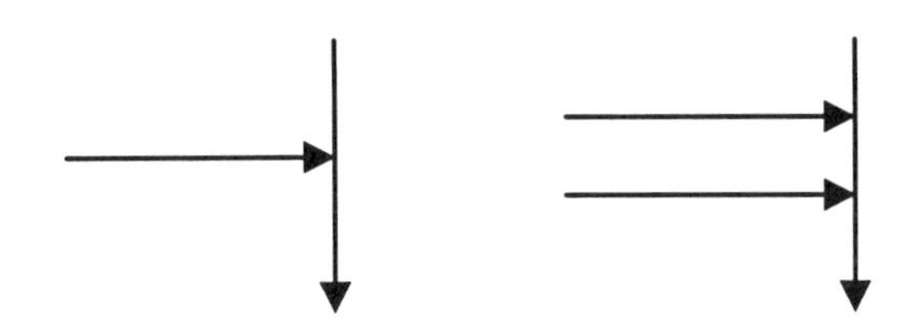

Wenn keine Pfeile angegeben sind, läuft die Richtung von oben nach unten und von links nach rechts oder ergibt sich aus dem Ursprung der Verbindungslinien.

1.2.4 Zusammengesetzte Konstrukte

Die Konstrukte werden in geeigneter Weise miteinander verbunden. Das Ergebnis können Programmteile, Unterprogramme oder vollständige Programme sein (Bild 1.05). Die Konstrukte können mit symbolischen Abkürzungen bezeichnet werden, z.B. VORR für Vorroutine.

Bild 1.05
Zusammengesetzte
Konstrukte

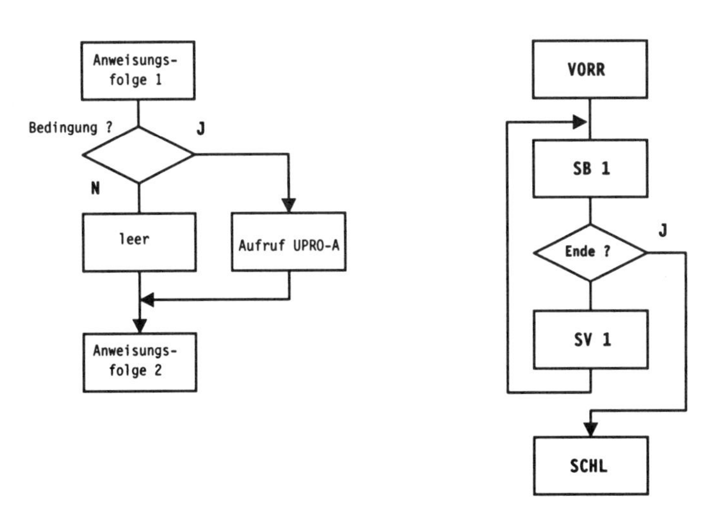

Der Konstrukt für eine Anweisungsfolge kann *leer* sein, d.h. er enthält keine Anweisung, ist aber für die Aufnahme von Anweisungen vorbereitet.

1.3 Grundbegriffe und Definitionen

1.3.1 Feld

Das Feld ist die kleinste Einheit, die eine Information enthalten kann. Das Feld hat einen Namen als Bezeichner, der durch ein Symbol abgekürzt werden kann.

Beispiele: FELD-1, IMM-NR, NAME, BETRAG

Datentypen, Zahl und Zeichenkette

Ein Feld kann unterschiedlichen Inhalt haben. Der Inhalt repräsentiert die Information. Wenn es erforderlich ist, werden zwei Datentypen unterschieden, Zahl (N) und Zeichenkette (C). Mit Feldern vom Typ Zahl können Rechenoperationen durchgeführt werden. Es wird stets angenommen, dass solche Felder, mit denen Rechenoperationen durchgeführt werden, vom Typ Zahl sind. Die Länge des Feldes spielt für die Betrachtungen keine Rolle, sie wird als hinreichend groß angenommen.

1.3.2 Satz und Zeile

Satz

Ein *Satz* ist eine Zusammenfassung von Feldern, die in einem Zusammenhang zueinander stehen. Ein Satz besteht entweder aus einem Feld oder aus mehreren Feldern.

Beispiel: Satz-1 (IMM-NR, NAME, BETRAG)

Zeile

Ein Satz, der auf einem Datenträger aus Papier steht oder für eine Ausgabe auf Papier vorgesehen ist, wird auch *Zeile* genannt.

Eine *Leerzeile* besteht nur aus Leerzeichen.

1.3.3 Datei

Eine *Datei* ist eine Menge von Sätzen. Die Dateien werden nach verschiedenen Gesichtspunkten unterschieden.

1. Leere und nichtleere Datei

Nichtleere Datei

Eine *nichtleere* Datei enthält wenigstens einen Satz.

Leere Datei

Ist die Menge der Sätze eine leere Menge, so ist die Datei *leer*, d.h. sie enthält keinen Satz.

Die Programmkonstruktionen müssen auch für leere Dateien sicher funktionieren und definierte Ergebnisse liefern.

2. Reale und virtuelle Datei

Reale Datei

Die Menge der Sätze einer *realen* Datei existiert zu einem gewissen Zeitpunkt vollständig auf einem Datenträger.

Virtuelle Datei

Bei einer *virtuellen* Datei existiert zu irgendeinem Zeitpunkt nur ein Satz oder eine Teilfolge von Sätzen. Erst in einem hinreichend langen Zeitintervall existiert jeder Satz der virtuellen Datei einmal, jeder einzelne Satz jedoch nur kurzzeitig.

Durch diese Definition der virtuellen Datei werden auch Schnittstellen zum Aufruf von Unterprogrammen sowie die über Bildschirm und Tastatur getätigten Eingaben in den Begriff der Datei mit einbezogen. Gewisse Programmkonstruktionen werden dadurch auf diese Fälle übertragbar.

3. Sequenzielle Datei und Direktzugriffsdatei

a) Sequenzielle Datei

Nichtleere sequenzielle Datei

- Eine *nichtleere sequenzielle* Datei enthält einen Satz oder mehrere Sätze.
- Ein Satz ist als erster Satz besonders ausgezeichnet.
- Jeder Satz hat einen Nachfolger, ausgenommen einer: der letzte Satz. Der letzte Satz hat keinen Nachfolger.
- Der erste Satz kann zugleich der letzte sein.

Leere seq. Datei

- Die *leere sequenzielle* Datei enthält keinen Satz.

b) Direktzugriffsdatei

Nichtleere Direktzugriffsdatei

- Jeder Satz einer *nichtleeren Direktzugriffsdatei* hat ein eineindeutiges *Merkmal*, das *Key* oder *Schlüssel* genannt wird.
- Die Merkmale aller Sätze einer nichtleeren Direktzugriffsdatei sind Elemente einer nichtleeren Menge, der *Merkmalsmenge*.
- Jedem Satz einer nichtleeren Direktzugriffsdatei ist ein Element der *Merkmalsmenge* eineindeutig zugeordnet.

Leere Direktzugriffsdatei

- Ist die *Merkmalsmenge* eine leere Menge, dann ist die Direktzugriffsdatei leer und umgekehrt.

c) Indexsequenzielle Datei

Indexsequenzielle Dateien als Kombination

Eine Datei kann sowohl die Definition der *sequenziellen* Datei als auch die der *Direktzugriffsdatei* erfüllen und dann wahlweise als sequenzielle oder als Direktzugriffsdatei angesehen und behandelt werden. Eine Form der technischen Realisierung solcher Dateien sind die *indexsequenziellen* Dateien, eine andere Form sind Dateien der Organisationsform *Relative*.

Bei indexsequenziellen Dateien ist auf der Merkmalsmenge eine Ordnungsrelation definiert, die Größer-Relation. Dadurch ist ein Element aus der Merkmalsmenge als kleinstes und damit als erstes Element ausgezeichnet. Die Ordnungsrelation der Merkmalsmenge induziert eine entsprechende Ordnungsrelation für die zugeordneten Sätze der Datei. Dem kleinsten Merkmal ist dadurch der erste Satz gemäß Definition der sequenziellen Datei zugeordnet.

1.4 Pseudocode

Programme werden durch Funktionen realisiert. Die Funktionen werden in einer Form dargestellt, die den Programmiersprachen ähnlich ist, aber von speziellen Programmiersprachen unabhängig ist. Diese Darstellung bezeichnen wir als *Pseudocode.*

Der Pseudocode umfasst Funktionen zur Manipulation von Feldern, Sätzen und Dateien. Die Funktionen des hier benutzten Pseudocodes sind in den meisten prozeduralen Programmiersprachen entweder in Form einzelner Anweisungen verfügbar oder können durch eine Anweisungsfolge simuliert werden.

1.4.1 Grundfunktionen

Bilden Satz

Die Funktion *Bilden Satz* bildet einen Satz auf einen anderen Satz ab, hier Satz-1 auf Satz-2. Beispiel:

```
F (Satz-1; Satz-2) =
F (Feld-11, Feld-12, ... ; Feld-21, Feld-22, ... )
```

Im Innern der Klammern stehen am Anfang, *vor* dem Semikolon, die Eingangsinformationen, *hinter* dem Semikolon die Ausgangsinformationen.

Die Funktion *Bilden Satz* wird dargestellt durch den Konstrukt für die Anweisungsfolge, das Rechteck.

In der Funktion *Bilden Satz* können andere Funktionen als innere Funktionen enthalten sein, z.B. die weiter unten beschriebenen Funktionen

- Zuweisung,
- Arithmetik,
- Aufruf UPRO,
- Bedingte Verzweigung

und andere, mit denen festgelegt wird, wie die Ausgangsinformationen aus den Eingangsinformationen gebildet werden. Die Funktion *Bilden Satz* hat genau einen Eingangspunkt und genau einen Ausgangspunkt. Sie kann im Inneren Verzweigungen enthalten, die aber innerhalb des Bausteins wieder zusammengeführt werden müssen.

Zuweisung

Die Funktion *Zuweisung* überträgt den Inhalt eines Feldes, des Sendefeldes, in ein anderes Feld, das Empfangsfeld. Beispiel:

```
SALDO <= SALDO-ALT
```

Der Pfeil symbolisiert die Übertragungsrichtung und kann nach links oder nach rechts zeigen.

Arithmetik

Unter dem Begriff *Arithmetik* werden alle arithmetischen Funktionen zusammengefasst, in erster Linie die vier Grundrechenarten, bei Bedarf auch alle anderen einschließlich der irrationalen und transzendenten Funktionen. Für die Grundrechenarten werden die mathematischen Symbole + - * / verwendet. Beispiel:

```
SALDO <= SALDO + BETRAG
```

Wenn der Pfeil nach links zeigt steht das Ergebnis links und der arithmetische Ausdruck rechts. Zeigt der Pfeil nach rechts, ist es umgekehrt.

Aufruf UPRO

Die Funktion *Aufruf UPRO* bewirkt den Aufruf eines Unterprogramms. Nach dem Verlassen des Unterprogramms erfolgt der Rücksprung und die auf *Aufruf UPRO* unmittelbar folgende Anweisung oder Funktion wird ausgeführt.

Beispiel für eine Anweisungsfolge mit Unterprogrammaufruf.

```
SALDO <= SALDO-ALT
SALDO <= SALDO + BETRAG
Aufruf UPRO-A
ANZAHL <= ANZAHL + 1
```

Bedingte Verzweigung

Die *Bedingte Verzweigung* ermöglicht wie der gleichnamige Konstrukt in Abhängigkeit von einer Bedingung eine Verzweigung des Programms. Siehe hierzu Absatz 1.2.2 und Bild 1.03. Im Pseudocode wird teilweise eine Kurzdarstellung benutzt, die beispielsweise den in Bild 1.05 links abgebildeten Konstrukt als Text wie folgt wiedergibt.

```
Anweisungsfolge 1
Bedingung ?  J   Aufruf UPRO-A
             N   leer
Anweisungsfolge 2
```

Datei öffnen

Die Ausführung der Funktion *Datei öffnen* ist Voraussetzung für die Ausführung von Lese- und Schreibfunktionen für die Datei und für die Funktion *Datei schließen*.

Die Funktion *Datei öffnen* setzt bei sequenziellen Dateien einen Zähler für das sequenzielle Lesen auf einen Anfangswert. Das bewirkt, dass bei einer nichtleeren Datei die nächst folgende Funktion *Lesen sequenziell* den ersten Satz der Datei bereitstellt.

Die meisten Dateiverwaltungssysteme erwarten zusätzlich eine Information darüber, ob die Datei als Eingabedatei, Ausgabedatei oder Updatedatei benutzt werden soll. Hierauf wird in diesem Buch und in dem benutzten Pseudocode verzichtet.

Datei schließen

Die Ausführung der Funktion *Datei schließen* ist Voraussetzung für den ordnungsgemäßen Abschluss einer Datei, die zuvor geöffnet worden ist.

Nach dem Schließen der Datei dürfen keine Lese- oder Schreibfunktionen für die Datei ausgeführt werden, lediglich die Funktion *Datei öffnen* ist als Folgefunktion zulässig.

Lesen sequenziell

Die Funktion *Lesen sequenziell* ermöglicht das Lesen eines Satzes einer sequenziellen Datei, die m Sätze enthält ($m \geq 0$). Für die genaue Definition der Funktion müssen die beiden Fälle

$m > 0$ (nichtleere Datei) *und* $m = 0$ (leere Datei)

unterschieden werden.

Fall 1, $m > 0$
Nichtleere sequenzielle Datei

Die *erste* Anwendung der Funktion *Lesen sequenziell* nach der Funktion *Datei öffnen* stellt den *ersten* Satz der Datei bereit.

Die *zweite* Anwendung der Funktion stellt den *zweiten* Satz als Nachfolger des ersten Satzes bereit, usw.

Die *m-te* Anwendung stellt den *m-ten* Satz bereit als Nachfolger des (m-1)-ten.

Die *(m+1)-te* Anwendung stellt keinen Satz bereit sondern liefert als Ausgangsinformation das Signal EOF (End-of-File).

Fall 2, $m = 0$
Leere sequenzielle Datei

Die erste Anwendung der Funktion *Lesen sequenziell* nach der Funktion *Datei öffnen* liefert das Signal EOF (End-of-File).

Für die Darstellung wird ein zusammengesetzter Konstrukt verwendet, der in Bild 1.06 allgemein und in Bezug auf die Anwendung für Datei 1 dargestellt ist

Mit der Funktion *Lesen sequenziell* kann festgestellt werden ob eine sequenzielle Datei leer ist. Wenn die erste Anwendung der Funktion *Lesen sequenziell* nach der Funktion *Datei öffnen* das Signal EOF liefert und damit die Verzweigung nach rechts führt, ist die Datei leer.

Bild 1.06
Funktion
Lesen sequenziell

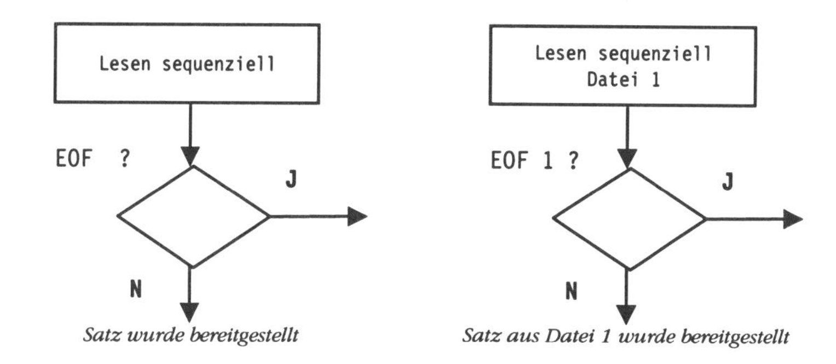

Ein mit dieser Funktion bereitgestellter Satz ist genau dann der letzte Satz einer sequenziellen Datei, wenn die nochmalige Anwendung der Funktion *Lesen sequenziell* das Signal EOF liefert.

Nach Erhalt des Signals EOF sind weitere Lese- oder Schreibfunktionen für die Datei unzulässig. Lediglich die Funktion *Datei schließen* darf nach Erhalt des Signals EOF ausgeführt werden.

Ausgeben Satz

Die Schreibfunktion *Ausgeben Satz* bewirkt das Schreiben eines Satzes in eine *sequenzielle Datei.*

Die *erste* Anwendung der Funktion *Ausgeben Satz* nach der Funktion *Datei öffnen* schreibt den *ersten Satz* der *sequenziellen Datei.*

Die *zweite* Anwendung schreibt den *zweiten Satz* als Nachfolger des ersten Satzes, usw.

Für Dateien, die auf Drucker ausgegeben werden, sind zwei besondere Schreibfunktionen vorgesehen, die eine Steuerung des Papiervorschubs beinhalten.

Drucken auf nächste Zeile

A Vorschub des Papiers um eine Zeile,
danach Druck der Zeile (Zeilenvorschub und Drucken).

Drucken auf neues Blatt

B Vorschub des Papiers auf die erste Zeile des Folge-Blattes,
danach Druck der Zeile (Blattwechsel und Drucken).

Die Druckfunktionen A und B sind in den meisten Programmiersprachen realisiert. Die in diesem Buch entwickelten Programmkonstruktionen benutzen diese Druckfunktionen.

In manchen Programmiersprachen stehen *entweder anstelle* der Funktionen A und B *oder zusätzlich* folgende Funktionen a und b zur Verfügung:

Drucken und Zeilenvorschub

a Druck der Zeile,
danach Vorschub des Papiers um eine Zeile.

Drucken und Blattwechsel

b Druck der Zeile,
danach Vorschub des Papiers auf die erste Zeile des Folge-Blattes.

Programme, die mit den Funktionen A und B entwickelt worden sind, lassen sich mit sehr geringen Änderungen auf die Funktionen a und b umstellen. Eine Funktion, die nur den Vorschub des Papiers bewirkt, ist nicht vorgesehen, kann aber durch Druck einer Leerzeile simuliert werden.

Lesen direkt

Die Funktion *Lesen direkt* ermöglicht das Lesen eines Satzes einer Direktzugriffsdatei.

Die Funktion benötigt als Eingangsinformation das *Merkmal* des Satzes, den *Key* oder *Schlüssel.*

Fall 1 *Der Key ist ein Element der Merkmalsmenge (Menge der Keys).*

- Der Satz, der dem Key zugeordnet ist, wird als Ausgangsinformation bereitgestellt.

Fall 2 *Der Key ist **kein** Element der Merkmalsmenge.*

- Das Signal IVK (Invalid Key) wird ausgegeben.
- Es wird *kein* Satz bereitgestellt
- Die Funktion *Lesen sequenziell* darf nicht als Folgefunktion ausgeführt werden.

Schreiben direkt

Die Funktion *Schreiben direkt* ermöglicht das Schreiben eines Satzes in eine Direktzugriffsdatei.

Die Funktion benötigt als Eingangsinformationen den *Key* des Satzes und den *Satz.*

Fall 1 *Der Key ist **kein** Element der Merkmalsmenge.*

- Der Key wird als Element in die Merkmalsmenge aufgenommen.
- Der Satz wird in die Datei aufgenommen und dem Key eineindeutig zugeordnet.

Fall 2 *Der Key ist ein Element der Merkmalsmenge.*

- Das Signal IVK (Invalid Key) wird ausgegeben.
- Die Menge der Keys bleibt unverändert.
- Der Satz wird *nicht* in die Datei aufgenommen.

Zurückschreiben

Die Funktion *Zurückschreiben* gestattet das Zurückschreiben eines vorher aus einer Direktzugriffsdatei oder aus einer indexsequenziellen Datei bereitgestellten Satzes.

Die Funktion benötigt als Eingangsinformation den *Key* des Satzes und den *Satz.*

Fall 1 *Der Key ist ein Element der Merkmalsmenge.*

- Der Satz wird in die Datei aufgenommen und *ersetzt* den bisher dem Key zugeordneten Satz.

Fall 2 *Der Key ist* ***kein*** *Element der Merkmalsmenge.*

- Das Signal IVK (Invalid Key) wird ausgegeben.
- Der Key wird *nicht* in die Merkmalsmenge aufgenommen, die Merkmalsmenge bleibt unverändert.
- Der Satz wird *nicht* in die Datei aufgenommen.

Löschen

Die Funktion *Löschen* entfernt einen Satz aus einer Direktzugriffsdatei oder einer indexsequenziellen Datei.

Die Funktion benötigt als Eingangsinformation den *Key* des Satzes.

Fall 1 *Der Key ist ein Element der Merkmalsmenge.*

- Der dem Key zugeordnete Satz wird aus der Datei entfernt.
- Der Key wird aus der Merkmalsmenge entfernt.

Fall 2 *Der Key ist* ***kein*** *Element der Merkmalsmenge.*

- Das Signal IVK (Invalid Key) wird ausgegeben.
- Die Menge der Keys bleibt unverändert.
- Es wird kein Satz aus der Datei entfernt, die Datei bleibt unverändert.

Anmerkungen zum Zurückschreiben und Löschen

Viele Dateiverwaltungssysteme gestatten das Zurückschreiben oder Löschen eines Satzes nur, wenn er mit der zuletzt ausgeführten Lesefunktion für die Datei erfolgreich bereitgestellt worden ist. In diesem Fall ist der Key automatisch als Eingangsinformation vorhanden und die Zuweisung in Bild 1.07 kann entfallen.

Das *Löschen* erfolgt bei den meisten Dateiverwaltungssystemen nur logisch. Key und Satz bleiben erhalten und werden durch Kennzeichen als gelöscht markiert. Die Lese- und Schreibfunktionen arbeiten jedoch so, als wären Key und Satz entfernt. Das physikalische Löschen, also das Entfernen von Key und Satz, erfolgt mit einer Dienstroutine oder einem speziellen Programm für die sogenannte Reorganisation.

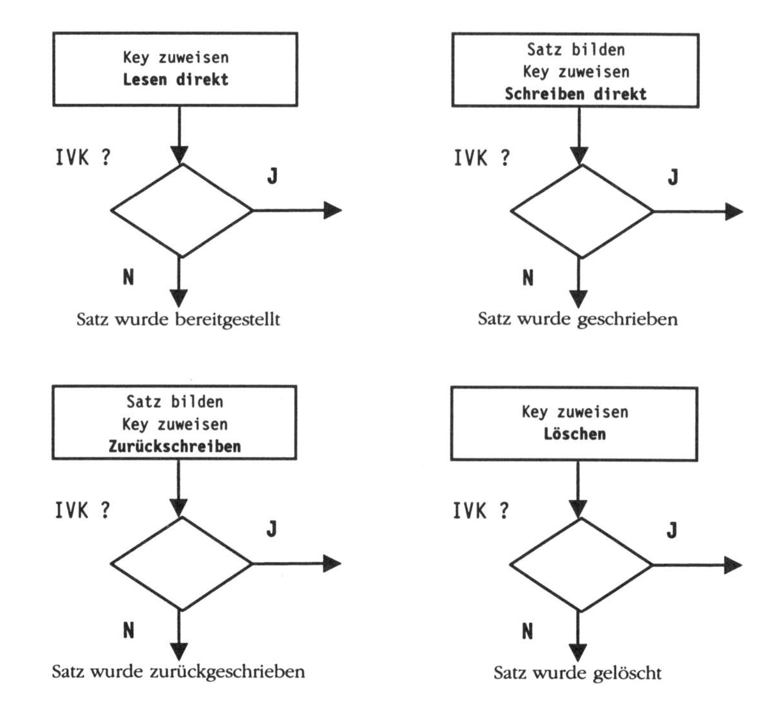

Bild 1.07
Lese- und Schreib-Funktionen für Direktzugriffsdateien

1.4.2 Erweiterungen

Die Grundfunktionen des Pseudocodes gestatten bereits den Entwurf der Stapelverarbeitungsprogramme. Zur Verbesserung der technischen Effizienz und für den Entwurf von Dialogprogrammen wird der Pseudocode um drei zusätzliche Funktionen erweitert:

- *Lesen direkt mit Keybedingung,*
- *Start mit Keybedingung,*
- *Bildschirmanzeige.*

Die ersten beiden Funktionen dienen der Effizienzverbesserung beim Lesen von indexsequenziellen Dateien. In den meisten prozeduralen Programmiersprachen und den zugehörigen Compilern ist wenigstens eine dieser beiden Funktionen verfügbar. Die dritte Funktion dient dem Ausgeben von Informationen am Bildschirm und der Eingabe von Informationen über die Tastatur.

Die Grundfunktion *Lesen direkt* aus 1.4.1 geht davon aus, dass zu dem als Eingangsinformation benutzten Key ein Element in der Merkmalsmenge gesucht wird, das mit der

Eingangsinformation identisch ist (Gleichheits-Relation). Zum Auffinden eines Satzes mit der Funktion *Lesen direkt* ist daher die genaue Kenntnis seines Keys erforderlich. Die beiden ersten Funktionen des erweiterten Pseudocodes sollen es ermöglichen einen Satz aufzufinden, von dessen Key nur die ersten Anfangszeichen bekannt sind.

Um die Funktionen definieren zu können, werden zwei neue Key-Begriffe eingeführt:

Nominal Key

Als *Nominal-Key* wird der Key bezeichnet, der den Lesefunktionen als Eingangsinformation dient, abgekürzt N-Key oder NK.

Es kann sein, dass der Nominal-Key kein Element der Merkmalsmenge ist und ihm daher auch kein Satz zugeordnet ist.

Record-Key

Als *Record-Key* wird der Key des Satzes bezeichnet, den die Lesefunktion findet, abgekürzt R-Key oder RK.

Der Record-Key ist Element der Merkmalsmenge und ihm ist stets ein Satz zugeordnet.

Die Funktionen *Lesen direkt mit Keybedingung* und *Start mit Keybedingung* ermöglichen das Auffinden eines Satzes, dessen Record-Key zum Nominal-Key in einer Beziehung steht, die nicht die Gleichheits-Relation sein muss. Die folgenden Definitionen gehen dabei von der Relation *„größer oder gleich“* als Keybedingung aus, formal .

Keybedingung

`Record-Key ≥ Nominal-Key   kurz   RK ≥ NK.`

Lesen direkt mit Keybedingung

Die Funktion *Lesen direkt mit Keybedingung* ermöglicht das *Lesen* eines Satzes einer Direktzugriffsdatei, der die Keybedingung RK ≥ NK erfüllt.

Die Funktion benötigt als Eingangsinformation einen *Nominal-Key* für den gewünschten Satz.

Fall 1 *Die Merkmalsmenge enthält wenigstens ein Element, das die Keybedingung erfüllt und damit Record-Key sein kann.*

- Unter den Elementen, die die Keybedingung erfüllen, wird das kleinste Element bestimmt. Dieses Element wird zum Record-Key.
- Der Record-Key und der ihm zugeordnete Satz werden bereitgestellt.

Fall 2 *Die Merkmalsmenge enthält **kein** Element, das die Keybedingung erfüllt.*

- Das Signal IVK (Invalid-Key) wird ausgegeben.
- Es wird *kein* Satz bereitgestellt.

- Die Funktion *Lesen sequenziell* darf *nicht* als Folgefunktion ausgeführt werden.

Bild 1.08
Lesefunktionen mit Keybedingung

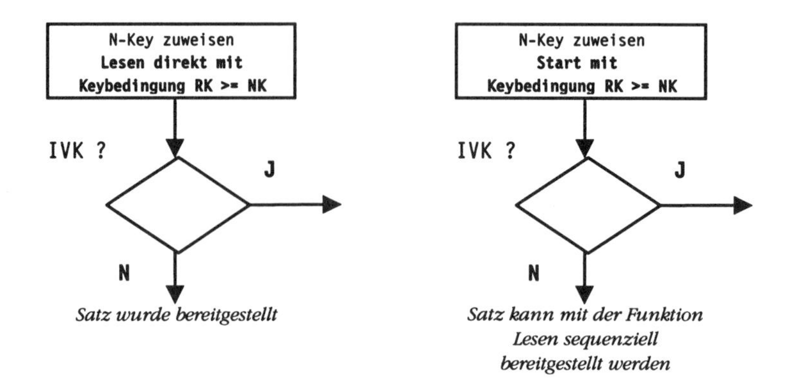

Start mit Keybedingung

Die Funktion *Start mit Keybedingung* ermöglicht das *Auffinden* eines Satzes einer Direktzugriffsdatei, der die Keybedingung RK ≥ NK erfüllt. Der Satz wird nicht bereitgestellt, sondern kann anschließend mit der Funktion *Lesen sequenziell* bereitgestellt werden. Die Funktion wird deshalb auch als *Positionieren* bezeichnet.

Die Funktion benötigt als Eingangsinformation *einen Nominal-Key* für den gewünschten Satz.

Fall 1

Die Merkmalsmenge enthält wenigstens ein Element, das die Keybedingung erfüllt und damit Record-Key sein kann.

- Unter den Elementen, die die Keybedingung erfüllen, wird das kleinste Element bestimmt. Dieses Element wird zum Record-Key.
- Der Record-Key und der ihm zugeordnete Satz werden *nicht* bereitgestellt, die Bereitstellung wird nur vorbereitet (Positionierung).
- Der Record-Key und der ihm zugeordnete Satz können mit der anschließend auszuführenden Funktion *Lesen sequenziell* bereitgestellt werden. Die Funktion *Lesen sequenziell* stellt dabei im Fall 1 stets einen Satz bereit und kann nicht das Signal EOF (End-of-File) liefern.

Fall 2

*Die Merkmalsmenge enthält **kein** Element, das die Keybedingung erfüllt.*

- Das Signal IVK (Invalid-Key) wird ausgegeben.
- Die Funktion *Lesen sequenziell* darf im Fall 2 *nicht* als Folgefunktion ausgeführt werden.

Anwendung der Lese- und Schreibfunktionen

Bei den Dateiorganisationsformen *Indexsequenziell* und *Relative* sind sowohl die Funktionen für sequenzielle Dateien als auch die für Direktzugriffsdateien anwendbar.

Eine indexsequenzielle Datei wird beim sequenziellen Lesen so behandelt, als wären die Sätze in der Reihenfolge aufsteigender Werte des Keys angeordnet. Sie werden in dieser Reihenfolge bereitgestellt. Auf die Dateiorganisationsform *Relative* wird hier nicht näher eingegangen, jedoch lassen sich die Überlegungen auf sie übertragen.

Bildschirmanzeige

Die Funktion *Bildschirmanzeige* gibt einen Satz auf den *Bildschirm* aus und stellt einen Satz bereit, der über *Bildschirm und Tastatur* eingegeben wird.

Die Funktion benötigt als Eingangsinformation den auszugebenden Satz. Der über die Tastatur einzugebende Satz enthält die Ausgangsinformationen. Eingangs- und Ausgangsinformationen können identisch sein.

Programmstopp

Nach Anzeige der Eingangsinformationen am Bildschirm hält das Programm an, ermöglicht dem Bediener die Wahrnehmung der angezeigten Informationen und die Eingabe von Ausgangsinformationen über die Tastatur.

Tastatureingabe

Der über Bildschirm und Tastatur eingegebene Satz wird wie von einer Lesefunktion bereitgestellt.

Beispiel:

```
Satz anzeigen (IMM-NR, NAME, BETRAG)
Tastatureingabe W, D oder A
```

Am Bildschirm wird ein Satz mit den Feldern IMM-NR, NAME und BETRAG angezeigt. Das Programm stoppt. Ein Zeichen, W, D oder A, kann über die Tastatur eingegeben werden. Nach der Tastatureingabe wird das Programm fortgesetzt.

1.4.3 Blattwechselmechanik

Aus den Grundfunktionen wird ein Unterprogramm *Blattwechselmechanik* (Abkürzung: *BWM*) zusammengesetzt, das bei Druckausgaben die Zählung der Blätter und Zeilen, die Steuerung des Zeilen- und Blattvorschubs und das Drucken von Kopfzeilen sowie gegebenenfalls von Zwischensummenzeilen und Übertragszeilen ermöglicht.

Die Funktion benötigt als Eingangsinformationen:

- BZ Blattzähler, Anfangswert = 0.
- ZZ Zeilenzähler, Anfangswert größer als Z-MAX.

- Z-MAX Zeilenmaximum, Maximale Anzahl von Einzelzeilen je Blatt (ohne Kopfzeilen und ohne Fußzeilen), Z-MAX > 0.
- Alle Informationen, die zur Besetzung der Kopfzeilen benötigt werden, gegebenenfalls zusätzlich die Informationen für Zwischensummenzeilen und Übertragszeilen.

Bild 1.09
BWM
Einfache Version

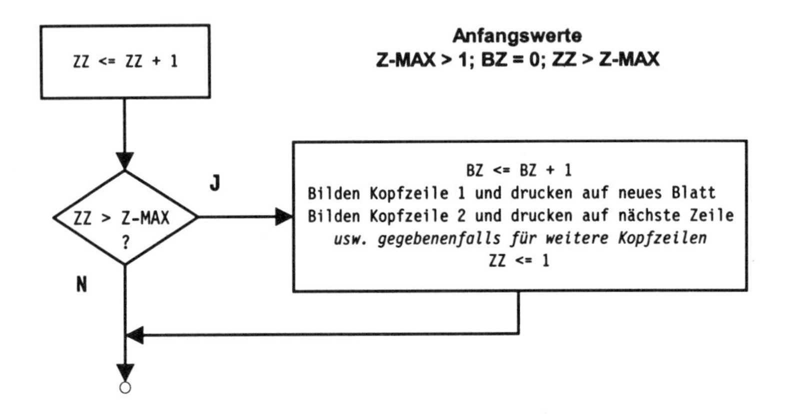

Ausgangsinformationen sind:

- BZ Blattzähler, nach Blattwechsel um eins erhöht.
- ZZ Zeilenzähler, fortgezählt oder zurückgesetzt.

Die *einfache Version* der BWM (Bild 1.09) druckt lediglich mehrere Kopfzeilen am Anfang jedes Blattes.

Die *komfortable Version* der BWM (Bild 1.10) sieht vor, dass der Kopf des ersten Blattes anders gestaltet ist als die Köpfe der Folgeblätter und dass Zwischensummen- und Übertragszeilen gedruckt werden. Die Zwischensummenzeilen werden als Fuß des ersten bis vorletzten Blattes gedruckt, die Übertragszeilen werden auf das zweite und alle folgenden Blätter anstelle der ersten Einzelzeile gedruckt, wie das bei kaufmännischen Belegen insbesondere bei Rechnungen üblich ist.

Die komfortable Version geht aus der einfachen Version durch eine Erweiterung hervor. Je nach Aufgabenstellung und Anwendungsproblem kann die einfache Version oder die komfortable Version benutzt werden.

Bei Programmen für Großrechenanlagen muss angenommen werden, dass der Drucker beim Programmstart an einer beliebigen Stelle steht und deshalb die erste Kopfzeile des ersten Blattes mit der Funktion *Drucken auf neues Blatt* gedruckt werden muss.

Dagegen kann bei Programmen für Personal Computer angenommen werden, dass der Drucker beim Programmstart am Blattanfang steht (Anfangsstellung). Dazu kann die Blattwechselmechanik wie folgt modifiziert werden.

Die *erste* Kopfzeile des *ersten* Blattes (aber nur des ersten Blattes und nicht jedes Blattes mit BZ = 1) wird dann unmittelbar auf die erste Zeile gedruckt, auf die aktuelle Zeile, ohne irgendeinen Zeilen- oder Blattvorschub (siehe Bild 1.10). In den meisten Programmiersprachen steht dafür eine Druckfunktion zur Verfügung. Der oben eingeführte Pseudocode kann um eine solche Funktion erweitert werden. Um den Drucker für das folgende Programm wieder in die Anfangsstellung zu bringen kann bei Programmende, sofern wenigstens eine Zeile gedruckt worden ist, eine Leerzeile mit der Funktion *Drucken und Blattwechsel* gedruckt werden.

Vorsicht: Manche Compiler gestatten nicht das Drucken von Leerzeilen, die nur aus Leerzeichen bestehen. Gegebenenfalls muss die Leerzeile daher ein möglichst unauffälliges anderes Zeichen enthalten.

Blattwechselmechanik
Komfortable Version mit Zeilen für Zwischensummen und Überträge

Bild 1.10
BWM
Komfortable Version

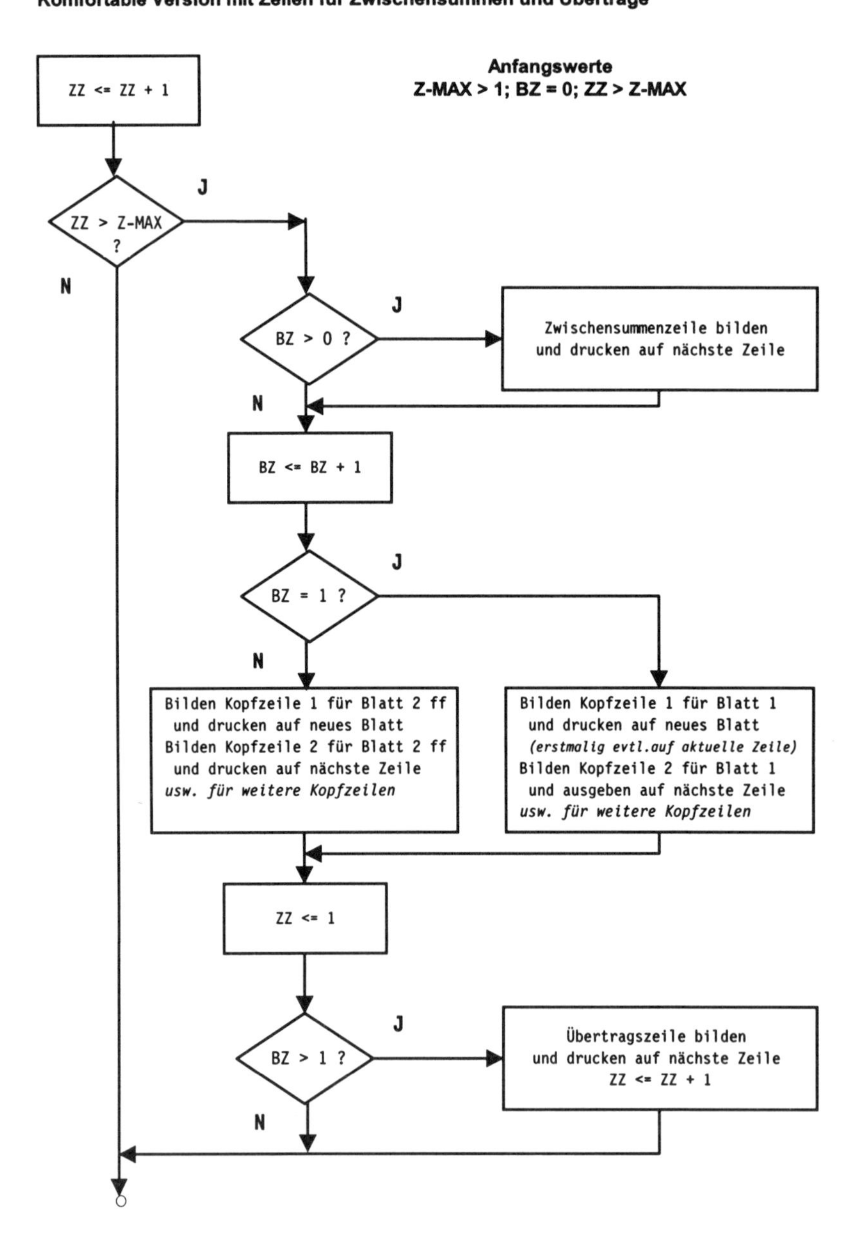

2 Programm-Modell 1, Kopieren

Die Entwicklung des Programm-Modells erfolgt in drei Schritten, Anwendungsbeispiele folgen in einem vierten Schritt.

1. Eine einfache Grundaufgabe wird gestellt, nämlich das Kopieren einer sequenziellen Datei (2.1.1).
2. Die Grundaufgabe wird gelöst (2.1.2).
3. Durch Entfernen von solchen Funktionen, die bei ähnlichen Aufgaben geändert werden müssen oder entfallen, wird aus der Lösung der Grundaufgabe das Programm-Modell entwikkelt (2.1.3).
4. Durch Untersuchung von ähnlichen Aufgaben auf ihre Lösbarkeit mit dem Programm-Modell wird das Anwendungsspektrum untersucht und damit die Programm-Klasse eingegrenzt (2.2).

2.1 Entwicklung des Programm-Modells

2.1.1 Grundaufgabe Kopieren

1. Alle Sätze einer sequenziellen Datei 1 sind auf die sequenzielle Datei 2 in gleicher Reihenfolge auszugeben.

Bild 2.01 Grundaufgabe Kopieren

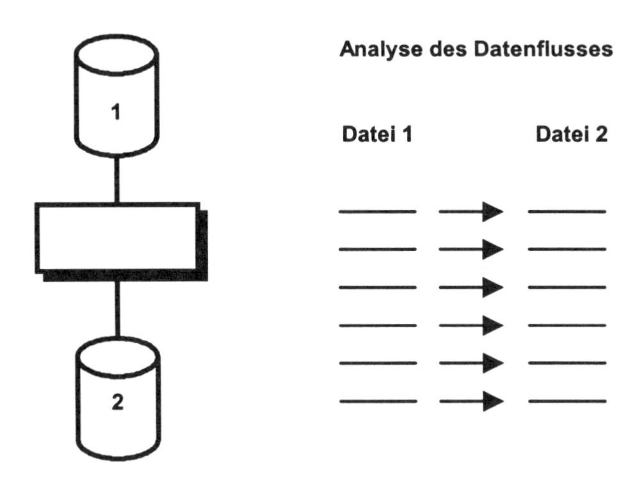

2. Im Sonderfall einer leeren Datei 1 soll die zu erzeugende Datei 2 leer sein.

In Bild 2.01 sind der Datenflussplan und der Datenfluss dargestellt. Die Sätze der Datei 1 werden mit *Satz-1* bezeichnet, die der Datei 2 mit *Satz-2*.

2.1.2 Lösung für die Grundaufgabe Kopieren

Als Lösungsansatz wird ein zusammengesetzter Konstrukt benutzt (Bild 2.02), bei dem die Einzelbausteine oder Programmblöcke mit Abkürzungen wie folgt bezeichnet sind:

- VORR Vorroutine
- SB 1 Satzbereitstellung Datei 1
- SV 1 Satzverarbeitung Datei 1
- SCHL Schluss

Bild 2.02
PAP
Kopierprogramm

Programmablaufplan zur Grundaufgabe Kopieren

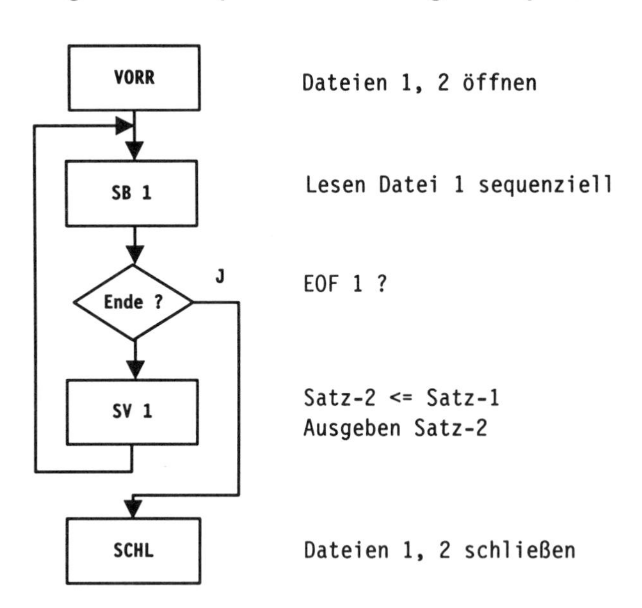

Dieser Lösungsansatz repräsentiert eine einfache Schleife mit einer Endebedingung. Der Schleife sind ein Block *Vorroutine* vorgeschaltet und ein Block *Schluss* nachgeschaltet. Innerhalb der Schleife werden im Block *Satzbereitstellung 1* die Sätze mit der Funktion *Lesen sequenziell* bereitgestellt.

Nichtleere Datei

War die Bereitstellung *erfolgreich*, erfolgt im Block Satzverarbeitung 1 das eigentliche Kopieren durch die Zuweisung des Satzes und das anschließende Ausgeben des Satzes auf die Datei 2. Jeder Satz von Datei 1 wird daher entsprechend der Aufgabe auf

Datei 2 ausgegeben, die Reihenfolge der Sätze wird dabei beibehalten.

War die Bereitstellung *nicht erfolgreich*, was durch das Signal EOF erkannt wird, verzweigt das Programm zum Schluss.

Leere Datei

Ist Datei 1 leer und liefert daher bereits die erste Anwendung der Funktion *Lesen sequenziell* das Signal EOF, wird der Block *Satzverarbeitung 1* nie erreicht, die Datei 2 wird nur geöffnet und geschlossen, bleibt also leer, wie verlangt.

2.1.3 Modellbildung für Programm-Modell 1, Kopieren

Es ist zu erwarten, dass mit dem gleichen Lösungsansatz ähnliche Aufgaben gelöst werden können.

Bild 2.03
Programm-Modell 1, Kopieren

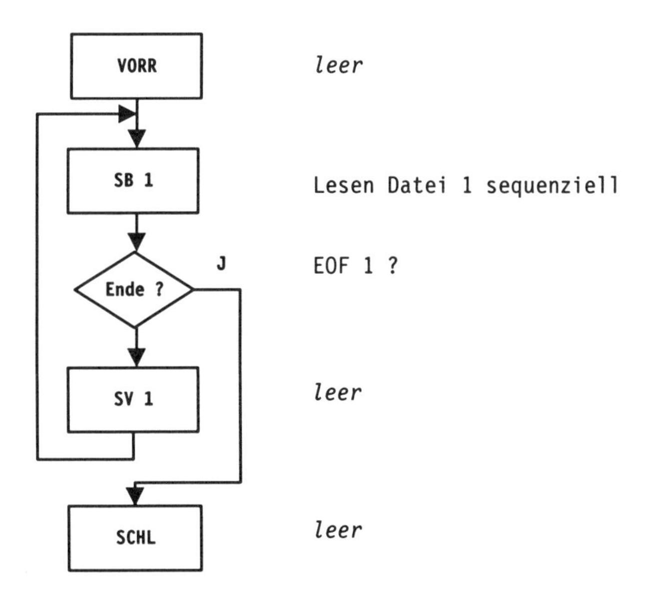

Geänderte Aufgaben können zur Erzeugung von Datei 2 z.B. nur gewisse Sätze von Datei 1 auswählen und auf Datei 2 kopieren oder statt der Kopierfunktion mit der Zuweisung andere Funktionen benutzen. Es ist auch möglich zusätzliche Dateien anzusprechen, z.B. weitere Ausgabedateien zu erzeugen oder Direktzugriffsdateien zu bearbeiten.

Um dem Rechnung zu tragen, werden die meisten Funktionen aus dem Programm entfernt, nur Satzbereitstellung und Endebedingung bleiben erhalten, bei Bedarf kann die Dateinummer geändert werden. So entsteht *Programm-Modell 1, Kopieren,* (Bild 2.03), bei dem drei Blöcke *keine* Funktionen enthalten aber für ihre Aufnahme vorbereitet sind.

- Das Programm-Modell ist ein Programm-Gerüst, in dem nur wenige Funktionen enthalten sind.
- Einige Programmblöcke, nämlich VORR, SV 1 und SCHL sind im Programm-Modell leer.
- Zur Realisierung konkreter Anwendungsprogramme werden diese Blöcke mit den für das Anwendungsprogramm benötigten Funktionen unter Benutzung des Pseudocodes gefüllt.
- In Sonderfällen kann auch die Funktion *Lesen sequenziell* im Block SB 1 modifiziert oder ersetzt werden.

2.2 Anwendung des Kopier-Modells

2.2.1 Aufgabe Druckprogramm mit Blattwechselmechanik

Zuerst wird versucht, das Programm-Modell 1 zur Lösung eines einfachen Druckprogramms zu benutzen.

Aufgabenstellung

Bild 2.04
Druckprogramm
mit BWM

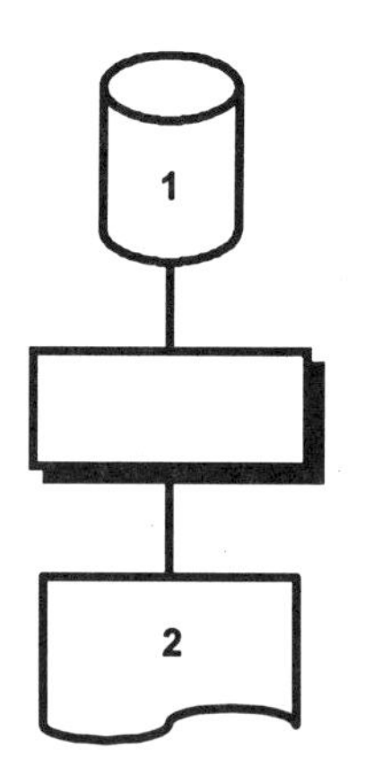

Datei 1, Artikel
sequenzielle Datei

```
Art-Nr
Art-Bez
Menge      Stück
Preis      DM/Stück
```

Datei 2, Bestandsliste
Listbild siehe Bild 2.05.

Im Listbild sind die variablen Felder mit Picture-Symbolen der Programmiersprache COBOL dargestellt.

Programmbeschreibung

- Das Programm druckt die Bestandsliste laut Listbild (Bild 2.05).
- Jeder Satz von Datei 1 liefert eine Einzelzeile EZ der Liste.
- Maximal 4 Zeilen vom Typ EZ pro Blatt werden gedruckt.

- Die Blätter werden mit 1 beginnend fortlaufend nummeriert.
- Wenn Datei 1 leer ist, wird keine Zeile gedruckt.

Bild 2.05
Listbild
Bestandsliste

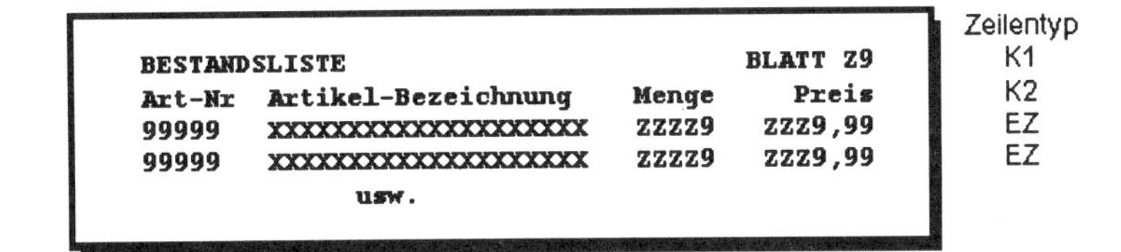

```
BESTANDSLISTE                                  BLATT Z9     Zeilentyp K1
Art-Nr  Artikel-Bezeichnung       Menge       Preis               K2
99999   XXXXXXXXXXXXXXXXXXXXXXX   ZZZZ9     ZZZ9,99               EZ
99999   XXXXXXXXXXXXXXXXXXXXXXX   ZZZZ9     ZZZ9,99               EZ
                usw.
```

Lösungsschritte

Um die Aufgabe systematisch zu lösen, sind drei Schritte erforderlich.

- *Analyse des Datenflusses* mit dem Ziel der Zuordnung zu einem Programm-Modell und damit zu einer Programm-Klasse.
- *Wahl des Programm-Modells* und des Programmablaufplans.
- *Zuordnung der Funktionen* zum Programmablaufplan unter Benutzung des Pseudocodes.

1. Analyse des Datenflusses

Der Datenfluss (Bild 2.06) ist ähnlich wie beim Kopierprogramm.

Bild 2.06
Datenfluss
Druckprogramm

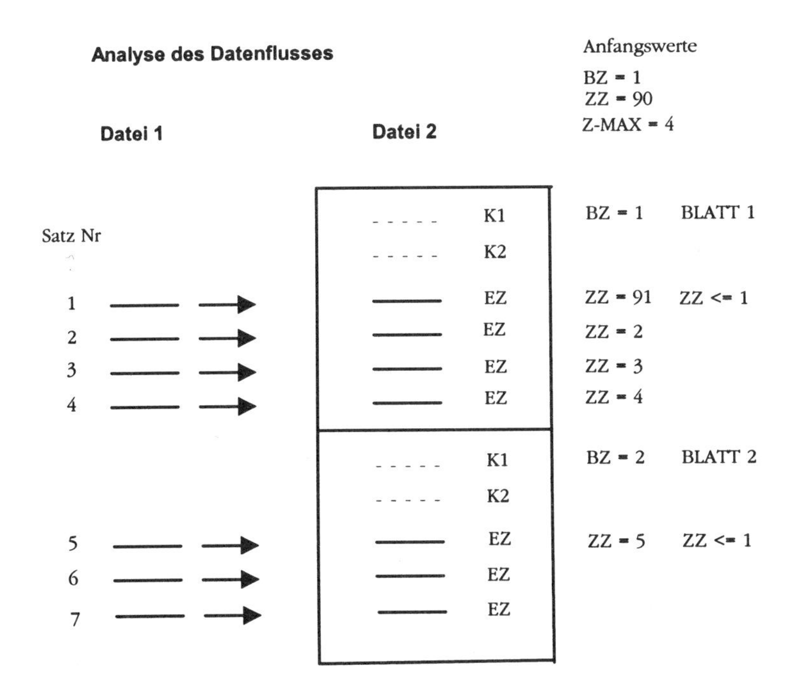

Zusätzlich sind lediglich Kopfzeilen zu drucken, die auf jeder Seite wiederholt werden müssen. Es erscheint daher möglich, das Kopier-Modell als Lösungsansatz zu benutzen.

2. Wahl des Programm-Modells

Bei dieser Aufgabe und beim jetzt erreichten Kenntnisstand kann nur das Kopier-Modell von Bild 2.03 gewählt werden. Der Programmablaufplan wird übernommen.

3. Zuordnung der Funktionen

Die zur Lösung der Aufgabenstellung erforderlichen Funktionen werden dem Programmablaufplan zugeordnet. Dabei wird angestrebt, jede Funktion nur einmal zu implementieren (Bild 2.07).

Das Öffnen und Schließen der Dateien erfolgt wie beim Kopierprogramm in der Vorroutine bzw. im Schluss. In der Vorroutine werden zusätzlich Blattzähler (BZ), Zeilenzähler (ZZ) und das Zeilenmaximum (Z-MAX) für Einzelzeilen auf Anfangswerte gesetzt. Benutzt wird die einfache Version der Blattwechselmechanik (Bild 1.09 BWM) für zwei Kopfzeilen. Die Anfangswerte sind so gewählt, dass der erste Aufruf der Blattwechselmechanik den ersten Blattwechsel auslöst.

Die Blattwechselmechanik wird nur angesprochen, wenn eine Einzelzeile EZ gebildet und gedruckt wird. Dadurch ist sichergestellt, dass bei einer leeren Datei 1 keine Zeile gedruckt wird, wie verlangt. Die Kopfzeile K1 wird mit dem Blattzähler BZ gebildet.

Das Bilden der Einzelzeile EZ erfolgt mit der Funktion *Bilden Satz*. Die Funktion besteht im Detail aus vier Zuweisungen. Bezeichnen Art-Nr2, Art-Bez2, Menge2 und Preis2 die variablen Felder der Einzelzeile EZ, sind die folgenden vier Zuweisungen erforderlich.

```
Art-Nr2   <= Art-Nr
Art-Bez2  <= Art-Bez
Menge2    <= Menge
Preis2    <= Preis
```

Hier und in den weiteren Kapiteln werden die Feldnamen um die Datei-Nummer ergänzt, wenn dadurch die Bezeichnung eindeutig wird.

Bild 2.07
PAP
Druckprogramm

Programmablaufplan Druckprogramm mit BWM

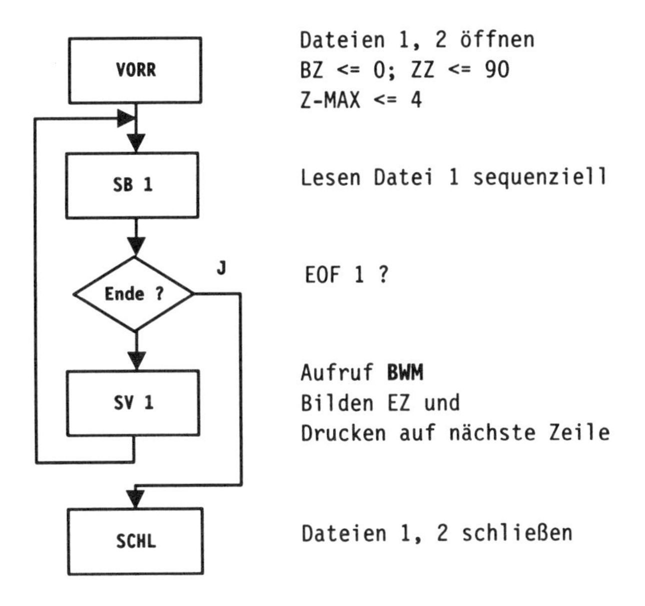

2.2.2 Aufgabe Wertbestandsliste mit Summenzeilen

Aufgabenstellung

Die Aufgabenstellung von 2.2.1 kann erweitert werden durch Modifizierung des Listbildes von Datei 2, das durch Bild 2.08 ersetzt wird. Der *Wertbestand* ist dabei das Produkt aus Menge und Preis. Die Liste ist durch eine *Gesamtsummenzeile* GS erweitert, die unter die letzte Einzelzeile gedruckt wird.

Wenn mehr als ein Blatt gedruckt wird, erscheint unmittelbar vor dem Blattwechsel als Fuß eine *Zwischensummenzeile* ZW, die nach dem Blattwechsel und nach dem Druck der Kopfzeilen als *Übertragszeile* UB auf dem Platz der ersten Einzelzeile des neuen Blattes wiederholt wird.

Bei einer leeren Datei 1 soll keine Zeile gedruckt werden. Alternativ können bei einer leeren Datei 1 die Kopfzeile K1, eine Leerzeile und die Gesamtsummenzeile GS gedruckt werden.

Lösungsschritte

1. Analyse des Datenflusses

Der Datenfluss ist auch hier ähnlich wie beim Kopierprogramm. Das Bild 2.06 muss nur ab dem Blattwechsel von Blatt 1 zu

Blatt 2 um die Zwischensummenzeile ZS und die Übertragszeile UB sowie am Ende um die Gesamtsummenzeile GS ergänzt werden.

Bild 2.08
Listbild
Wertbestandsliste

Erstes Blatt

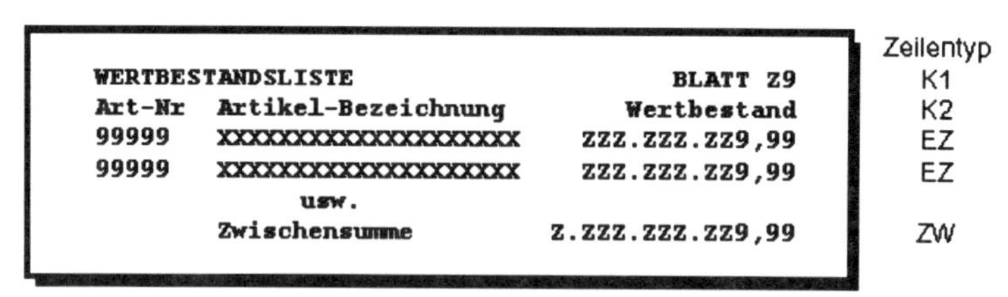

```
WERTBESTANDSLISTE                                BLATT Z9     Zeilentyp
Art-Nr  Artikel-Bezeichnung                   Wertbestand     K1
99999   XXXXXXXXXXXXXXXXXXXX           ZZZ.ZZZ.ZZ9,99         K2
99999   XXXXXXXXXXXXXXXXXXXX           ZZZ.ZZZ.ZZ9,99         EZ
              usw.                                             EZ
        Zwischensumme                Z.ZZZ.ZZZ.ZZ9,99
                                                               ZW
```

Zweites, drittes usw. ... bis vorletztes Blatt

```
WERTBESTANDSLISTE                                BLATT Z9     Zeilentyp
Art-Nr  Artikel-Bezeichnung                   Wertbestand     K1
        Übertrag                     Z.ZZZ.ZZZ.ZZ9,99         K2
99999   XXXXXXXXXXXXXXXXXXXX           ZZZ.ZZZ.ZZ9,99         UB
              usw.                                             EZ
        Zwischensumme                Z.ZZZ.ZZZ.ZZ9,99
                                                               ZW
```

Letztes Blatt

```
WERTBESTANDSLISTE                                BLATT Z9     Zeilentyp
Art-Nr  Artikel-Bezeichnung                   Wertbestand     K1
        Übertrag                     Z.ZZZ.ZZZ.ZZ9,99         K2
99999   XXXXXXXXXXXXXXXXXXXX           ZZZ.ZZZ.ZZ9,99         UB
              usw.                                             EZ
        Gesamtsumme                  Z.ZZZ.ZZZ.ZZ9,99
                                                               GS
```

2. Wahl des Programm-Modells

Man kann erwarten, dass die notwendigen geringfügigen Ergänzungen in der Lösung von Bild 2.07 vorgenommen werden können und damit das Kopier-Modell als Lösungsansatz ausreicht.

3. Zuordnung der Funktionen

Auf eine neue Darstellung des Kopier-Modells wird verzichtet, es werden nur die Funktionen aufgeführt, die den Programmblökken zugeordnet werden müssen. Die wichtigsten Ergänzungen sind:

- Einführung eines Feldes WERT für den Wertbestand.
- Einführung eines *Summenregisters* R-SUM für Zwischensummen, Übertrag und Gesamtsumme.
- Benutzung der Komfortversion der BWM.

Die Details für die Programmblöcke des Kopier-Modells von Bild 2.03 werden hier zusammengestellt.

VORR

```
Dateien 1, 2 öffnen
BZ <= 0; ZZ <= 90; Z-MAX <= 4; R-SUM <= 0
```

SV1

```
WERT <= Menge * Preis
Aufruf BWM (Komfortversion, für zwei Kopfzeilen)
Bilden EZ mit Art-Nr, Art-Bez, WERT
und Drucken auf nächste Zeile
R-SUM <= R-SUM + WERT
```

SCHL

```
BZ > 0 ? J  Bilden GS mit R-SUM
            und Drucken auf nächste Zeile
         N  leer
Dateien 1, 2 schließen
```

Sowohl die Gesamtsummenzeile GS als auch die Zwischensummenzeile ZS und die Übertragszeile UB werden mit dem Register R-SUM gebildet. Dabei ist es wichtig, dass R-SUM erst am Ende von SV1 kumuliert wird. Die Konstruktion der komfortablen Blattwechselmechanik (Bild 1.10) stellt sicher, dass die Zeilen ZS und UB nur dann gedruckt werden, wenn auf das durch den Blattwechsel begonnene zweite oder weitere Blatt wenigstens eine Zeile EZ gedruckt wird.

Die Bedingung im Schluss verhindert das Drucken der Gesamtsummenzeile GS bei einer leeren Eingabedatei entsprechend der Aufgabenstellung. Wenn alternativ im Fall der leeren Eingabedatei 1 die Kopfzeile K1, eine Leerzeile und die Gesamtsummenzeile GS gedruckt werden sollen, muss der Programmblock SCHL umgestaltet werden.

Alternative **SCHL**

```
BZ = 0 ? J  BZ <= BZ + 1
            Bilden Kopfzeile K1 mit BZ
            und Drucken auf neues Blatt
            Leerzeile drucken auf nächste Zeile
         N  leer
Bilden GS mit R-SUM und Drucken auf nächste Zeile
Dateien 1, 2 schließen
```

2.2.3 Übungsaufgabe Umsatzliste

Zur Vertiefung und zur Selbstkontrolle dient die folgende Übungsaufgabe zur Entwicklung eines Programmablaufplans.

Aufgabenstellung

Bild 2.09
Übungsaufgabe
Umsatzliste

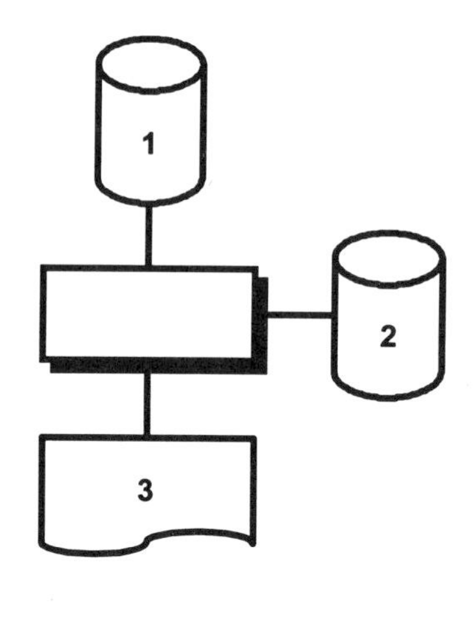

Datei 1, Artikel-Umsätze
sequenzielle Datei

`Art-Gr`
`Art-Nr`
`Umsatz`

Datei 2, Artikel,
indexsequenzielle Datei

`Art-Nr` `(Key)`
`Art-Bez`
`Menge`
`Preis`

Datei 3, Umsatzliste Artikel
Listbild siehe Bild 2.10

Bild 2.10
Listbild
Umsatzliste

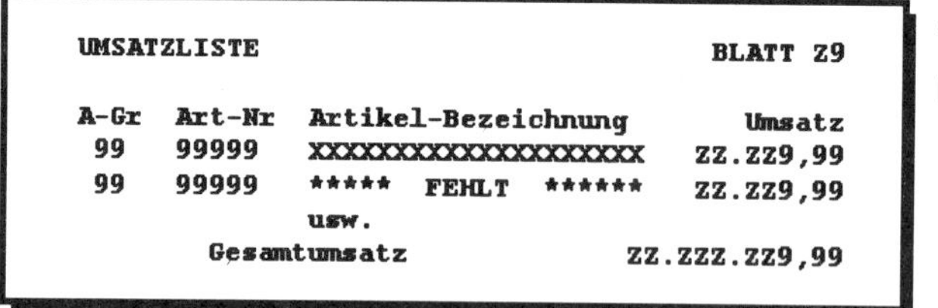

```
UMSATZLISTE                                          BLATT Z9

A-Gr  Art-Nr  Artikel-Bezeichnung                 Umsatz
 99   99999   XXXXXXXXXXXXXXXXXXXX             ZZ.ZZ9,99
 99   99999   *****  FEHLT  ******             ZZ.ZZ9,99
              usw.
         Gesamtumsatz                      ZZ.ZZZ.ZZ9,99
```

Zeilentyp
K1
Leerzeile
K2
EZ1
EZ2

GS

Programmbeschreibung

Das Programm druckt die Umsatzliste laut Listbild mit den folgenden sechs Funktionen:

1. Jeder Satz von Datei 1 liefert eine Einzelzeile EZ1 oder EZ2 der Umsatzliste.
2. Ist zur Artikel-Nummer von Datei 1 der zugehörige Satz in Datei 2 vorhanden, wird eine Zeile EZ1 mit der Artikelbezeichnung aus Datei 2 gedruckt.

3. Ist der zugehörige Satz in Datei 2 nicht vorhanden, wird eine Zeile EZ2 mit dem Hinweis auf die fehlende Artikel-Bezeichnung gedruckt.
4. Jedes Blatt erhält maximal 50 Einzelzeilen EZ1 bzw. EZ2.
5. Die Blätter werden mit 1 beginnend fortlaufend nummeriert.
6. Wenn Datei 1 leer ist, wird keine Zeile gedruckt.

Lösungshinweise

Die Aufgabe sollte mit der hier vorgestellten Methode in drei Schritten gelöst werden wie die Aufgaben von 2.2.1 und 2.2.2. Aus didaktischen Gründen ist die Aufgabe so gewählt, dass sie mit dem Kopier-Modell gelöst werden kann. Im Unterschied zu den obigen Aufgaben ist der Datenflussplan um eine indexsequenzielle Datei erweitert, die als Direktzugriffsdatei behandelt werden soll.

Die Lösung soll dadurch entwickelt werden, dass im Programm-Modell 1, Kopieren, (Bild 2.03) die Programmblöcke VORR, SV 1 und SCHL durch Funktionen im Pseudocode ergänzt werden.

Zusätzlich sollte die gefundene Lösung mit einer geeigneten Programmiersprache als lauffähiges Programm realisiert werden. Dabei kann alternativ jede der drei im folgenden Abschnitt vorgestellten Schleifenarten für die Realisierung benutzt werden.

2.3 Andere Darstellungen des Kopier-Modells

Neben der bisher benutzten Darstellung des Kopier-Modells als Schleife mit Unterbrechung sind andere Darstellungen möglich. Bild 2.11 stellt die Darstellung nach DIN 66001 von Bild 2.03 der Darstellung als Nassi-Shneiderman Diagramm gegenüber. Bild 2.12 zeigt beide Formen als kopfgesteuerte Schleife, Bild 2.13 entsprechend beide als fußgesteuerte Schleife. Alle sechs Darstellungen sind funktionell gleichwertig und gleichwertig zum Kopier-Modell von Bild 2.03.

Vorteile und Nachteile dieser Formen werden hier nicht erörtert. In Kapitel 8, speziell in 8.3.1 wird begründet, weshalb in diesem Buch die Darstellung von Bild 2.03 bzw. 2.11, links, bevorzugt wird und welcher Vorteil damit verbunden ist.

Bei der Anwendung der hier vorgestellten Methode kommt es lediglich darauf an, die individuellen Funktionen des zu entwikkelnden Anwendungsprogramms den Programmblöcken des Programm-Modells zuzuordnen, was bei allen drei Formen in gleicher Weise zu erfolgen hat. Bei den Formen mit kopf- bzw.

fußgesteuerter Schleife ist dabei der Programmblock SB 1 mit der sequenziellen Lesefunktion doppelt vorhanden.

Bild 2.11
Kopier-Modell, Schleife mit Unterbrechung

Programm-Modell 1, Kopieren,
Schleife mit Unterbrechung
nach DIN 66001 (links) und
nach Nassi-Shneiderman (rechts).

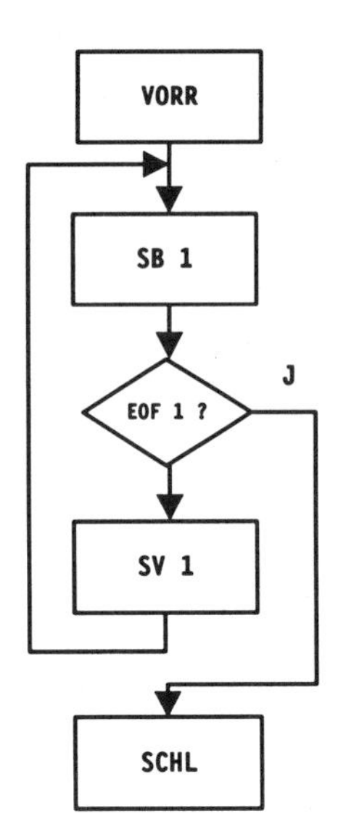

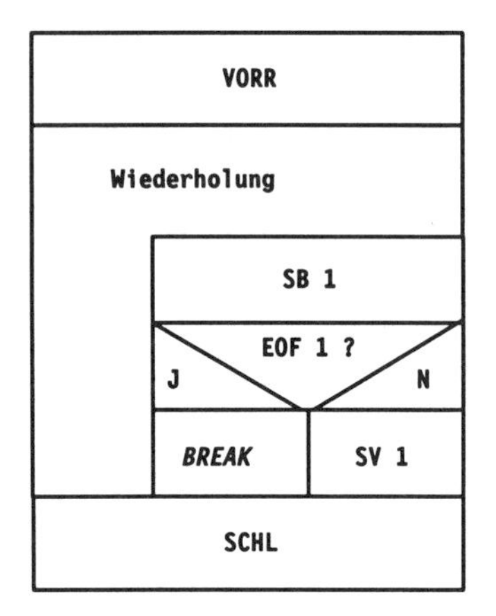

Bild 2.12
Kopier-Modell,
Schleife
kopfgesteuert

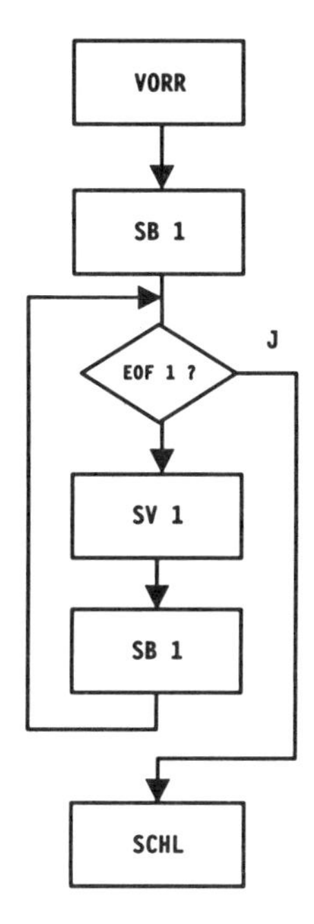

Programm-Modell 1, Kopieren,
kopfgesteuerte Schleife
nach DIN 66001 (links) und
nach Nassi-Shneiderman (rechts).

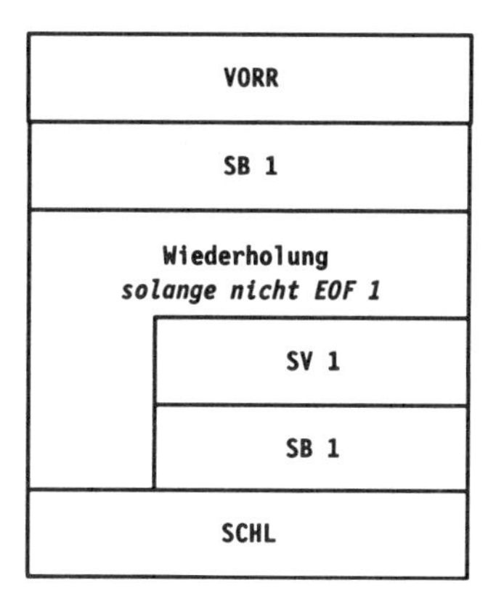

Bild 2.13
Kopier-Modell,
Schleife fußgesteuert

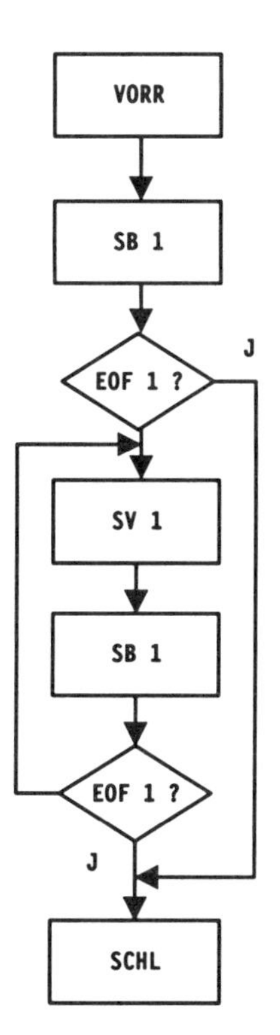

Programm-Modell 1, Kopieren,
fußgesteuerte Schleife
nach DIN 66001 (links) und
nach Nassi-Shneiderman (rechts).

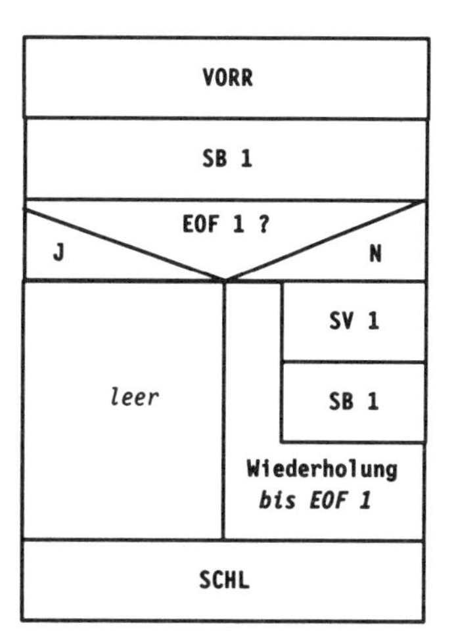

3 Programm-Modell 2, Abbildung von Satzgruppen

Die Entwicklung des Programm-Modells erfolgt wieder in drei Schritten, Anwendungsbeispiele folgen in einem vierten Schritt. Der erste Schritt muss jedoch bei diesem Programm-Modell in drei Teilschritte untergliedert werden.

1. Die Grundaufgabe der Abbildung von Satzgruppen wird gestellt.
   - Die Aufgabe wird zunächst grob formuliert (3.1.1), weil zu einer präzisen Formulierung erst verschiedene Begriffe definiert werden müssen.
   - Die notwendigen Begriffe werden definiert (3.1.2).
   - Die Grundaufgabe wird genau formuliert (3.1.3).
2. Die Grundaufgabe wird gelöst (3.1.4 und 3.1.5).
3. Durch Entfernen von solchen Funktionen, die bei ähnlichen Aufgaben geändert werden müssen oder entfallen, wird aus der Lösung der Grundaufgabe das Programm-Modell entwikkelt (3.1.7).
4. Durch Untersuchung von ähnlichen Aufgaben auf ihre Lösbarkeit mit dem Programm-Modell wird das Anwendungsspektrum untersucht und damit die Programm-Klasse eingegrenzt (3.2).

3.1 Entwicklung des Programm-Modells

3.1.1 Grundaufgabe der Abbildung von Satzgruppen, grobe Formulierung

1. Alle Sätze einer sequenziellen Datei 1 sind auf die sequenzielle Datei 2 in gleicher Reihenfolge auszugeben.
2. Zusätzlich zu den Sätzen der Datei 1 sind nach einem bestimmten Schema und in einem durch den Inhalt der Sätze bestimmten Rhythmus weitere Sätze auszugeben, die in Bild 3.01 mit aaa, bbb, ccc, xxx, yyy, zzz symbolisiert sind.
3. Im Sonderfall einer leeren Datei 1 soll die zu erzeugende Datei 2 leer sein.

Weitere Einzelheiten zur Aufgabenstellung werden noch entwikkelt.

Bild 3.01
Grundaufgabe
Abbildung von
Satzgruppen

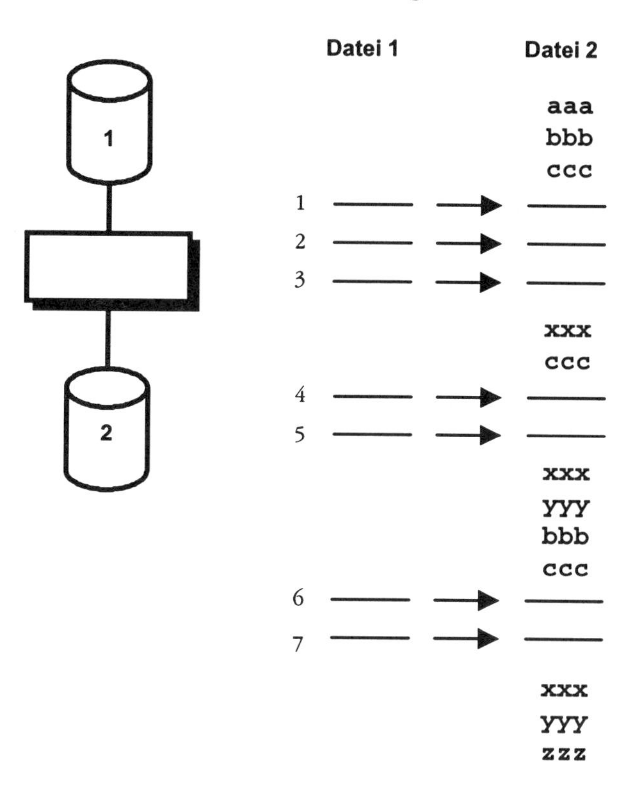

3.1.2 Vorüberlegungen, Begriffe und Definitionen

Die Aufgabe ist gegenüber der Grundaufgabe Kopieren von 2.1.1 erweitert. Jedoch ist die Kopierfunktion in dieser erweiterten Aufgabe enthalten. Um die Aufgabe präzise formulieren zu können, müssen einige Begriffe definiert werden.

Verwandtschaft von Sätzen und Satzgruppenbildung

Angenommen, die Datei 1 enthalte die in Bild 3.02 dargestellten sieben Sätze.

Bereits aus dem Inhalt der Sätze ist eine gewisse Verwandtschaft der Sätze und der in ihnen enthaltenen Informationen zu erkennen. Diese Verwandtschaft kann und soll Grundlage sein für die beabsichtigte Ausgabe der zusätzlichen Sätze aaa, bbb, ccc, xxx, yyy und zzz.

Die Sätze 1, 2 und 3 betreffen dieselbe FH und innerhalb der FH dasselbe Fach. Sie stehen in einer sehr engen verwandtschaftlichen Beziehung zueinander. In dieser Form verwandte Sätze

Bild 3.02
Beispiel für
Satzgruppen

Satz-Nr	FH	FACH	NAME	Satzgruppen vom Rang . .		
1	01	01	MEIER	1	2	3
2	01	01	SCHMIDT	1	2	3
3	01	01	SCHULZE	1	2	3
4	01	02	AUGUST	1	2	3
5	01	02	KLUGE	1	2	3
6	02	01	GRAF	1	2	3
7	02	01	PETERS	1	2	3

werden als *Satzgruppe vom Range 1* bezeichnet.

Die Sätze 1, 2, 3, 4 und 5 betreffen dieselbe FH, aber unterschiedliche Fächer. Die Verwandtschaft ist erkennbar, aber nicht mehr so eng. Diese Sätze werden als *Satzgruppe vom Range 2* bezeichnet.

Gruppierbegriffe

Die Namen der für die Verwandtschaft entscheidenden Felder, hier FH und FACH, werden als *Gruppierbegriffe* bezeichnet. Ausgehend von der Verwandtschaft und von den Gruppierbegriffen werden verschiedene Begriffe eingeführt und definiert. Damit wird die Voraussetzung geschaffen, Satzgruppen im Programm zu erkennen und zu behandeln.

Gruppierworte, Gruppierelemente, Rang

Gruppierworte

Jedem Satz einer sequenziellen Datei wird ein *Gruppierwort* zugeordnet, abgekürzt GW oder GWi. Dabei bezeichnet der Index i die Nummer des Satzes, dem das Gruppierwort zugeordnet ist. Die Gruppierworte dienen der einfachen und sicheren Erkennung von Satzgruppen und Gruppenwechseln innerhalb der Programme.

Gruppierelemente

Das Gruppierwort besteht aus Gruppierelementen. Das Gruppierwort ist ein besonderer Satz, dessen Felder die Gruppierelemente sind.

```
GW     = GW (gn, ..., g2, g1)   oder
GWi    = GWi (gni, ..., g2i, g1i).
```

Die Gruppierworte werden nach einer für alle Sätze der Datei gültigen Vorschrift gebildet. Die Funktion *Bilden Gruppierwort,* eine spezielle Form der Pseudocode-Funktion *Bilden Satz,* legt fest, wie die einzelnen Gruppierelemente des Gruppierwortes gebildet werden. Die Gruppierelemente werden in den meisten Fällen aus den Informationen des Satzes gebildet, im obigen Fall aus den Gruppierbegriffen. Es sind jedoch auch Probleme und

Aufgabenstellungen möglich, bei denen die Gruppierelemente ganz oder teilweise aus anderen Informationen gebildet werden, z.B. aus Satznummern, die erst beim Lesen der Sätze gebildet werden.

Rang

Den Gruppierelementen werden Rangzahlen zugeordnet, die dem oben erwähnten Verwandtschaftsgrad ähnlich sind und ihn widerspiegeln sollen.

g1	zugeordneter Rang 1
g2	zugeordneter Rang 2
...	
gn	zugeordneter Rang n

Im Beispiel von Bild 3.02 ist

Satz-1 = Satz-1 (FH, FACH, NAME)

Das Gruppierwort könnte festgelegt werden als

GW = GW (g2, g1),

mit der Bildungsvorschrift für die Gruppierelemente

g2 <= FH und g1 <= FACH.

Dadurch ergibt sich im Beispiel von Bild 3.02 für die Sätze der Datei 1 die im Bild 3.03 dargestellte Folge der zugeordneten Gruppierworte.

Bild 3.03
Gruppierwortfolge

Satz-Nr	g2 = FH	g1 = FACH	
1	01	01	GW1
2	01	01	GW2
3	01	01	GW3
4	01	02	GW4
5	01	02	GW5
6	02	01	GW6
7	02	01	GW7

Ersichtlich enthalten die Gruppierworte die für das Erkennen der Satzgruppenzugehörigkeit benötigten Informationen.

Erste Erweiterung des Gruppierwortes

Um eine Verwandtschaft zwischen allen Sätzen der Datei auszudrücken und um sicherzustellen, dass nicht nur für jeden Satz der Datei ein GW existiert sondern auch jeweils für seinen Vorgänger und seinen Nachfolger, wird das GW durch eine Hilfskonstruktion erweitert. Dazu werden ein Vorgänger des ersten Satzes und ein Nachfolger des letzten Satzes als fiktive Sätze der

Datei angenommen, denen wie den realen Sätzen der Datei je ein Gruppierwort zugeordnet wird. Reale und fiktive Sätze werden durch ein besonderes, *künstliches* Gruppierelement unterschieden, dem ein höherer, künstlicher Rang zugeordnet wird als den anderen, *echten* Gruppierelementen.

Künstliches Gruppierelement

Das *künstliche Gruppierelement*, allgemein vom Range n, wird für eine Datei mit m Sätzen wie folgt definiert:

```
        ( 1  für i = 0,
gni =   ( 2  für i = 1, 2, ..., m,
        ( 3  für i = m+1
```

(1: *(fiktiver Satz vor der Datei)*; 2: *(reale Sätze)*; 3: *(fiktiver Satz nach der Datei)*)

Die Gruppierworte der fiktiven Sätze werden durch die zusätzliche Festlegung definiert, dass alle anderen Gruppierelemente auf den Wert 0 (Null) gesetzt werden.

Durch diese Festlegungen sind einer leeren Datei zwei Gruppierworte zugeordnet, ein GW dem fiktiven Satz vor der Datei und ein GW dem fiktiven Satz nach der Datei.

Im Beispiel von Bild 3.02 ergibt sich damit ein Gruppierwort mit drei Rängen

```
GW          = GW (g3, g2, g1)
```

und eine erweiterte Folge von Gruppierworten wie in Bild 3.04 dargestellt.

Bild 3.04 Erweiterte Gruppierwortfolge

Satz-Nr	g3	g2 = FH	g1 = FACH	
0	1	00	00	*GW0*
1	2	01	01	GW1
2	2	01	01	GW2
3	2	01	01	GW3
4	2	01	02	GW4
5	2	01	02	GW5
6	2	02	01	GW6
7	2	02	01	GW7
8	3	00	00	*GW8*

Dabei symbolisieren GW0 das Gruppierwort des fiktiven Satzes vor der Datei, GW1, GW2, ..., GW7 die Gruppierworte für die realen Sätze und GW8 das Gruppierwort für den fiktiven Satz nach der Datei.

Wäre Datei 1 leer, würden nur die Gruppierworte GW0 und GW8 existieren, wobei GW8 dann als GW1 bezeichnet würde.

Vergleichbarkeits-Relation für die Gruppierworte

Für die Gruppierworte wird eine Vergleichbarkeits-Relation benötigt die es gestattet, zwei Gruppierworte zu vergleichen und zu entscheiden, ob beide Gruppierworte gleich sind oder ob ein Gruppierwort größer bzw. kleiner als das andere ist. Darüber hinaus soll die Vergleichbarkeits-Relation die Entscheidung ermöglichen, ob zwei aufeinander folgende Sätze derselben Satzgruppe eines gewissen Ranges angehören oder nicht.

Die verschiedenen Gruppierelemente eines Gruppierwortes können von unterschiedlichem Datentyp sein. In der Anwendungspraxis ist die Anzahl unterschiedlicher Datentypen noch wesentlich größer als bei unseren Betrachtungen, die von zwei Datentypen ausgehen. Daten vom Typ Zahl können negative Werte annehmen. Eine Vergleichbarkeits-Relation, die „größer" und „kleiner" unterscheiden soll, muss den Vergleich der Gruppierworte deshalb auf Vergleiche der Gruppierelemente zurückführen.

Die folgenden Betrachtungen werden für Gruppierworte mit drei Gruppierelementen und damit für drei Rangstufen, dem künstlichen Rang 3 und den echten Rängen 2 und 1, durchgeführt. Alle Überlegungen lassen sich leicht auf Gruppierworte mit mehr oder weniger Rangstufen übertragen.

Voraussetzungen

1. `GWi (g3i, g2i, g1i)` und `GWi-1 (g3i-1, g2i-1, g1i-1)` sind zwei aufeinanderfolgende Gruppierworte einer erweiterten Gruppierwortfolge im obigen Sinne.
2. Die Gruppierelemente *gleichen* Ranges der beiden Gruppierworte sind vergleichbar, d.h. es steht fest, ob beide Gruppierelemente gleich sind oder ob ein Gruppierelement größer bzw. kleiner als das andere ist. Der Vergleich muss je nach Datentyp unterschiedlich erfolgen, beim Typ Zahl nach dem arithmetischen Wert, beim Typ Zeichenkette z.B. lexikografisch oder nach einem besonders definierten Alphabet, das auch Sonderzeichen einschließt.

Definition

GWi heißt *größer oder gleich* GWi-1, formal

`GWi ≥ GWi-1,`

wenn eine der vier folgenden Relationen A, B, C oder D erfüllt ist. A, B und C definieren dabei die Größer-Relation, D die Gleichheits-Relation.

Vergleichbarkeits-Relation ≥

Größer-Relation	GWi > GWi-1	g3i	>	g3i-1	A
		g3i g2i	= >	g3i-1 g2i-1	B
		g3i g2i g1i	= = >	g3i-1 g2i-1 g1i-1	C
Gleichheits-Relation	GWi = GWi-1	g3i g2i g1i	= = =	g3i-1 g2i-1 g1i-1	D

Die so definierte Relation ist ersichtlich transitiv, denn jede der vier Relationen A, B, C und D ist für sich transitiv. D. h.

aus `GWi ≥ GWi-1 und GWi-1 ≥ GWi-2`

folgt `GWi ≥ GWi-2.`

Mit der Vergleichbarkeits-Relation kann der Begriff der sortierten Datei definiert werden.

Definition

Sortierte Datei

Eine sequenzielle Datei mit m Sätzen (m ≥ 0) ist aufsteigend sortiert bezüglich eines Gruppierwortes GWi, wenn für die Gruppierworte von zwei aufeinander folgenden Sätzen gilt

`GWi ≥ GWi-1          für i = 1, 2, ..., m, m+1.`

Die Definition ist absichtlich so formuliert, dass die Gruppierworte der fiktiven Sätze mit i = 0 und i = m+1 mit einbezogen werden. Die Definition einer absteigend sortierten Datei kann entsprechend erfolgen, jedoch sollten bei einer absteigend sortierten Datei die Werte 1 und 3 des künstlichen Gruppierelements vertauscht werden. In den weiteren Betrachtungen wird, wenn nicht ausdrücklich etwas Anderes angegeben ist, unter *sortiert* stets *aufsteigend sortiert* verstanden.

Sortierbegriffe

Die Gruppierbegriffe aus denen die Gruppierelemente des für die Sortierung entscheidenden Gruppierwortes besetzt werden, bezeichnet man bei einer sortierten Datei als *Sortierbegriffe*. Eine Datei kann bezüglich unterschiedlicher Gruppierworte sortiert sein.

Mit der Vergleichbarkeits-Relation können für sortierte Dateien zwei weitere, für die Abbildung von Satzgruppen grundlegende Begriffe präzise definiert werden, der oben schon benutzte Begriff *Satzgruppe* und der Begriff *Gruppenwechsel*.

Definition

Satzgruppen

Mehrere aufeinander folgende Sätze einer sortierten Datei bilden eine Satzgruppe ...

- **vom Rang 1, wenn für je zwei aufeinander folgende Sätze Relation D erfüllt ist, d.h., wenn `g3i = g3i-1, g2i = g2i-1 und g1i = g1i-1` ist.**
- **vom Rang 2, wenn für je zwei aufeinander folgende Sätze eine der Relationen C oder D erfüllt ist, d.h., wenn `g3i = g3i-1 und g2i = g2i-1` ist.**
- **vom Rang 3, wenn für je zwei aufeinander folgende Sätze eine der Relationen B, C oder D erfüllt ist, d.h., wenn `g3i = g3i-1` ist.**

Die so definierten Satzgruppen sind elementefremd. Das bedeutet, wenn in einer Satzgruppe eines gewissen Ranges eine Satzgruppe eines niedrigeren Ranges enthalten ist, dann ist sie vollständig in ihr enthalten.

Es ist jetzt leicht zu überprüfen, dass die in Bild 3.02 dargestellte Datei bezüglich des Gruppierwortes der erweiterten Gruppierwortfolge von Bild 3.04 sortiert ist und die in Bild 3.02 schon erkennbaren Satzgruppen enthält.

Für die programmtechnische Behandlung ist es wichtig, die in Bild 3.02 durch Trennstriche markierten Stellen zu erkennen, deren zwei benachbarte Sätze jeweils einer anderen Satzgruppe eines gewissen Ranges angehören. Diese Stellen werden als Gruppenwechsel bezeichnet und in Anlehnung an die Definition der Satzgruppen definiert.

Definition

Gruppenwechsel

Zwischen zwei aufeinander folgenden Sätzen einer sortierten Datei erfolgt ein Gruppenwechsel ...

- **vom Rang 1, wenn eine der Relationen C, B oder A gilt,**
- **vom Rang 2, wenn eine der Relationen B oder A gilt,**
- **vom Rang 3, wenn Relation A gilt.**

Als *echte* Gruppenwechsel werden solche bezeichnet, die

- **beim Rang 1 durch Relation C,**
- **beim Rang 2 durch Relation B,**
- **beim Rang 3 durch Relation A**

definiert sind, die anderen werden als implizierte Gruppenwechsel bezeichnet.

Besonderheiten beim Rang 3

Durch die Definition des künstlichen Gruppierelements vom Range 3 ist bedingt, dass verschiedene Gruppenwechsel vom Range 3 möglich sind.

Nichtleere Datei

- Der erste Gruppenwechsel vom Rang 3 erfolgt am Dateianfang, wenn `g3i = 2 und g3i-1 = 1` sind (Fall 1, *Start*).
- Der zweite Gruppenwechsel vom Rang 3 erfolgt am Dateiende, wenn `g3i = 3 und g3i-1 = 2` sind (Fall 3, *Ende*).

Leere Datei

- Im Sonderfall einer leeren Datei erfolgt nur ein Gruppenwechsel vom Rang 3, mit `g3i = 3 und g3i-1 = 1` (Fall 4, *Ausnahme*).

Die beiden Definitionen sind in Bild 3.05 tabellarisch gegenübergestellt.

Bild 3.05 Satzgruppen und Gruppenwechsel für 3 Ränge

Relation der Gruppierelemente	Abk.	Satzgruppe vom Rang 3	2	1	Gruppenwechsel vom Rang 3	2	1
g3i > g3i-1	A				echt	impliziert	impliziert
g3i = g3i-1 g2i > g2i-1	B	B			---	echt	impliziert
g3i = g3i-1 g2i = g2i-1 g1i > g1i-1	C	oder C	C		---	---	echt
g3i = g3i-1 g2i = g2i-1 g1i = g1i-1	D	oder D	oder D	D	kein Gruppenwechsel		

3.1.3 Grundaufgabe der Abbildung von Satzgruppen, genaue Formulierung

Mit den in 3.1.2 eingeführten Begriffen und Definitionen kann die Aufgabenstellung genau formuliert werden.

Voraussetzung

Eine sequenzielle Datei 1 ist bezüglich eines Gruppierwortes mit drei Rängen aufsteigend sortiert, d.h. es ist

`GWi (g3i, g2i, g1i) ≥ GWi-1 (g3i-1, g2i-1, g1i-1)`

`für i = 1, 2, ..., m+1.`

Aufgabenstellung

Nichtleere Datei

1. Alle Sätze einer sequenziellen Datei 1 sind auf die sequenzielle Datei 2 in gleicher Reihenfolge auszugeben.
2. Zusätzlich zu den Sätzen der Datei 1 sind bei einem Gruppenwechsel zwischen zwei Sätzen andere Sätze entsprechend Bild 3.01 wie folgt auszugeben:
   - **Fall 1, Start**
     Bei einem echten Gruppenwechsel vom Rang 3
     wenn `g3i = 2 und g3i-1 = 1` ist
     die Sätze aaa, bbb, ccc.
   - **Fall 2, Lauf, Unterfall 2.1**
     Bei einem echten Gruppenwechsel vom Rang 1
     die Sätze xxx, ccc.
   - **Fall 2, Lauf, Unterfall 2.2**
     Bei einem echten Gruppenwechsel vom Rang 2
     die Sätze xxx, yyy, bbb, ccc.
   - **Fall 3, Ende**
     Bei einem echten Gruppenwechsel vom Rang 3
     wenn `g3i= 3 und g3i-1 = 2` ist
     die Sätze xxx, yyy, zzz.

Leere Datei

3. Im Sonderfall einer leeren Datei 1 soll die zu erzeugende Datei 2 leer sein (**Fall 4, Ausnahme**).

3.1.4 Lösung für die Grundaufgabe der Abbildung von Satzgruppen

In der Grundaufgabe für die Abbildung von Satzgruppen ist das Kopieren als Sonderfall enthalten, wenn Ziffer 2 der Aufgabenstellung entfällt. Der Lösungsansatz für die Grundaufgabe geht von dieser Feststellung aus und unterstellt, dass deshalb auch die Lösung das Kopier-Modell als Sonderfall enthalten muss. Umgekehrt muss dann die Lösung aus dem Kopier-Modell durch eine Erweiterung um zusätzliche Programmblöcke entwickelt werden können, wobei die zusätzlichen Programmblöcke nur jeweils beim Eintreten eines Gruppenwechsels aktiviert werden.

Der Lösungsansatz muss verschiedene Funktionen enthalten:

- Die Gruppierworte, die den Sätzen zugeordnet werden und die das Erkennen von Gruppenwechseln ermöglichen, müssen im Programm gebildet werden.
- Durch Vergleich der Gruppierworte von je zwei aufeinander folgenden Sätzen muss erkannt werden, ob ein Gruppenwechsel vorliegt und wenn ja von welchem Rang oder von welchen Rängen.
- In Abhängigkeit von den festgestellten Gruppenwechseln sind Funktionen zu aktivieren, mit denen die Sätze aaa, bbb, ccc, xxx, yyy und zzz in der erforderlichen Weise, im richtigen Zeitpunkt und in der richtigen Reihenfolge ausgegeben werden.

Programmablaufplan mit Zuordnung der Funktionen

Aus diesen Überlegungen resultiert der in Bild 3.06 dargestellte Lösungsansatz für den Programmablaufplan bei 3 Rängen.

Abkürzungen für Programmblöcke

Im Programmablaufplan werden für die Programmblöcke wie zum Teil schon beim Programm-Modell 1 folgende Abkürzungen benutzt:

- VORR Vorroutine
- SB 1 Satzbereitstellung Datei 1
- GRST Gruppensteuerung
- GRE1 Gruppenende Rang 1
und entsprechend für andere Ränge
- GRA1 Gruppenanfang Rang 1
und entsprechend für andere Ränge
- SV 1 Satzverarbeitung Datei 1
- GWUM Gruppierwort umsetzen
- SCHL Schluss

Die Bezeichnung der Gruppierworte wird für die programmtechnische Behandlung vereinfacht. Statt der Kennzeichnung mit der Satz-Nummer wird das Gruppierwort des zuletzt bereitgestellten Satzes mit GW-NEU, kurz mit GW-N, das Gruppierwort des vorangegangenen Satzes mit GW-ALT, kurz mit GW-A bezeichnet.

Die Gruppierelemente werden entsprechend bezeichnet:

```
g3i   = g3N, g2i   = g2N, g1i   = g1N
g3i-1 = g3A, g2i-1 = g2A, g1i-1 = g1A.
```

Programmablaufplan zur Grundaufgabe Abbilden von Satzgruppen

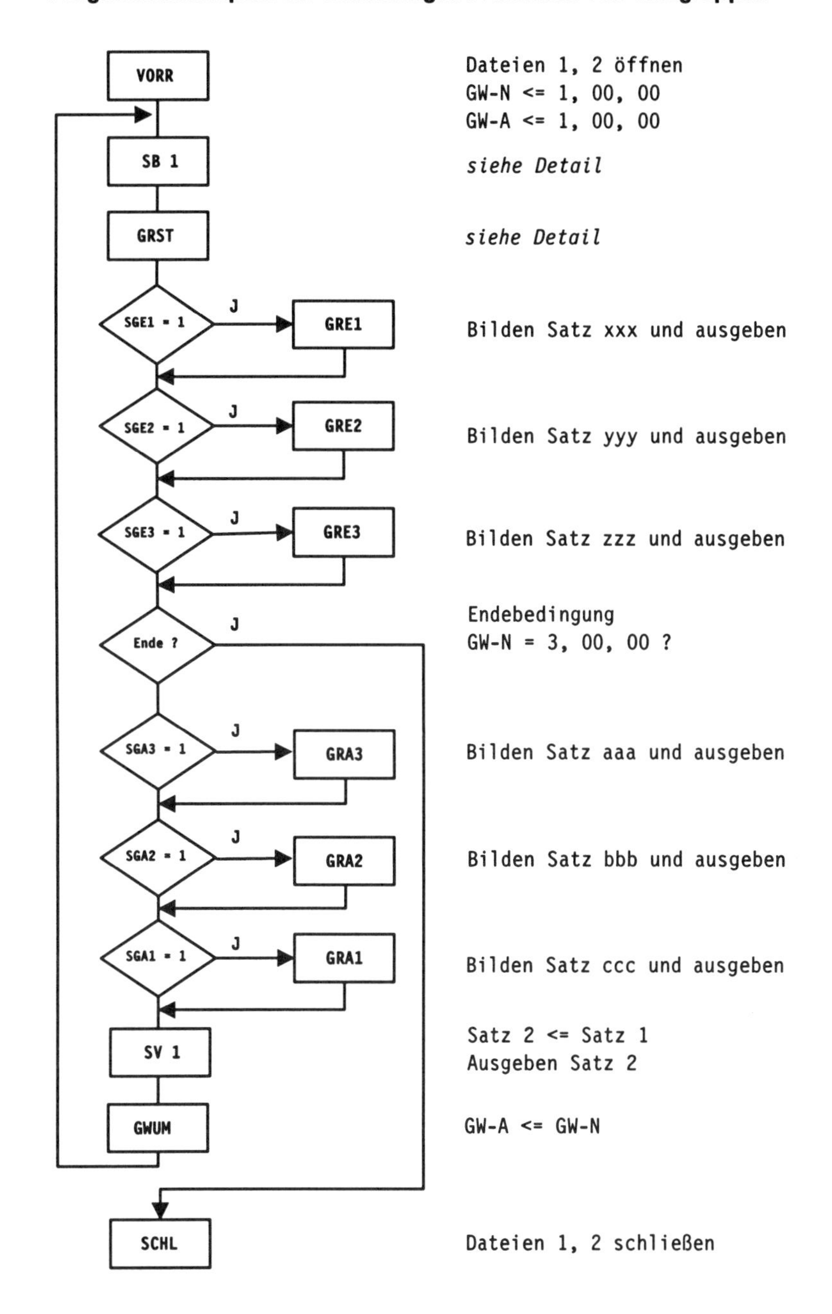

Bild 3.06
PAP zur Lösung
der Grundaufgabe

Damit sind bezogen auf die bisherige Schreibweise

```
GWi    = GW-NEU = GW-N (g3N, g2N, g1N),
GWi-1  = GW-ALT = GW-A (g3A, g2A, g1A).
```

Die Besetzung der Gruppierworte durch die Besetzung der Gruppierelemente wird vereinfacht dargestellt.

```
GW-N <= 2, FH, FACH      bedeutet
g3N  <= 2; g2N  <= FH; g1N  <= FACH.

GW-N <= 1, 00, 00        bedeutet
g3N  <= 1; g2N  <= 00; g1N  <= 00.
```

Um Verwechslungen mit Dezimalschreibweisen zu vermeiden wird der Wert Null durch zwei Nullen ausgedrückt.

Vorroutine

Am Anfang des Programms, im Block VORR, werden zwei Gruppierworte, GW-N und GW-A, auf den Anfangswert gesetzt, der dem fiktiven Satz vor der Datei entspricht.

Satzbereitstellung

Im Block SB 1, wird mit der Funktion *Lesen sequenziell* versucht, einen Satz aus Datei 1 bereitzustellen. Je nachdem ob die Satzbereitstellung erfolgreich ist oder nicht, wird das Gruppierwort GW-N mit den Werten für einen realen Satz oder mit den Werten für den fiktiven Satz nach der Datei besetzt. Die Details sind im Pseudocode und alternativ als zusammengesetzter Konstrukt in Bild 3.07 dargestellt.

SB 1

```
Lesen Datei 1 sequenziell
EOF 1 ?  J  GW-N <= 3, 00, 00
         N  GW-N <= 2, .., ...
```

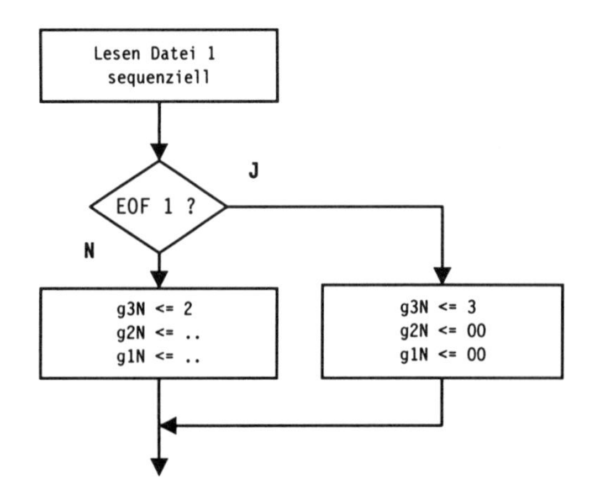

Bild 3.07 Satzbereitstellung

Die Zuweisungen im Nein-Zweig sind noch unvollständig und müssen je nach konkreter Aufgabenstellung auf der rechten Seite um die Gruppierbegriffe ergänzt werden. Die Anzahl der Gruppierelemente ist der Anzahl der Rangstufen gegebenenfalls anzupassen.

Gruppensteuerung

Im Block GRST, Gruppensteuerung, der in einem folgenden Abschnitt besonders entwickelt wird, werden aus dem Gruppierwort GW-N des gerade bereitgestellten Satzes und dem Gruppierwort GW-A des zuletzt verarbeiteten Satzes die Schalter SGE1, SGE2, SGE3 und SGA3, SGA2, SGA1 so besetzt, dass die Blöcke GRE1, GRE2, GRE3 und GRA3, GRA2, GRA1 je nach vorliegendem Gruppenwechsel durchlaufen werden.

Gruppenende

In den Blöcken GRE1, GRE2 und GRE3 wird entsprechend der Grundaufgabe jeweils ein Satz gebildet und ausgegeben.

Endebedingung

In Abhängigkeit von GW-N, das in der Satzbereitstellung beim Eintreten von EOF 1 den

```
Endewert    GW-N = 3, 00, 00
```

zugewiesen bekommt, wird die Programmschleife verlassen und zum Schluss verzweigt.

Gruppenanfang

In den Blöcken GRA3, GRA2 und GRA1 wird entsprechend der Grundaufgabe jeweils ein Satz gebildet und ausgegeben.

Satzverarbeitung

Im Block SV 1 erfolgen wie beim Kopier-Programm die Zuweisung von Satz-2 und das Ausgeben dieses Satzes.

Gruppierwort umsetzen

Nachdem der bereitgestellte Satz in der Satzverarbeitung verarbeitet worden ist, wird im Block GWUM sein Gruppierwort GW-N dem Gruppierwort GW-A zugewiesen. Es steht damit im weiteren Verlauf des Programms auch nach der nächsten Satzbereitstellung noch zur Verfügung und kann in der Gruppensteuerung ausgewertet werden.

Schluss

Im Block SCHL werden wie im Kopierprogramm die Dateien geschlossen.

3.1.5 Gruppensteuerung für 3 Rangstufen

Dem Block Gruppensteuerung kommt für die Funktionssicherheit des Programms eine besondere Bedeutung zu. Aus den Eingangsinformationen

```
GW-N (g3N, g2N, g1N) und GW-A (g3A, G2A, G1A)
```

müssen die Ausgangsinformationen

```
SGE1, SGE2, SGE3 und SGA3, SGA2, SGA1
```

abgeleitet werden. Die Abbildungsfunktion

```
GRST =    GRST (GW-N, GW-A; SGE1, SGE2, SGE3,
                SGA3, SGA2, SGA1)
```

muss dabei unter Bezug auf die Aufgabenstellung und die Definition der Gruppenwechsel (vergl. Bild 3.05) bestimmt werden.

Matrix Gruppensteuerung

In Bild 3.08 ist die gesuchte Abbildungsfunktion basierend auf einer Fallunterscheidung als Matrix dargestellt.

Bild 3.08 Matrix Gruppensteuerung für 3 Ränge

Fall-Nr **Fall** Unterfall	**1** **Start**	2.0	**2** **Lauf** 2.1	2.2	**3** **Ende**	**4** **Ausnahme** leere Datei
Gruppenwechsel	Rang 3	-	Rang 1	Rang 2	Rang 3	Rang 3
g3N g3A	2 1	2 2	2 2	2 2	3 2	3 1
Relation Relationen der Gruppierelemente	A g3N > g3A	D g3N = g3A g2N = g2A g1N = g1A	C g3N = g3A g2N = g2A g1N > g1A	B g3N = g3A g2N > g2A	A g3N > g3A	A g3N > g3A
Satzgruppenende Rang 1 SGE1 Rang 2 SGE2 Rang 3 SGE3	 0 0 0	 0 0 0	 1 0 0	 1 1 0	 1 1 1	 0 0 0
Satzgruppenanfang Rang 3 SGA3 Rang 2 SGA2 Rang 1 SGA1	 1 1 1	 0 0 0	 0 0 1	 0 1 1	 0 0 0	 0 0 0

Die Fälle 1, 2 und 3 resp. *Start, Lauf* und *Ende* treten bei einer *nichtleeren* Datei ein. Fall 4, *Ausnahme*, tritt bei einer *leeren* Datei ein.

Fall 1, Start

Nichtleere Datei

Nach dem Start des Programms und der Bereitstellung des ersten Satzes liegt der erste Gruppenwechsel vor, ein spezieller Gruppenwechsel vom Rang 3, der entsprechende Gruppenwechsel der Ränge 2 und 1 impliziert. Der Fall wird charakterisiert durch Relation A, speziell durch

`g3N = 2` und `g3A = 1.`

Dabei ist g3A das ranghöchste Gruppierelement des fiktiven Satzes vor der Datei, g3N das ranghöchste Gruppierelement des ersten realen Satzes der Datei.

Damit die Sätze aaa, bbb und ccc ausgegeben werden, müssen die Programmblöcke GRA3, GRA2 und GRA1 aktiviert werden. Dazu ist es erforderlich, die Schalter SGA3, SGA2 und SGA1 auf den Wert 1 zu setzen. Da bei diesem Gruppenwechsel keine weiteren Sätze ausgegeben werden sollen, müssen die Schalter SGE1, SGE2 und SGE3, mit denen die Blöcke GRE1, GRE2 und GRE3 aktiviert werden, auf den Wert 0 (Null) gesetzt werden.

Fall 2, Lauf

Fall 2 kann frühestens zwischen dem ersten realen und dem zweiten realen Satz der Datei eintreten. Der Fall ist dadurch charakterisiert, dass die ranghöchsten Gruppierelemente der beiden zu vergleichenden Gruppierworte den Wert 2 haben und damit reale Sätze repräsentieren, d.h.

`g3N = 2` und `g3A = 2.`

Fall 2 wird in drei Teilfälle untergliedert.

Fall 2.0 Kein Gruppenwechsel

Wenn Relation D vorliegt, also die Gruppierelemente gleichen Ranges gleich sind und damit auch die beiden Gruppierworte gleich sind, liegt kein Gruppenwechsel vor. In diesem Fall sind keine zusätzlichen Sätze auszugeben und folglich alle Schalter SGE1, SGE2, SGE3, SGA3, SGA2 und SGA1 auf 0 (Null) zu setzen.

Fall 2.1 Gruppenwechsel Rang 1

Relation C charakterisiert einen Gruppenwechsel vom Rang 1. In diesem Fall sind die Sätze xxx und ccc auszugeben, daher werden die Schalter SGE1 und SGA1 auf 1, alle anderen Schalter auf 0 (Null) gesetzt.

Fall 2.2 Gruppenwechsel Rang 2

Relation B charakterisiert den Gruppenwechsel vom Rang 2, der einen Gruppenwechsel vom Rang 1 impliziert. In diesem Fall müssen die Sätze xxx, yyy, bbb und ccc ausgegeben werden. Daher werden die Schalter SGE1, SGE2, SGA2 und SGA1 auf 1 gesetzt, die beiden anderen, SGE3 und SGA3, auf 0 (Null).

Fall 3, Ende

Am Dateiende, nachdem in der Satzbereitstellung das Signal EOF erhalten worden ist, wird das Gruppierwort für den fiktiven Satz nach der Datei gebildet, dessen ranghöchstes Gruppierelement g3N den Wert 3 hat. Das Gruppierwort des letzten realen Satzes der Datei hat als ranghöchstes Gruppierelement g3A = 2. Mit

```
g3N = 3 und g3A = 2
```

liegt ein Spezialfall von Relation A vor. Im dadurch charakterisierten speziellen Gruppenwechsel vom Rang 3 müssen die Sätze xxx, yyy und zzz ausgegeben werden. Deshalb werden die Schalter SGE1, SGE2 und SGE3 auf 1 gesetzt.

Die Schalter SGA3, SGA2 und SGA1 werden auf 0 (Null) gesetzt um konsequent zu symbolisieren, dass die Blöcke GRA3, GRA2 und GRA1 *nicht* angesteuert werden sollen. Da wegen der erfüllten Endebedingung nach dem Block GRE3 zum Schluss verzweigt wird, hat das keine direkten funktionalen Auswirkungen.

Leere Datei

Fall 4, Ausnahme

Im Sonderfall einer leeren Datei werden nach dem Programmstart und der ersten Satzbereitstellung die beiden Gruppierworte der fiktiven Sätze vor und nach der Datei verglichen. Der Fall ist als Spezialfall von Relation A durch

```
g3N = 3  und  g3A = 1
```

charakterisiert und stellt einen speziellen Gruppenwechsel vom Rang 3 dar. Nach der Aufgabenstellung soll in diesem Fall kein Satz ausgegeben werden, daher werden alle Schalter SGE1, SGE2, SGE3, SGA3, SGA2 und SGA1 auf 0 (Null) gesetzt. Auch hier hat, wie im Fall 3, die Besetzung der letzten drei Schalter nur symbolische Bedeutung.

Die Beschränkung auf vier Fälle

Bevor die Matrix Gruppensteuerung in einen Programmablaufplan für den Programmblock GRST umgesetzt wird, muss bestätigt werden, dass die in der Matrix betrachteten vier Fälle *Start, Lauf, Ende* und *Ausnahme* zugleich alle möglichen Fälle darstellen, also andere Fälle nicht eintreten können wenn das Programm entwurfsgerecht realisiert wird.

Wenn die Datei wie vorausgesetzt bezüglich des Gruppierwortes aufsteigend sortiert ist, dann gilt

GWi ≥ GWi-1 bzw. GW-N ≥ GW-A.

Daraus folgt mit der Vergleichbarkeits-Relation die Beziehung

g3i ≥ g3i-1 bzw. g3N ≥ g3A. (3.1)

Da das ranghöchste Gruppierelement definitionsgemäß nur die Werte 1, 2 oder 3 annimmt, sind neun Fälle denkbar:

Fall	a	b	c	**d**	**e**	f	**g**	**h**	i
g3N	1	1	1	2	2	2	3	3	3
g3A	1	2	3	1	2	3	1	2	3

Die Fälle b, c und f entfallen, weil sie die Beziehung (3.1) nicht erfüllen.

Fall a kann nicht eintreten, weil bereits beim ersten Durchlauf der Satzbereitstellung und damit vor dem ersten Eingang in die Gruppensteuerung g3N je nach Fall auf den Wert 2 oder 3 gesetzt wird und auch danach nur die Werte 2 oder 3 annehmen kann. Es kann also g3N beim Eingang in die Gruppensteuerung nicht gleich 1 sein..

Fall i kann nicht eintreten, weil nach dem Besetzen von g3N mit dem Wert 3 die Endebedingung erfüllt ist, die Programmschleife verlassen wird und GW-A nicht wieder besetzt wird. Es kann daher g3A nie den Wert 3 annehmen.

Es bleiben daher nur die Fälle d, e, g und h übrig, die als Fälle 1, 2, 3 und 4 in der Matrix berücksichtigt worden sind.

Programmablaufplan Gruppensteuerung für 3 Ränge

Die in der Matrix Gruppensteuerung dargestellte Abbildungsfunktion

```
GRST =   GRST (GW-N, GW-A; SGE1, SGE2, SGE3,
         SGA3, SGA2, SGA1)
         mit     GW-N = GW-N (g3N, g2N, g1N)
         und     GW-A = GW-A (g3A, g2A, g1A)
```

kann als Programmblock GRST zweckmäßig in zwei Versionen realisiert werden.

- **Version A**. Am Anfang werden alle Schalter auf den Anfangswert 0 (Null) gesetzt. Dann sind in den Fällen 1-3 nur Anweisungen erforderlich um einigen Schaltern den Wert 1 zuzuweisen (Bild 3.09).
- **Version B**. Am Anfang werden alle Schalter auf den Anfangswert 1 gesetzt. Dann sind in den Fällen 1-4 nur Anweisungen erforderlich, um einigen Schaltern den Wert 0 (Null) zuzuweisen (Bild 3.10).

Bild 3.09
PAP
Gruppensteuerung,
Version A

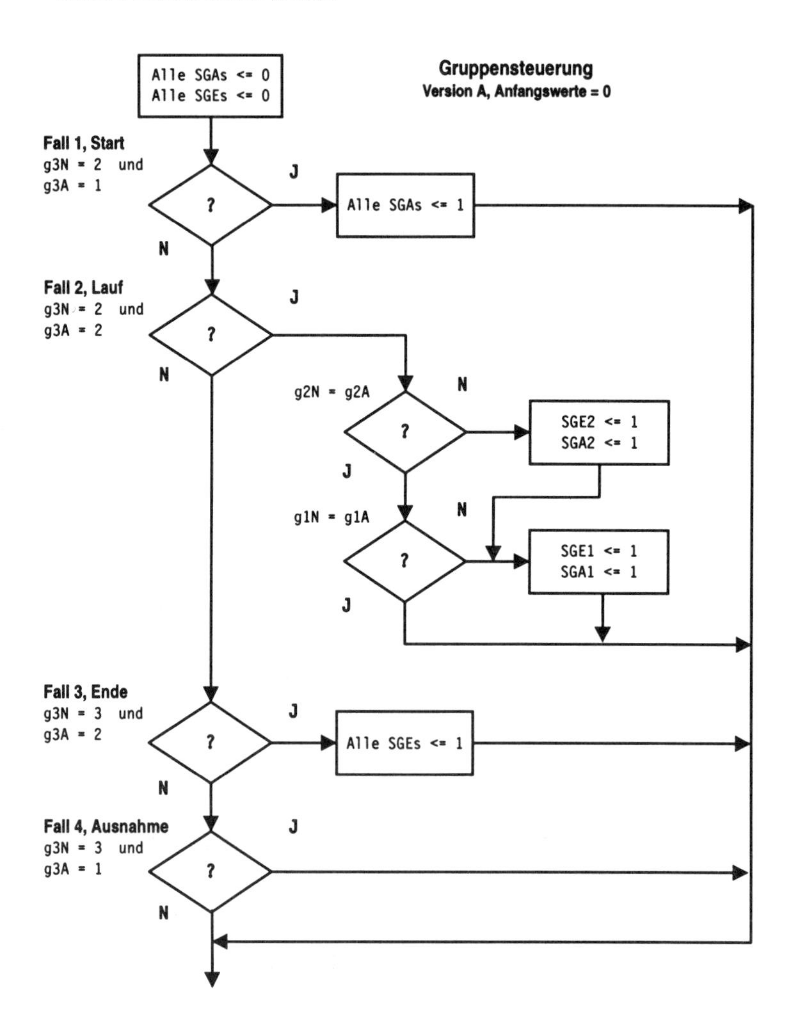

Beide Versionen A und B sind in der Darstellung so gewählt, dass sie sehr leicht ebenso wie die Matrix Gruppensteuerung auf mehr oder weniger Rangstufen umgestellt werden können. Dabei ist bewusst eine *lineare* Form gewählt worden, bei der je Rangstufe eine *konstante* Anzahl von Anweisungen hinzugefügt bzw.

Bild 3.10
PAP
Gruppensteuerung,
Version B

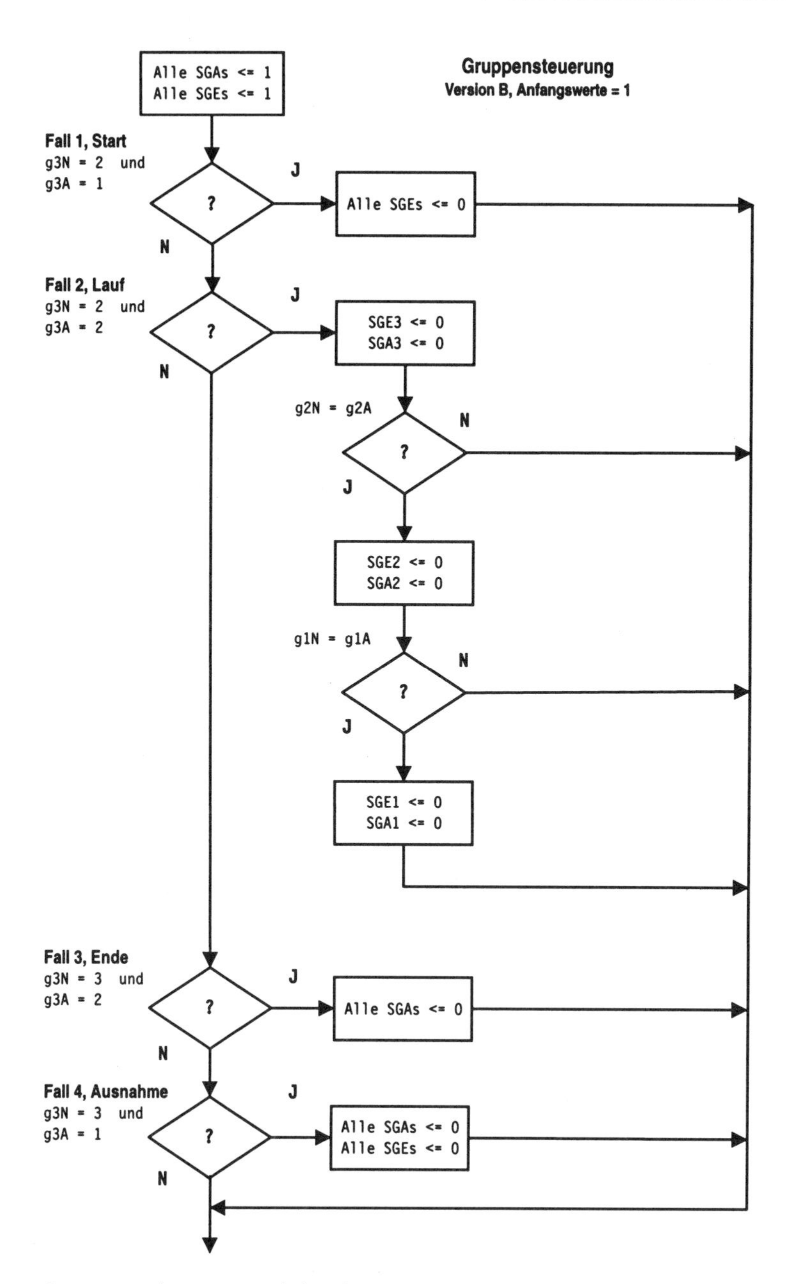

entfernt wird. Eine solche lineare Form ist leicht zu erweitern oder zu reduzieren. In beiden Versionen sind bei entsprechender Codierung je Rang nur drei Anweisungen zu ergänzen bzw. zu entfernen, eine bedingte Verzweigung und zwei Zuweisungen.

Damit ist die Grundaufgabe vollständig gelöst und die zu ihrer Lösung benutzten Algorithmen sind verifiziert.

3.1.6 Übungsaufgabe Gruppensteuerung

Die Matrix Gruppensteuerung und die Programmablaufpläne in den Versionen A und B sind auf vier, fünf oder mehr Rangstufen zu erweitern bzw. auf zwei Rangstufen oder eine Rangstufe zu reduzieren.

3.1.7 Modellbildung für Programm-Modell 2, Abbildung von Satzgruppen

Um den Lösungsansatz auf ähnliche Aufgaben anwenden zu können, müssen Funktionen, die erfahrungsgemäß bei ähnlichen Aufgaben in anderer Form oder gar nicht vorhanden sind, aus der Lösung entfernt werden. Auf diese Weise entsteht das Programm-Modell 2 für die Abbildung von Satzgruppen, das in Bild 3.11 dargestellt ist.

Aus *Vorroutine* und *Schluss* werden das Öffnen und Schließen der Dateien entfernt. In der Vorroutine bleibt als Funktion nur die Besetzung der Gruppierworte mit den Anfangswerten, die jedoch bei einer anderen Anzahl von Rängen angepasst werden muss. Es ist in den meisten Programmiersprachen möglich, die Anfangswerte durch entsprechende Deklarationen im Vereinbarungsteil festzulegen. Das ist praktikabel, wenn das Programm nicht von anderen Programmen als Unterprogramm aufgerufen wird. Individuelle Funktionen müssen diesen Blöcken je nach Aufgabenstellung zugefügt werden.

Der Block *Satzbereitstellung* behält die sequenzielle Lesefunktion und das Bilden des Gruppierworts. Die sequenzielle Lesefunktion muss gelegentlich für eine andere Datei angepasst werden. Im hinteren Teil dieses Buches (siehe 6.1) wird sie in manchen Fällen durch andere ähnliche Funktionen ersetzt. Das Gruppierwort GW-N muss in der Satzbereitstellung wie in Bild 3.07 dargestellt besetzt werden. Dabei sind die Gruppierbegriffe und gegebenenfalls die Anzahl der Ränge individuell festzulegen.

Der Block *Gruppensteuerung* behält die entwickelten Funktionen und wird je nach Anzahl der Rangstufen modifiziert.

Aus den Blöcken für *Gruppenende* und *Gruppenanfang* werden sämtliche Funktionen entfernt. Diese Blöcke bleiben als leere Blöcke vorhanden, die in dem durch Gruppierworte und Gruppensteuerung festgelegten Rhythmus aktiviert werden und je nach Aufgabenstellung mit individuellen Funktionen gefüllt werden. Die Anzahl dieser Blöcke variiert mit der Anzahl der Rangstufen.

Programm-Modell 2, Abbilden von Satzgruppen, für 3 Ränge

Bild 3.11
Programm-Modell 2,
Abbildung von
Satzgruppen

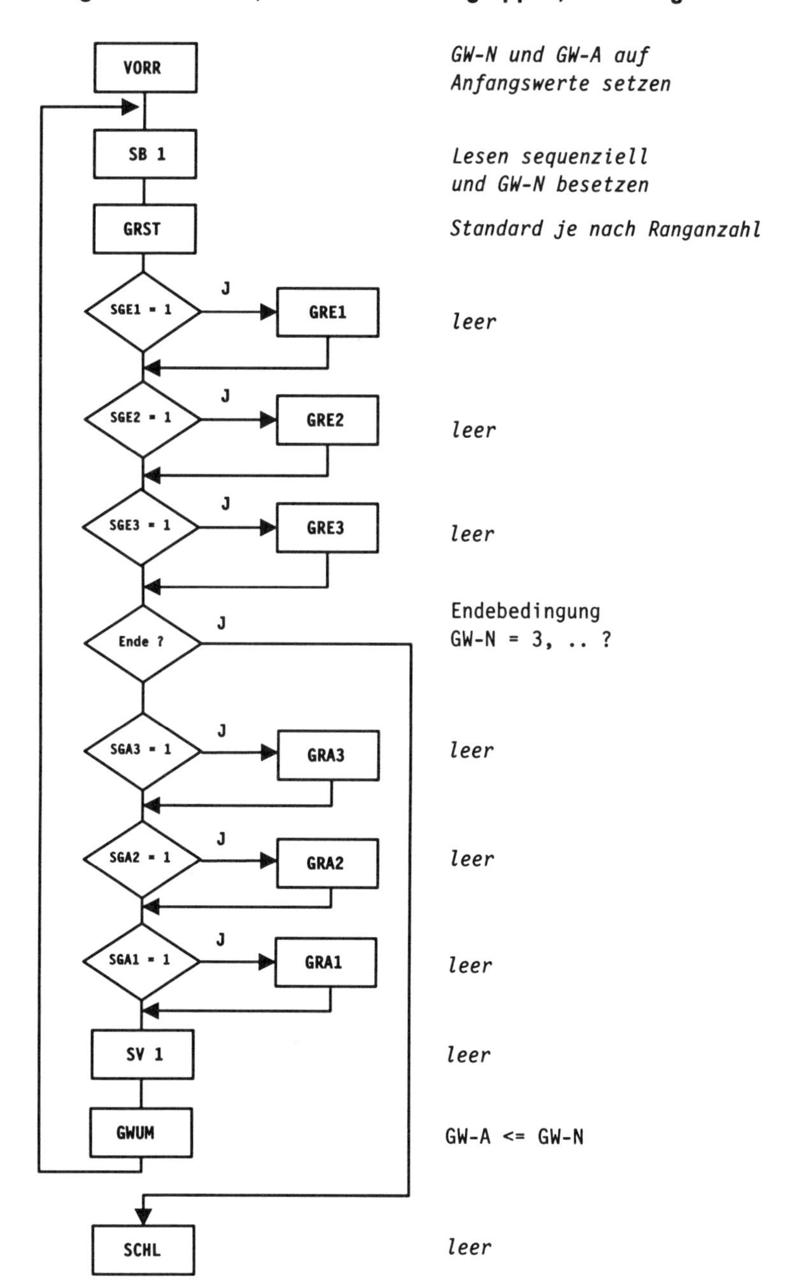

Im Sonderfall, bei dem nur eine Rangstufe, die künstliche Rangstufe, vorliegt, enthält das Gruppierwort nur das künstliche Gruppierelement. In diesem Fall existieren je ein Block für Gruppenende und Gruppenanfang.

Die *Endebedingung* bleibt bestehen, muss aber bei mehr oder weniger als drei Rangstufen angepasst oder kürzer formuliert werden: Ranghöchstes Gruppierelement gleich 3, z.B. g3N = 3.

Aus dem Block *Satzverarbeitung* werden alle Funktionen entfernt. Der Block bleibt wie beim Kopier-Modell als leerer Block vorhanden, der für jeden zu verarbeitenden Satz einmal durchlaufen wird und um individuelle Funktionen ergänzt wird.

Der Block *Gruppierwort umsetzen* behält als Funktion die Zuweisung für GW-A. Andere Funktionen sind hier nicht vorgesehen.

3.2 Anwendung des Programm-Modells

Bei der Anwendung des Programm-Modells sollen die individuellen Funktionen des Anwendungsprogramms den Programmblöcken Vorroutine, Gruppenende, Gruppenanfang, Satzverarbeitung und Schluss zugeordnet werden. Dabei ist für die Funktionsfähigkeit des Programms der Aufbau der Gruppierworte von entscheidender Bedeutung, um satzgruppenbezogene Programmfunktionen realisieren zu können. Das Bilden des Gruppierworts durch Zuweisungen für die Gruppierelemente erfolgt dabei individuell im Programmblock Satzbereitstellung.

3.2.1 Summenbildung bei Satzgruppen

Anwendungsprogramme, für die eine Lösung mit dem Programm-Modell 2 in Betracht kommt, enthalten als satzgruppenbezogene Funktionen meistens Summenbildungen je Satzgruppe. Dabei müssen eine Summe oder mehrere Summen je Satzgruppe eines gewissen Ranges ermittelt und ausgewertet oder ausgegeben werden.

Wie bereits bei der Lösung der Aufgabe aus 2.2.2 erkannt werden kann, wird zur Summenbildung ein *Register* benötigt. Man unterscheidet *Zählregister* und *Summenregister*. Zählregister dienen Zählfunktionen, z.B. dem Zählen von Sätzen, Summenregister dienen Summenfunktionen.

Die Funktionen bestehen aus drei Teilfunktionen:

1. *Register auf den Anfangswert setzen*. Ist der Anfangswert 0 (Null), heißt die Teilfunktion kurz *Register löschen*.

2. *Register kumulieren.* Die zu summierenden Werte werden zum Registerinhalt addiert. Die zu summierenden Werte können Konstanten (z.B. die Zahl 1), Einzelwerte oder Zwischenergebnisse (z.B. Zwischensummen) sein.
3. *Register auswerten.* Je nach Aufgabenstellung wird der Inhalt des Registers ...
   - als Ergebnis zur Bildung einer Zeile oder eines Satzes benutzt und die Zeile oder der Satz wird ausgegeben, und/oder
   - als Zwischenergebnis für andere Rechenoperationen benutzt.

Bei der Aufgabe von 2.2.2 wurden diese Teilfunktionen in dieser Reihenfolge den Programm-Blöcken VORR, SV 1 und SCHL zugeordnet. Bei satzgruppenbezogenen Zähl- oder Summenfunktionen müssen die Teilfunktionen anderen Programmblöcken zugeordnet werden, wofür in machen Fällen verschiedene Möglichkeiten bestehen. Am Beispiel der Summenfunktion werden die Alternativen vorgestellt.

Summenbildung für Rang 1

```
GRA1   Register R1 löschen,     R1 <= 0
SV 1   Register kumulieren      R1 <= R1 + Einzelwert
GRE1   Register R1 auswerten    z.B. R1 ausgeben
```

Summenbildung für Rang 2

Alternative 1, Summierung von Einzelwerten

```
GRA2   Register R2 löschen,     R2 <= 0
SV 1   Register R2 kumulieren   R2 <= R2 + Einzelwert
GRE2   Register R2 auswerten    z.B. R2 ausgeben
```

Alternative 2, Summierung von Zwischensummen

Wenn die entsprechenden Summen für den Rang 1 bereits gebildet werden, können an Stelle von Einzelwerten die Summen vom Rang 1 als Zwischensummen aufgefasst und kumuliert werden.

```
GRA2   Register R2 löschen,     R2 <= 0
GRE1   Register R2 kumulieren   R2 <= R2 + R1
GRE2   Register R2 auswerten    z.B. R2 ausgeben
```

Summenbildung für Rang 3

Entsprechend sind für Summen vom Rang 3 auch drei Alternativen möglich. Die Summen vom Rang 3 können kumuliert werden aus den Einzelwerten im Block SV 1 oder, wenn vorhanden, aus den Zwischensummen vom Rang 1 im Block GRE1 oder aus den Zwischensummen vom Rang 2 im Block GRE2.

Wenn Rang 3 der höchste Rang ist, wie im Beispiel bisher angenommen, können die Teilfunktionen *Register löschen* bzw. *Register auswerten* wie im Beispiel von 2.2.2 auch im Block VORR bzw. SCHL platziert werden. Werden sie so platziert, dann werden die Teilfunktionen auch im Sonderfall einer leeren Eingabedatei aktiviert. Werden diese Teilfunktionen jedoch in den Blökken GRA3 bzw. GRE3 platziert, erfolgt die Aktivierung nicht im Sonderfall einer leeren Eingabedatei, weil die Matrix Gruppensteuerung (Bild 3.08) im Fall 4, Ausnahme, alle Schalter SGA und SGE auf den Wert 0 (Null) setzt. Satzgruppenbezogene Funktionen für den höchsten Rang können also wahlweise so platziert werden, dass sie bei einer leeren Eingabedatei aktiviert werden oder nicht aktiviert werden.

3.2.2 Aufgabe Drucken Umsatzstatistik

Aufgabenstellung

Bild 3.12
Drucken
Umsatzstatistik

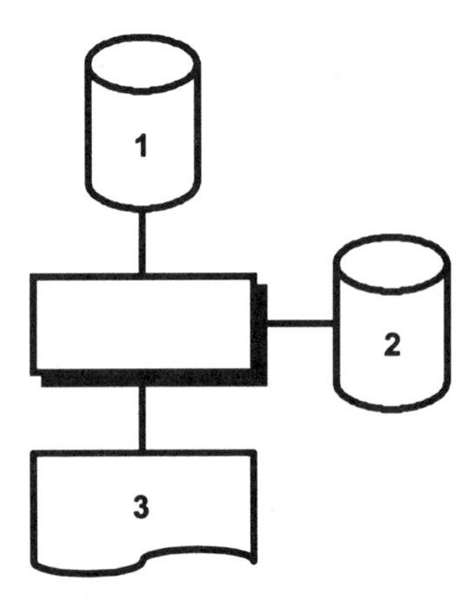

Datei 1, Artikel-Umsätze
indexsequenzielle Datei

```
Fil-Nr   ) zusammen-
Art-Gr   ) gesetzter
Art-Nr   ) Key
Umsatz
```

Datei 2, Filialen
indexsequenzielle Datei

```
Fil-Nr   (Key)
Ort
```

Datei 3, Umsatzstatistik

Bild 3.13
Listbild
Umsatzstatistik

```
FILIALE 99 XXXXXXXXXX   BLATT Z9        Zeilentyp
ART-GRUPPE  ART-NR   UMSATZ-DM            K1
XXXXXXXXXX  99999    ZZ.ZZ9.99            K2
            99999    ZZ.ZZ9.99            EZ1
            99999    ZZ.ZZ9.99            EZ2
            usw.                          EZ2
XXXXXXXXXX  Summe   ZZZ.ZZ9,99
Filialumsatz        ZZZ.ZZ9,99            S-AGR
                                          S-FIL
```

Programmbeschreibung

Das Programm druckt die Umsatzstatistik laut Listbild mit den folgenden sechs Funktionen:

1. Jeder Satz von Datei 1 liefert eine Einzelzeile EZ1 oder EZ2 der Umsatzstatistik. Die erste Zeile innerhalb einer Artikel-Gruppe wird als EZ1 gedruckt und enthält die Bezeichnung der Artikel-Gruppe, alle weiteren Zeilen werden als EZ2 gedruckt und enthalten an Stelle der Bezeichnung der Artikel-Gruppe Leerzeichen.
2. Jedes Blatt erhält maximal 50 Einzelzeilen EZ1 bzw. EZ2.
3. Die Blätter werden je Filiale mit 1 beginnend fortlaufend nummeriert. Jede Artikel-Gruppe beginnt dabei auf einem neuen Blatt.
4. Ist zur Filial-Nummer von Datei 1 der zugehörige Satz in Datei 2 vorhanden, wird in der Kopfzeile K1 neben der Filial-Nummer die Ortsbezeichnung gedruckt. Ist zur Filial-Nummer von Datei 1 der zugehörige Satz in Datei 2 nicht vorhanden, bleibt die Ortsbezeichnung in der Kopfzeile K1 frei.
5. Die Summenzeile je Artikel-Gruppe wird nicht allein auf ein neues Blatt gedruckt, sondern erscheint stets noch unter den Einzelzeilen. Die Filialumsatzzeile erscheint als letzte Zeile der Filiale nach der Summenzeile der letzten Artikel-Gruppe.
6. Wenn Datei 1 leer ist, wird keine Zeile gedruckt.

Lösungsschritte

1. Analyse des Datenflusses

Dass jeder Satz von Datei 1 eine Einzelzeile EZ1 oder EZ2 liefert, entspricht dem Datenfluss beim Kopieren. Datei 1 ist als indexsequenzielle Datei in Bezug auf ein (erweitertes) Gruppierwort aufsteigend sortiert, dessen drei echte Gruppierelemente aus den drei Teilen des Keys bestehen,

```
GW-N        = GW-N (g4N, g3N, g2N, g1N)
            = GW-N (X, Fil-Nr, Art-Gr, Art-Nr)
```

wobei X die Werte 1, 2, 3 repräsentiert.

Datei 1 erfüllt also die Voraussetzung für die Abbildung von Satzgruppen. Darauf basierend sind Funktionen enthalten, die der Abbildung von Satzgruppen dienen. Die beiden Summenzeilen S-AGR und S-FIL können bei geschickter Interpretation der Aufgabe den Sätzen xxx und yyy der Grundaufgabe entsprechen. Die Blattnummerierung und die inhaltliche Gestaltung der Kopfzeile K1 sind ebenfalls satzgruppenbezogen. Wegen der satzgruppenbezogenen Funktionen erscheint eine Lösung mit dem Programm-Modell 2 zur Abbildung von Satzgruppen der Datei 1 auf Datei 3 möglich.

An anderer Stelle (3.3.4, 4.3.1, 6.2.1 und 6.4) wird auf verschiedene Alternativlösungen dieser Aufgabe hingewiesen, die von einem anderen Datenfluss ausgehen.

2. Wahl des Programm-Modells

Bei dieser Aufgabe und beim jetzt erreichten Kenntnisstand muss das Programm-Modell 2 von Bild 3.11 zur Abbildung von Satzgruppen als Lösungsansatz benutzt werden.

Festlegung der Gruppierworte

Als Detail des Lösungsansatzes muss zunächst der Aufbau der Gruppierworte festgelegt werden, da von ihrem Aufbau und von der Anzahl der Rangstufen die Anzahl der Programmblöcke abhängt. Diese Aufgabe bietet zwei Möglichkeiten für die Festlegung der Gruppierworte.

Variante A

Gruppierwort mit 4 Rangstufen

Das Gruppierwort bezüglich dessen die Datei 1 sortiert ist,

```
GW-N        = GW-N (g4N, g3N, g2N, g1N)
            = GW-N (X, Fil-Nr, Art-Gr, Art-Nr)
```

kann als Gruppierwort für die Lösung benutzt werden. Die Lösung hat dann 4 Rangstufen und das Programm-Modell 2 von Bild 3.11 muss zunächst um eine vierte Rangstufe erweitert werden.

Variante B

Gruppierwort mit 3 Rangstufen

Weil der Key definitionsgemäß eindeutig ist, existiert innerhalb einer Filial-Nummer und einer Artikel-Gruppe zu einer Artikel-

Nummer jeweils nur ein Satz. Es gibt folglich je Art-Nr keine Satzgruppen sondern nur Einzelsätze. Daher kann das Gruppierwort auf 3 Rangstufen verkürzt werden zu

GW-N = GW-N (g3N, g2N, g1N)
= GW-N (X, Fil-Nr, Art-Gr).

Wegen der Vergleichbarkeitsrelation ist Datei 1 zugleich bezüglich dieses kürzeren Gruppierwortes aufsteigend sortiert, das deshalb für den Lösungsansatz benutzt werden kann. Bei dieser Wahl des Gruppierwortes mit 3 Rangstufen kann das Programm-Modell 2 von Bild 3.11 unverändert benutzt werden. Da Variante B den geringeren Realisierungsaufwand verursacht, wird diese Variante für die Lösung gewählt.

3. Zuordnung der Funktionen

Das festgelegte Gruppierwort, in der Form

```
GW = GW (X, Fil-Nr, Art-Gr)
```

dargestellt, mit X als Symbol für die Werte 1, 2, 3 des künstlichen Gruppierelements, und das Programm-Modell 2 von Bild 3.11 sind Grundlage für die Zuordnung der Funktionen.

Allgemeine Funktionen und Funktion 2

Um die drei Dateien ansprechen zu können, müssen sie in der Vorroutine geöffnet und im Schluss wieder geschlossen werden. Die Gruppierworte werden in der Vorroutine auf Anfangswerte gesetzt und in der Satzbereitstellung mit den aktuellen Werten besetzt (vergl. Bild 3.07). Die Gruppensteuerung kann standardmäßig für drei Ränge in der Form von Bild 3.09 oder 3.10 benutzt werden. Die maximale Anzahl von Einzelzeilen, Z-MAX, wird gemäß Aufgabenstellung in der Vorroutine auf den Wert 50 gesetzt. Damit sind die Blöcke VORR, SB 1, GRST und SCHL bereits mit den für die Aufgabe erforderlichen Funktionen gefüllt.

VORR

```
Dateien 1, 2, 3 öffnen
Z-MAX    <= 50
GW-N     <= 1, 00, 00
GW-A     <= 1, 00, 00
```

SB 1 Standard entsprechend Bild 3.07

GRST Standard für 3 Ränge, wie Bild 3.09 oder 3.10

SCHL

```
Dateien 1, 2, 3 schließen
```

Endebedingung

Die Endebedingung lautet standardmäßig

```
GW-N = 3,00, 00 ?
```

Die übrigen Funktionen müssen den Blöcken Satzverarbeitung sowie Gruppenanfang und Gruppenende zugeordnet werden. Dabei ist es zweckmäßig eine gewisse Reihenfolge zu wählen, um mit der hier vorgestellten Methode die Aufgabe erfolgreich zu lösen. Als eine zweckmäßige Reihenfolge hat sich bewährt, zuerst solche Funktionen zuzuordnen, die der Abbildung der Einzelsätze dienen, und erst danach schrittweise satzgruppenbezogene Funktionen zu ergänzen. Bei dieser Vorgehensweise werden die Summenzeilen S-AGR und S-FIL zunächst ignoriert.

Funktion 1, Einzelzeilen

Um die beiden gewünschten unterschiedlichen Einzelzeilen EZ1 und EZ2 zu realisieren, wird eine Einzelzeile EZ benutzt, die je nach Fall die Bezeichnung der Artikel-Gruppe oder Leerzeichen enthält. Ein Hilfsfeld Art-Gr-H wird dafür entsprechend besetzt, bei Beginn einer Satzgruppe vom Rang 1, also bei Beginn einer neuen Artikel-Gruppe, wird das Hilfsfeld mit der Bezeichnung besetzt, nach Druck der ersten Einzelzeile wird das Hilfsfeld mit Leerzeichen gefüllt. Damit ergibt sich die vorläufige, unvollständige Zuordnung zu den Blöcken GRA1 und SV 1.

GRA1

```
Art-Gr-H  <= Art-Grl
```

SV 1

```
EZ bilden mit Art-Gr-H, Art-Nrl, Umsatzl
und drucken auf nächste Zeile
Art-Gr-H  <= Leerzeichen
```

Das Programm würde in diesem Zustand nur die Einzelzeilen drucken aber noch keine Kopfzeilen. Zur Realisierung der Kopfzeilen wird eine Blattwechselmechanik benötigt, die vor dem Druck der Einzelzeile aufgerufen werden muss. Bei dieser Aufgabenstellung genügt die einfache Form der BWM von Bild 1.09. Blattzähler BZ und Zeilenzähler ZZ müssen an geeigneten Stellen auf Anfangswerte gesetzt werden.

Funktion 3, BWM

Da je Filiale ein neues Blatt mit Nummer 1 begonnen werden soll, wird der Blattzähler im Block GRA2, also bei Beginn einer jeden Filiale, auf den Anfangswert 0 gesetzt. Der Zeilenzähler kann hier ebenfalls auf den Anfangswert 90 gesetzt werden, um den Blattwechsel auszulösen. Da laut Aufgabenstellung jedoch zusätzlich je Artikel-Gruppe ein neues Blatt begonnen werden soll, muss der Zeilenzähler auch im Block GRA1 auf den Anfangswert 90 gesetzt werden. Weil jeder Gruppenwechsel vom Rang 2 einen Gruppenwechsel vom Rang 1 einschließt, wird nach dem Block GRA2 stets der Block GRA1 durchlaufen. Es genügt daher, den Zeilenzählers nur im Block GRA1 auf den Anfangswert zu setzen, der einen Blattwechsel auslöst.

Funktion 4, Ortsbezeichnung

In der Kopfzeile K1 muss die Ortsbezeichnung der Filiale mit der Information von Datei 2 besetzt werden, sofern der zugehörige Satz in Datei 2 vorhanden ist. Da die Ortsbezeichnung sich nur bei Beginn einer Satzgruppe vom Rang 2 ändert und dann für alle Sätze der Satzgruppe vom Rang 2 gleich bleibt, wird die Lesefunktion für Datei 2 im Block GRA2 platziert. Zusätzlich zu den schon zugeordneten Funktionen werden den Blöcken GRA2, GRA1 und SV 1 die Funktionen 3 und 4 wie folgt zugeordnet.

GRA2

```
BZ    <= 0
Key2  <= Fil-Nr1
Lesen Datei 2 direkt
IVK2 ?       J     Ort3 <= Leerzeichen
             N     Ort3 <= Ort2
```

GRA1

```
ZZ <= 90
```

SV 1

```
Aufruf BWM   (vor dem Druck der Einzelzeile)
```

Funktion 5, Summenzeilen

Abschließend müssen diejenigen satzgruppenbezogenen Funktionen zugeordnet werden, die für Bildung und Druck der Summenzeilen S-AGR und S-FIL benötigt werden. Zu ihrer Realisierung werden zwei Summenregister benötigt, A-U für die Umsatzsumme je Artikel-Gruppe (Rang 1) und F-U für die Umsatzsumme je Filiale (Rang 2). Die Register werden im Block Gruppenanfang des entsprechenden Ranges gelöscht, im Block Satzverarbeitung kumuliert und im Block Gruppenende des entsprechenden Ranges ausgewertet, um die Summenzeile zu bilden und auszugeben. Drei Punkte sind dabei zu beachten.

- Das Kumulieren der Register in der Satzverarbeitung sollte nach dem Bilden und Drucken der Einzelzeile platziert werden, damit auch bei einem eventuellen Übergang auf die komfortable Blattwechselmechanik von Bild 1.10 Zwischensummen und Übertrag richtig gedruckt werden.
- Die Bezeichnung der Artikel-Gruppe in der Zeile S-AGR muss die Bezeichnung der gerade *abgeschlossenen* Artikel-

Gruppe sein und daher mit dem Inhalt des Gruppierelements g1A des Gruppierworts GW-A besetzt werden.

- Die Summenzeilen werden laut Aufgabenstellung stets unter die Einzelzeilen gedruckt, ohne Aktivierung der Blattwechselmechanik. Das setzt voraus, dass die Gesamtblattlänge ausreicht, um außer den Kopfzeilen und 50 Einzelzeilen zwei Summenzeilen aufzunehmen.

Zusätzlich zu den schon zugeordneten Funktionen müssen jetzt einige Blöcke zur Realisierung von Funktion 5 ergänzt werden:

GRA2 F-U <= 0

GRA1 A-U <= 0

SV 1 A-U <= A-U + Umsatz1; F-U <= F-U + Umsatz1

GRE1 Bilden Zeile S-AGR mit g1A und A-U
und drucken auf nächste Zeile

GRE2 Bilden Zeile S-FIL mit F-U
und drucken auf nächste Zeile

Damit ergibt sich die in Bild 3.14 zusammengestellte vollständige Lösung der Aufgabe. Zwei Blöcke sind in dieser Lösung leer, GRA3 und GRE3. In diesen Blöcken können Funktionen platziert werden, die bei einer leeren Eingabedatei nicht aktiviert werden sollen. Z.B. können das Öffnen bzw. Schließen von Datei 3 in GRA3 bzw. GRE3 und die Anfangswertbesetzung von Z-MAX in GRA3 verlagert werden.

Die *vollständige* Detaildarstellung der Blöcke GRA2 und SV 1 ist Bild 3.14 zu entnehmen. Die Blattwechselmechanik folgt:

BWM

```
ZZ <= ZZ + 1
ZZ >  Z-MAX ?
   J    BZ <= BZ + 1; ZZ <= ZZ + 1
        Bilden Kopfzeile K1 mit Fil-Nr1, Ort3, BZ
        und drucken auf neues Blatt
        Bilden Kopfzeile K2
        und drucken auf nächste Zeile
N       leer
```

Bild 3.14
PAP
Umsatzstatistik

Programmablaufplan Umsatzstatistik

Modell 2, 3 Ränge, Gruppierwort GW (X, Fil-Nr, Art-Gr)

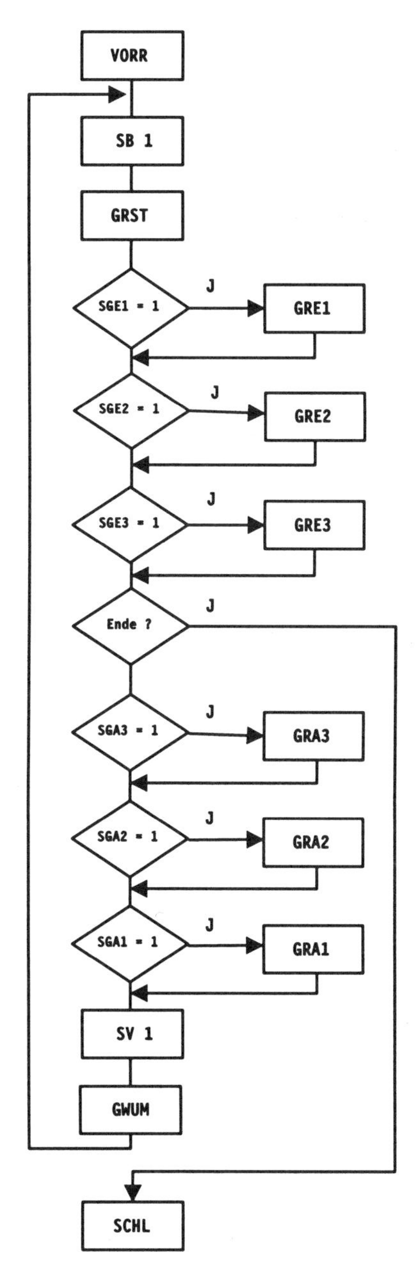

VORR Dateien 1, 2, 3 öffnen
Z-MAX <= 50
GW-N <= 1, 00, 00
GW-A <= 1, 00, 00

SB 1 *Lesen Datei 1 sequenziell*
EOF 1 ?
J GW-N <= 3, 00, 00
N GW-N <= 2, Fil-Nr, Art-Gr

GRST *Standard für 3 Ränge*

GRE1 Bilden Zeile S-AGR
mit glA und A-U und
drucken auf nächste Zeile

GRE2 Bilden Zeile S-FIL
mit F-U und
drucken auf nächste Zeile

GRE3 *leer*

Endebedingung GW-N = 3, 00, 00 ?

GRA3 *leer*

GRA2 BZ <= 0
F-U <= 0
Key2 <= Fil-Nr1
Lesen 2 direkt
IVK2 ?
J Ort3 <= Leerzeichen
N Ort3 <= Ort2

GRA1 Art-Gr-H <= Art-Gr1
ZZ <= 90
A-U <= 0

SV 1 Aufruf **BWM**
Bilden Zeile EZ mit
Art-Gr-H, Art-Nr1, Umsatz1
und drucken auf nächste Zeile
Art-Gr-H <= Leerzeichen
A-U <= A-U + Umsatz1
F-U <= F-U + Umsatz1

GWUM GW-A <= GW-N

SCHL Dateien 1, 2, 3 schließen

BWM *Standard für 2 Kopfzeilen*

Funktion 6, Sonderfall leere Datei

Abschließend kann überprüft und bestätigt werden, dass in den Blöcken VORR und SCHL keine Ausgabefunktionen und insbesondere keine Druckfunktionen enthalten sind, daher bleibt Datei 3 bei einer leeren Eingabedatei 1 ebenfalls eine leere Datei.

3.3 Kombination der Programm-Modelle 1 und 2

3.3.1 Ein- und Ausgabe mit unterschiedlichen Satzgruppen

Bei den bisher untersuchten Abbildungen von Satzgruppen wurde angenommen, dass jeder Satz der Eingabedatei auf die Ausgabedatei abgebildet wird. Bei manchen Aufgabenstellungen sind jedoch nicht alle Sätze der Eingabedatei sondern nur gewisse Sätze auf die Ausgabedatei abzubilden. Dadurch kann der Fall eintreten, dass von manchen Satzgruppen der Eingabedatei überhaupt kein Satz auf die Ausgabedatei ausgegeben wird. Die Ausgabedatei enthält dann nur eine Untermenge der Satzgruppen der Eingabedatei.

Wenn z.B. für die nicht abgebildeten Satzgruppen auf der Ausgabedatei keine Summenzeilen erscheinen sollen und keine anderen satzgruppenbezogenen Funktionen ausgelöst werden sollen wie z.B. Blattwechsel, müssen die Satzgruppen daraufhin untersucht werden, ob sie Sätze für die Ausgabedatei enthalten oder nicht. Die dafür erforderlichen Funktionen sind auf verschiedene Programmblöcke verteilt und erschweren Erstellung und Wartung des Programms.

3.3.2 Filtern von Sätzen

Der hier vorgestellte Lösungsansatz des *Filterns* konzentriert die Funktionen auf *einen* Programmblock und erleichtert damit Erstellung und Wartung der Programme. Der Lösungsansatz ist anwendbar bei einer Ausgabedatei und bei mehreren Ausgabedateien, wenn alle Ausgabedateien die gleichen Satzgruppen enthalten.

Lösungsansatz 1, Filtern im vorgeschalteten Programm

In einem vorgeschalteten Programm 1 (Bild 3.15), das mit dem Kopier-Modell realisiert wird, werden in der Satzverarbeitung nur diejenigen Sätze der Eingabedatei 1 auf eine Zwischendatei 2* ausgegeben, die bei der Abbildung der Satzgruppen auf die Ausgabedatei 2 ausgegeben werden sollen. Das anschließende Programm 2 bildet dann die Zwischendatei 2* auf die Ausgabedatei 2 ab. Da die Zwischendatei 2* als Eingabedatei dient und *die-*

selben Satzgruppen wie die Ausgabedatei 2 enthält, kann Programm-Modell 2 ohne Änderungen benutzt werden.

Bild 3.15 zeigt den Datenflussplan dieser Lösung mit zwei Programmen.

Bild 3.15
Filtern mit
Zwischendatei

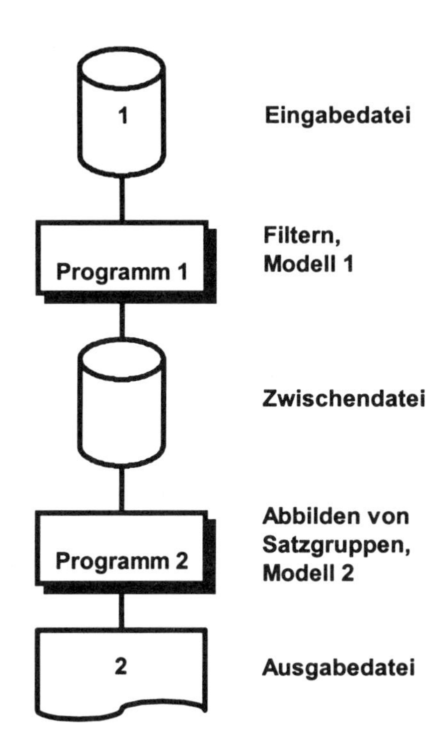

Die Lösung lässt sich auf den Fall von mehreren Ausgabedateien mit unterschiedlichen Satzgruppen übertragen, wenn für jede Ausgabedatei eine gesonderte Zwischendatei erzeugt wird, die jeweils als Eingabedatei für Programm 2 dient.

Lösungsansatz 2, Filtern im Block Satzbereitstellung

Das erste Programm kann entfallen, wenn das Filtern im Block Satzbereitstellung des zweiten Programms erfolgt, das mit dem Programm-Modell 2 realisiert wird. Der Block Satzbereitstellung erhält dann die Form von Bild 3.16. Die Satzfreigabe stellt sicher, dass nur solche Sätze zur Satzgruppenbildung beitragen, die für die Ausgabedatei bestimmt sind.

Weil die Satzbereitstellung dem Kopier-Modell 1 sehr ähnlich ist, kann diese Lösung als Modell 2 mit einem darin verschachtelten Modell 1 interpretiert werden.

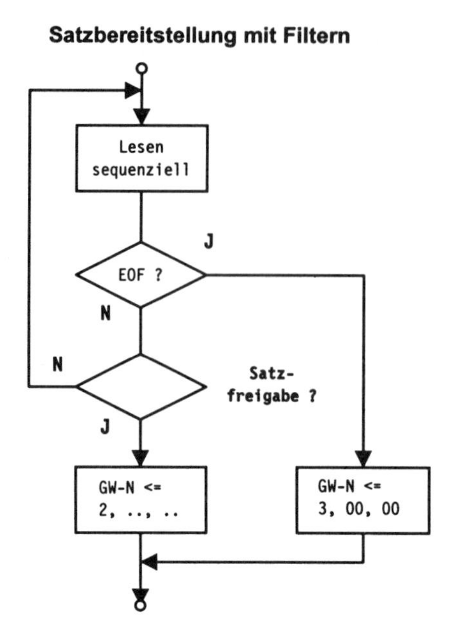

Bild 3.16
Filtern im Block Satzbereitstellung

3.3.3 Das verkürzte Modell 2

Lösungsansatz 3, Haupt- und Unterprogramm

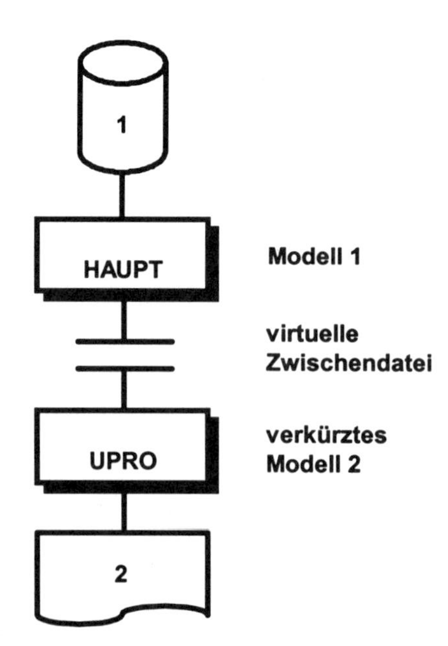

Bild 3.17
Modell 1 und verkürztes Modell 2

In Anlehnung an den Lösungsansatz 1 von 3.3.2 mit zwei Programmen ist eine Lösung möglich, bei der die Zwischendatei durch eine *virtuelle* Datei ersetzt wird. Programm 1 wird dabei zum Hauptprogramm und ruft Programm 2 als Unterprogramm auf (Bild 3.17).

Kombination der Programm-Modelle 1 und 2
Teil 1, Hauptprogramm, Modell 1

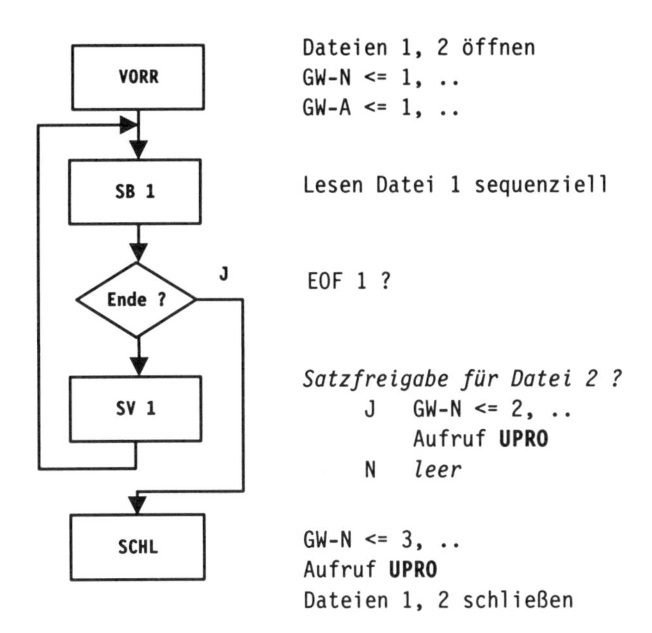

Bild 3.18
PAP HAUPT

Das Hauptprogramm HAUPT (Bild 3.18) wird mit dem Kopier-Modell realisiert. Es ruft in der Satzverarbeitung nur für diejenigen Sätze, deren Informationen für die Ausgabedatei 2 benötigt werden, das Unterprogramm UPRO auf.

Vor jedem Aufruf wird das Gruppierwort des zu übergebenden realen Satzes gebildet. Beim Aufruf werden das Gruppierwort des zu übergebenden Satzes und der Satz selbst dem Unterprogramm übergeben.

Das Unterprogramm UPRO (Bild 3.19) übernimmt die Satzgruppenabbildung. Es enthält nur die Blöcke GRST und folgende bis zum Block GWUM in linearer Anordnung ohne Schleife.

Kombination der Programm-Modelle 1 und 2
Teil 2, Unterprogramm, verkürztes Modell 2 für 3 Ränge

Bild 3.19
PAP UPRO
Verkürztes Modell 2

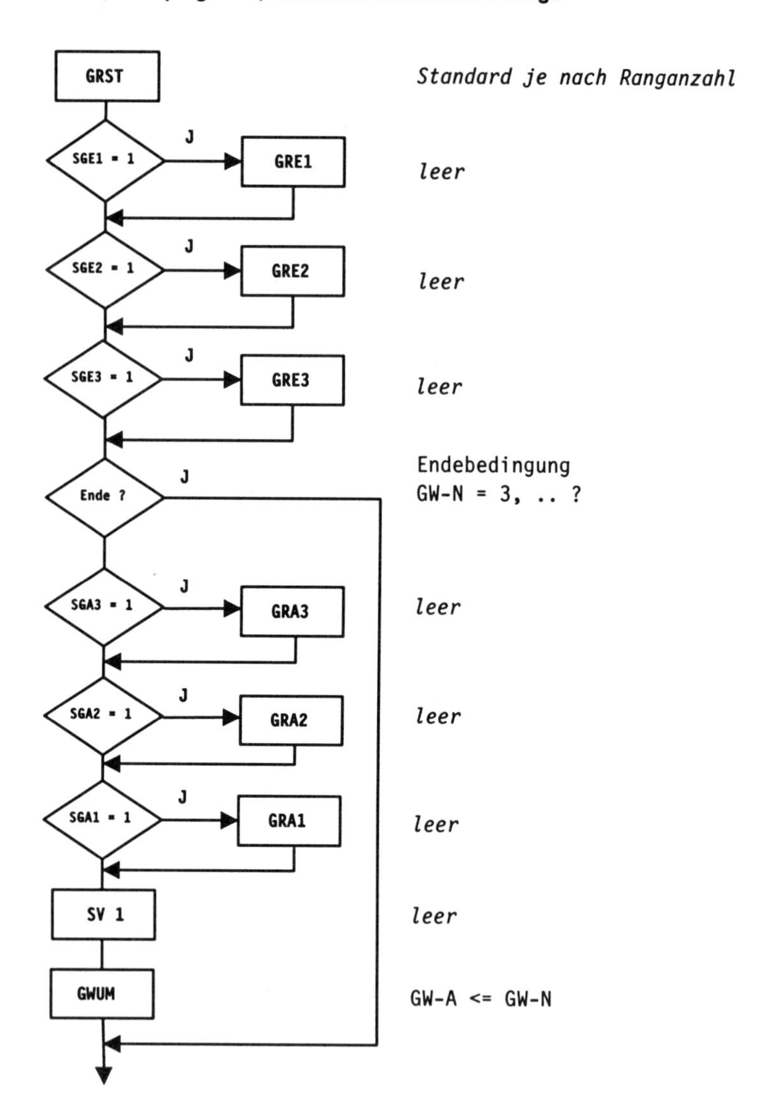

Der Aufruf des Unterprogramms aus der Satzverarbeitung des Hauptprogramms erfolgt nur für reale Sätze. Um im Unterprogramm den letzten Gruppenwechsel (Fall 3, Ende) auszulösen, muss das Unterprogramm aus dem Schluss des Hauptprogramms nochmals aufgerufen werden, wobei der Endewert des Gruppierwortes übergeben wird, der dem fiktiven Satz nach der Datei zugeordnet ist.

Die Ein- und Ausgabedateien werden, von Ausnahmen abgesehen, in den Blöcken VORR bzw. SCHL des Hauptprogramms geöffnet bzw. geschlossen.

Gruppierwortfolge

Die für das Unterprogramm benötigten Gruppierworte GW-N und GW-A werden im Block VORR des Hauptprogramms auf Anfangswerte gesetzt. Im Block GWUM des Unterprogramms wird das Gruppierwort umgesetzt. Beim jedem Aufruf des Unterprogramms stehen dadurch die beiden Gruppierworte GW-N und GW-A als Eingangsinformationen für die Gruppensteuerung zur Verfügung und ermöglichen funktionell die gleiche Behandlung der in der Matrix Gruppensteuerung (Bild 3.08) untersuchten vier Fälle wie das Programm-Modell 2. Die dem Unterprogramm übergebenen Gruppierworte entsprechen der erweiterten Gruppierwortfolge von Bild 3.04.

Leere Datei

Insbesondere wird der Fall 4, Ausnahme, ebenfalls funktionell gleichwertig behandelt. Fall 4 tritt ein, wenn das Hauptprogramm *keinen* Satz an das Unterprogramm übergibt, die virtuelle Datei also eine leere Datei ist. In diesem Fall wird das Unterprogramm nur einmal aufgerufen, aus dem Schluss des Hauptprogramms. Bei dem Aufruf wird der Endewert des Gruppierworts übergeben. Die Gruppensteuerung im Unterprogramm erkennt den Fall 4, setzt alle Schalter SGE und SGA auf 0 (Null) und stellt so sicher, dass kein Programmblock des Unterprogramms aktiviert wird, sondern das Unterprogramm über die Endebedingung sofort wieder verlassen wird.

Das Unterprogramm ist in Bild 3.19 beispielhaft für 3 Ränge dargestellt. Funktionen, die bei einer Lösung mit Lösungsansatz 1 oder 2 in den Blöcken Gruppenende, Gruppenanfang und Satzverarbeitung platziert werden, müssen bei dieser Lösung in den entsprechenden Blöcken des verkürzten Modells 2 platziert werden.

Neben den Gruppierworten können auch die Anfangswerte von anderen Variablen, die im Unterprogramm benutzt werden, im aufrufenden Programm, z.B. im Block VORR, besetzt werden, wenn sie nicht in einem der Blöcke Gruppenanfang des Unterprogramms besetzt werden können. Das gilt insbesondere für die Parameter der Blattwechselmechanik.

Die Lösung mit dem verkürzten Modell 2 lässt sich auf den Fall von mehreren Ausgabedateien mit unterschiedlichen Satzgruppen übertragen. Dabei muss das Unterprogramm mehrfach vorhanden sein, für jede Ausgabedatei einmal.

Das verkürzte Modell 2 stellt nicht nur für den Fall eine Lösungsalternative dar, bei dem Ein- und Ausgabedatei unterschiedliche Satzgruppen enthalten, sondern ist allgemein anwendbar.

Anstelle von Programm-Modell 2 kann stets ein Programm-Modell 1 in Kombination mit einem verkürzten Modell 2 benutzt werden.

Bei einer Lösung mit dem verkürzten Modell 2 hat das entstehende Unterprogramm in Mehrphasenprogrammen einen größeren Wiederverwendungseffekt als das entsprechende mit Programm-Modell 2 realisierte Programm.

3.3.4 Übungsaufgabe Umsatzstatistik aus 3.2.2

Für die Aufgabe Drucken Umsatzstatistik aus 3.2.2 ist eine Lösung zu entwickeln, bei der das Hauptprogramm HAUPT-A mit Programm-Modell 1 realisiert wird und das Unterprogramm UPRO-A aufruft, das mit dem verkürzten Modell 2 realisiert wird, wie im Datenflussplan von Bild 3.20 dargestellt.

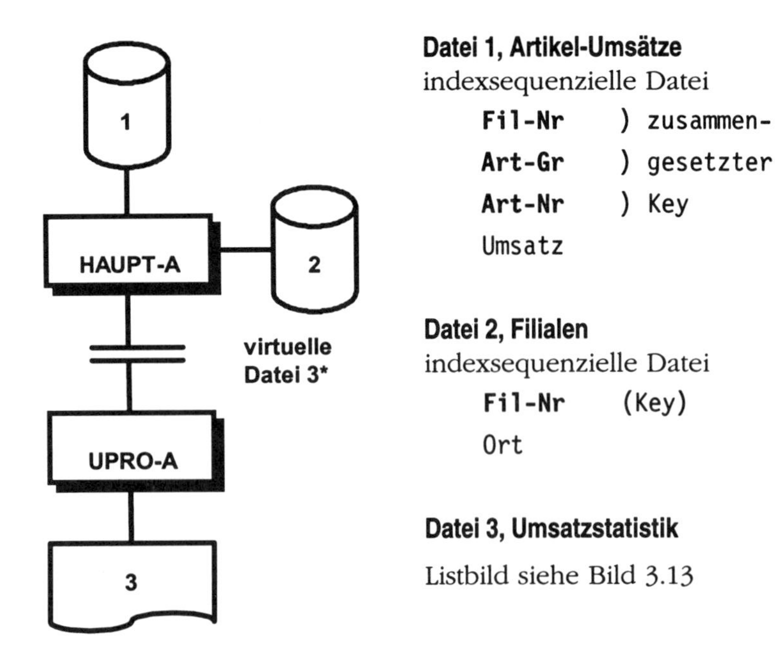

Bild 3.20
Datenflussplan zur Übungsaufgabe Umsatzstatistik

4 Programm-Modell 3, Mischen

Die Programm-Modelle 1 und 2 sind für Programme geeignet, die *eine* sequenzielle Eingabedatei auf eine oder mehrere Ausgabedateien abbilden. Zusätzlich zu der einen sequenziellen Eingabedatei können beliebig viele Direktzugriffsdateien als Referenzdateien in Form von Eingabe- oder Updatedateien vorkommen. In einer Direktzugriffsdatei werden immer nur bestimmte referenzierte Sätze in Abhängigkeit von den Informationen der referenzierenden, sequenziellen Datei angesprochen, gewisse Sätze der Direktzugriffsdatei werden möglicherweise überhaupt nicht angesprochen.

Referenzproblem

Zwischen den Dateien können Referenzbeziehungen bestehen, durch die jedem Satz der einen Datei ein Satz oder mehrere Sätze der jeweils anderen Datei zugeordnet sein können. In den Referenzbeziehungen zwischen zwei Dateien 1 und 2 sind drei Fälle möglich:

Fall 1 *Zu einem Satz von Datei 1 ist wenigstens* ***ein*** *zugeordneter Satz in Datei 2 vorhanden und umgekehrt (Paarigkeit).*

Fall 2 *Zu einem Satz von Datei 1 ist* ***kein*** *zugeordneter Satz in Datei 2 vorhanden.*

Fall 3 *Zu einem Satz von Datei 2 ist* ***kein*** *zugehöriger Satz in Datei 1 vorhanden.*

Die drei Fälle des Referenzproblems sind in der Tabelle von Bild 4.01 symbolisch dargestellt.

Bild 4.01
Fallanalyse
Referenzproblem

Fall	Datei 1	Datei 2
1	X	X
2	X	--
3	--	X

Angenommen, beide Dateien sind indexsequenzielle Dateien. Dann kann jede Datei sowohl als sequenzielle Datei als auch als Direktzugriffsdatei aufgefasst werden. Bei der *Aufgabe Drucken Umsatzstatistik* von 3.2.2 liegt dieser Sachverhalt vor.

Wird, wie bei der Lösung der Aufgabe aus 3.2.2 mit Modell 2, Datei 1 sequenziell verarbeitet und fungiert Datei 2 als Referenzdatei im direkten Zugriff, werden nur die Fälle 1 und 2 programmtechnisch erfasst.

Würde umgekehrt Datei 2 sequenziell verarbeitet und Datei 1 als Referenzdatei dienen, könnten nur die Fälle 1 und 3 programmtechnisch behandelt werden.

Wenn in *einem* Programm alle *drei* Fälle programmtechnisch behandelt werden sollen, sind die *bisher* vorgestellten Lösungsansätze mit den Programm-Modellen 1 und 2 nicht geeignet. Ein geeigneter Lösungsansatz wird in diesem Kapitel mit dem Programm-Modell 3, Mischen, entwickelt. Das Modell 3 ist insbesondere geeignet zwei Dateien miteinander zu vergleichen, wenn jeder einzelne Satz von *beiden* Dateien mit dem zugehörigen Satz der jeweils anderen Datei verglichen werden soll und auch die Fälle 2 und 3 des Referenzproblems erkannt und behandelt werden müssen.

4.1 Entwicklung des Programm-Modells

Die Entwicklung des Programm-Modells erfolgt in drei Schritten, Anwendungsbeispiele folgen in einem vierten Schritt.

1. Eine einfache Grundaufgabe wird gestellt, nämlich das Mischen von zwei sequenziellen Dateien (4.1.1).
2. Die Grundaufgabe wird gelöst (4.1.2).
3. Durch Entfernen von solchen Funktionen, die bei ähnlichen Aufgaben geändert werden müssen oder entfallen, wird aus der Lösung der Grundaufgabe das Programm-Modell entwikkelt (4.1.3).
4. Durch Untersuchung von ähnlichen Aufgaben auf ihre Lösbarkeit mit dem Programm-Modell wird das Anwendungsspektrum untersucht und damit die Programm-Klasse eingegrenzt (4.2 ff).

4.1.1 Grundaufgabe Mischen

Voraussetzungen

Zwei sequenzielle Dateien 1 und 2 sind gleich aufgebaut und bezüglich desselben Gruppierworts aufsteigend sortiert. D.h. es gilt für Datei 1 mit m Sätzen ($m \geq 0$) und Datei 2 mit n Sätzen ($n \geq 0$)

```
GW1i ≥ GW1i-1          für i = 1, 2, ..., m+1,
GW2i ≥ GW2i-1          für i = 1, 2, ..., n+1,
```

wobei GW1i das Gruppierwort für Datei 1, GW2i das Gruppierwort für Datei 2 bezeichnet.

Aufgabenstellung

1. Das Programm von Bild 4.02 soll die Sätze beider Dateien 1 und 2 auf die Datei 3 ausgeben.
2. Dabei soll Datei 3 genauso aufgebaut sein, wie die Dateien 1 und 2, also auch bezüglich desselben Gruppierworts aufsteigend sortiert sein.
3. Zwei Fälle sind besonders zu berücksichtigen:
   - **Fall a**

     Wenn in einer der beiden Dateien mehrere Sätze dasselbe Gruppierwort haben, sollen die Sätze in derselben Reihenfolge auf Datei 3 ausgegeben werden, in der sie in der Eingabedatei aufeinander folgen.
   - **Fall b**

     Wenn Sätze aus Datei 1 und Datei 2 dasselbe Gruppierwort haben, sollen der Satz oder die Sätze aus Datei 1 zuerst auf Datei 3 ausgegeben werden und danach der Satz oder die Sätze aus Datei 2.
4. Im Sonderfall, wenn beide Dateien 1 und 2 leer sind, soll die zu erzeugende Datei 3 leer sein.

Bild 4.02
Datenflussplan
Mischprogramm

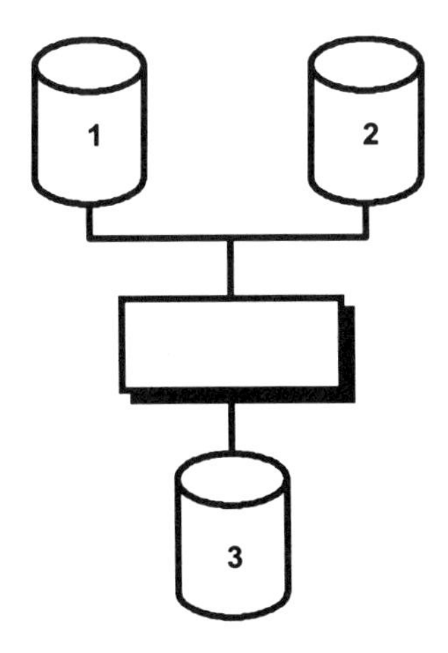

Das Programm wird auch als *geordnetes Mischen* von zwei Dateien bezeichnet. Die Aufgabe hat eine große Ähnlichkeit mit dem Kopieren, denn wenn *eine* der beiden Dateien 1 oder 2 leer ist, wird die andere, nichtleere Datei, auf Datei 3 kopiert. Das Kopierprogramm von 2.1.2 mit Programm-Modell 1 muss daher in der Lösung als Sonderfall enthalten sein. Umgekehrt muss die

Lösung aus dem Kopier-Modell durch Ergänzungen entwickelt werden können.

Das gewünschte Ergebnis eines Programmlaufes wird in Bild 4.03 an einer beispielhaften Folge von Sätzen bzw. Gruppierworten dargestellt.

Bild 4.03
Erweiterte Gruppierwortfolge, Kurzform

Datei 1

1	00 00
2	01 01
2	01 02
2	01 02
2	01 03
2	01 05
3	00 00

Datei 2

1	00 00
2	01 01
2	01 02
2	01 04
2	01 05
3	00 00

Datei 3

		von Datei ..
1	00 00	
2	01 01	1
2	01 01	2
2	01 02	1
2	01 02	1
2	01 02	2
2	01 03	1
2	01 04	2
2	01 05	1
2	01 05	2
3	00 00	

4.1.2 Lösung für die Grundaufgabe Mischen

Zur Lösung der Grundaufgabe ist es zweckmäßig, das Gruppierwort um ein weiteres Gruppierelement zu erweitern.

Zweite Erweiterung des Gruppierwortes - Priorität

1. Das Gruppierwort wird um ein Gruppierelement g0 mit dem Rang 0 (Null) erweitert, das als *Priorität* bezeichnet wird.
2. Jeder sequenziell zu verarbeitenden Datei wird im Programm ein eineindeutiger Wert für die Priorität g0 zugeordnet.
3. Der Wert 1 repräsentiert die höchste Priorität. Größere Werte, wie 2, 3 usw., repräsentieren niedrigere Prioritäten.

Langform des GW mit Priorität

Nach dieser *zweiten* Erweiterung besteht ein Gruppierwort mit drei Rängen, zwei echten Rängen und dem künstlichen Rang, in der *Langform* insgesamt aus *vier* Gruppierelementen, z.B. für Datei 1

GW1-N = GW1-N (g13N, g12N, g11N, g10),

wobei g10 für alle Gruppierworte der Datei denselben Wert hat.

Die Wahl der Prioritäten wird zur Lösung der Grundaufgabe im Hinblick auf den Fall a so getroffen, dass Datei 1 die höhere Priorität g10 = 1 erhält, Datei 2 die niedrigere Priorität g20 = 2.

Kurzform des GW ohne Priorität

Das Gruppierwort ohne Priorität wird als *Kurzform* angesehen und entsprechend bezeichnet, z.B. für Datei 1

GW1-N-K = GW1-N-K (g13N, g12N, g11N).

Die Vergleichbarkeits-Relation von 3.1.2 wird für den Vergleich von Gruppierworten verschiedener Dateien sinngemäß erweitert und angepasst.

Definition

Kleiner-Relation

In der Langform ist von zwei Gruppierworten verschiedener Dateien 1 und 2 das GW1-N *kleiner* als GW2-N, wenn in der Kurzform ...

- **entweder GW1-N-K = GW2-N-K**
  und g10 < g20 ist,
- **oder GW1-N-K < GW2-N-K ist.**

Gleichheits-Relation

In der Langform sind zwei Gruppierworte GW1-N und GW2-N von verschiedenen Dateien *gleich*, wenn

- **die Kurzform GW1-N-K = GW2-N-K**
  und g10 = g20 ist.

Durch die zweite Erweiterung werden die Gruppierworte verändert und Fall b der Aufgabenstellung kann nicht mehr eintreten, weil Gruppierworte von verschiedenen Dateien stets unterschiedlich sind. Dadurch wird die Lösung der Aufgabe vereinfacht.

Gruppierwortfolge nach der zweiten Erweiterung

Im obigen Beispiel verändert sich die Folge der Gruppierworte nach der zweiten Erweiterung zur Langform von Bild 4.04.

Bild 4.04 Erweiterte Gruppierwortfolge, Langform

Datei 1

1	00 00	1
2	01 01	1
2	01 02	1
2	01 02	1
2	01 03	1
2	01 05	1
3	00 00	1

Datei 2

1	00 00	2
2	01 01	2
2	01 02	2
2	01 04	2
2	01 05	2
3	00 00	2

Datei 3

			von Datei ..
1	00 00	0	
2	01 01	1	1
2	01 01	2	2
2	01 02	1	1
2	01 02	1	1
2	01 02	2	2
2	01 03	1	1
2	01 04	2	2
2	01 05	1	1
2	01 05	2	2
3	00 00	0	

Die letzte Spalte enthält dabei jeweils das Gruppierelement vom Rang 0 (Null) mit der Priorität.

Programmablaufplan mit Zuordnung der Funktionen

In Bild 4.05 ist die Lösung der Grundaufgabe *Mischen* als Programmablaufplan beispielhaft für Gruppierworte mit drei Rangstufen von Bild 4.04 dargestellt. Der Programmablaufplan repräsentiert eine Schleife, die durch Ergänzungen aus dem Kopierprogramm von Bild 2.02 entstanden ist.

Bild 4.05
PAP zur Grundaufgabe Mischen

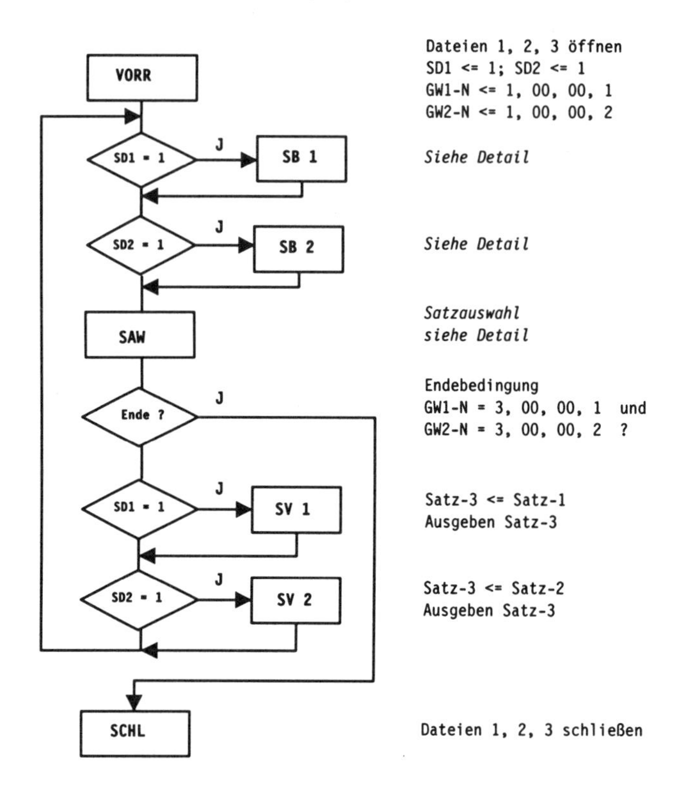

Vorroutine

Im Block VORR werden die Dateien geöffnet. Zwei Schalter SD1 und SD2, mit denen gesteuert wird, welche Blöcke Satzbereitstellung und Satzverarbeitung durchlaufen werden, erhalten durch Zuweisungen den Anfangswert 1. Für jede Eingabedatei wird ein Gruppierwort auf den Anfangswert gesetzt, der dem fiktiven Satz vor der Datei entspricht und die Priorität einschließt.

Satzbereitstellung 1 und 2

Durch die Schalter SD1 und SD2 wird gesteuert, dass beim Start des Programms beide Blöcke SB 1 und SB 2 durchlaufen werden und versucht wird, aus beiden Eingabedateien je einen Satz bereitzustellen und das Gruppierwort zu besetzen. Die Blöcke

Satzbereitstellung entsprechen dem Standard von Bild 3.07, ergänzt um die Zuweisung für die Priorität.

SB 1

```
Lesen Datei 1 sequenziell
EOF 1 ?  J  GW1-N <= 3, 00, 00, 1
         N  GW1-N <= 2, .., .., 1
```

Der Block SB 2 ist entsprechend mit Priorität 2 gestaltet. Da die Priorität für alle Sätze einer Datei gleich ist und bereits in der Vorroutine besetzt worden ist, kann hier statt der Langform auch nur die Kurzform der Gruppierworte, ohne die Priorität, besetzt werden.

Satzauswahl

Der Block SAW, Satzauswahl, enthält die Entscheidung, aus welcher der beiden Eingabedateien ein Satz für die weitere Verarbeitung ausgewählt wird.

SAW

```
GW1-N < GW2-N ?   J     SD1 <= 1; SD2 <= 0
                  N     SD1 <= 0; SD2 <= 1
```

Durch Vergleich der Langform der Gruppierworte beider Eingabedateien wird festgestellt, welches Gruppierwort das kleinere ist. Der SD-Schalter derjenigen Datei, der das kleinere Gruppierwort zugeordnet ist, wird auf den Wert 1 gesetzt, der andere SD-Schalter auf 0 (Null).

Der Vergleich der Gruppierworte muss gegebenenfalls unter Benutzung der Kleiner-Relation durch Vergleich der Gruppierelemente erfolgen.

Sonderfall Dateiende oder leere Dateien

Die Satzauswahl liefert auch dann eine definierte Entscheidung, wenn ein Gruppierwort oder beide Gruppierworte den Endewert angenommen haben, der dem fiktiven Satz nach der Datei entspricht. Die Sonderfälle können beim ersten Durchlauf durch den Block Satzauswahl eintreten, oder bei späteren Durchläufen.

Hat nur ein Gruppierwort den Endewert 3 für das ranghöchste Gruppierelement des fiktiven Satzes nach der Datei angenommen, ist das andere Gruppierwort mit dem Wert 2 für das ranghöchste Gruppierelement eines realen Satzes kleiner und der reale Satz wird ausgewählt.

Endebedingung

Wenn beide Gruppierworte den Endewert erreicht haben, also kein realer Satz bereitgestellt worden ist, verzweigt das Programm, unabhängig vom Ergebnis der Satzauswahl, zum Schluss. Die Endebedingung kann, unter Bezug auf die Gruppierelemente des höchsten Ranges kürzer formuliert werden, z.B. bei drei Rängen in der Form

g13N = g23N = 3.

Es ist möglich, die Endebedingung mit der Verzweigung zum Schluss bereits vor dem Block Satzauswahl zu platzieren. Dann wird die Satzauswahl nicht mehr durchlaufen, wenn beide Gruppierworte den Endewert erreicht haben. Das ist jedoch nicht zweckmäßig, weil dadurch die spätere Erweiterung und Weiterentwicklung des Programm-Modells 3 zum Programm-Modell 4 erschwert wird.

Satzverarbeitung 1 und 2

In Abhängigkeit von der Besetzung der SD-Schalter wird *einer* der Blöcke SV 1 oder SV 2 durchlaufen, und zwar der für den ausgewählten Satz, der andere Block wird übergangen. In dem Block, der durchlaufen wird, erfolgt die Verarbeitung des ausgewählten Satzes.

Der ausgewählte Satz wird im Mischprogramm dem Satz-3 der Ausgabedatei 3 zugewiesen und Satz-3 wird ausgegeben.

Im weiteren Verlauf des Programms wird vor die Satzbereitstellung zurückverzweigt. Da die SD-Schalter bis zum erneuten Durchlaufen des Blockes Satzauswahl unverändert bleiben, wird der Block Satzbereitstellung derjenigen Datei durchlaufen, aus der *zuletzt* ein Satz verarbeitet worden ist.

Schluss

Im Block SCHL werden die Dateien geschlossen.

Misch-Algorithmus und Satzauswahl

Es muss überprüft und verifiziert werden, ob das vorgestellte Programm die Grundaufgabe Mischen vollständig löst.

Nichtleere Dateien

Dazu wird der Algorithmus untersucht, der dem Verfahren der Satzauswahl zugrunde liegt.

Problem Münzen umstapeln

Gegeben seien zwei Stapel mit Münzen, die in Bild 4.06 als Stapel 1 und 2 dargestellt sind. Beide Stapel sind aufsteigend sortiert, so dass die kleineren Münzen oben liegen, die größeren unten.

- Aus den beiden Stapeln 1 und 2 soll der Stapel 3 gebildet werden, der alle Münzen von beiden Stapeln enthält und der umgekehrt sortiert ist, d.h. bei dem die kleinsten Münzen unten liegen, die größten oben.
- Wenn gleiche Münzen in beiden Stapeln vorhanden sind, sollen die Münzen von Stapel 1 zuerst auf den Stapel 3 gelegt werden, damit sie dort unter den gleichen Münzen von Stapel 2 liegen.

Bild 4.06
Münzstapel und
Mischalgorithmus

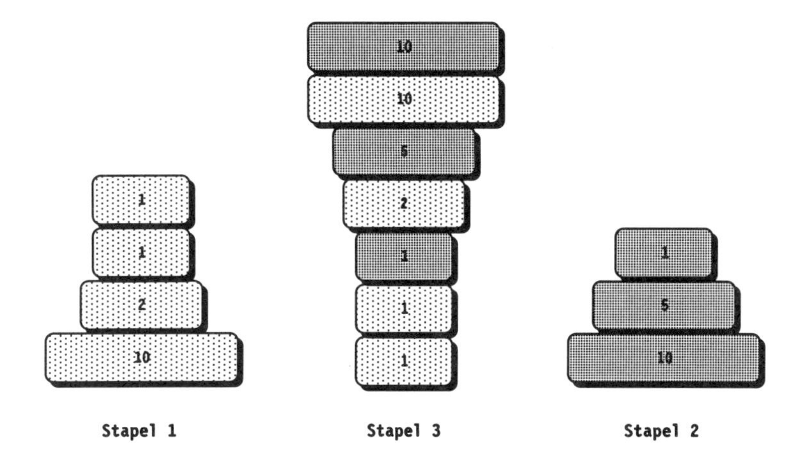

Lösung Münzen umstapeln

1. Um den Stapel 3 zu bilden, muss aus den beiden Stapeln 1 und 2 die kleinste Münze gesucht werden, denn die kleinste muss im Stapel 3 unten liegen und daher als erste auf diesen Stapel gelegt werden. Da die Stapel 1 und 2 sortiert sind, liegt in jedem dieser beiden Stapel die jeweils kleinste Münze oben. Die kleinste Münze von allen ist daher die kleinere der beiden oben liegenden. Aus den beiden Stapeln 1 und 2 muss also jeweils nur die erste, oben liegende, für weitere Entscheidungen betrachtet werden (Satzbereitstellung).
2. Die kleinste der beiden oberen wird ausgewählt. Wenn die beiden oben liegenden gleich sind, wird die Münze von Stapel 1 ausgewählt. Wenn nur ein Stapel Münzen enthält, wird aus diesem Stapel die oberste ausgewählt (Satzauswahl).

3. Die ausgewählte Münze wird auf den Stapel 3 gelegt (Satzverarbeitung).
4. Danach wird der Algorithmus ab Punkt 1 wiederholt, bis alle Münzen umgestapelt sind. Bei diesem Spiel liegt automatisch in dem Stapel, aus dem zuletzt eine Münze auf Stapel 3 gelegt worden ist, die nächste Münze schon oben bereit, sofern noch wenigstens eine vorhanden ist. Wäre das nicht so, müsste erst versucht werden, aus dem Stapel die oberste Münze bereitzustellen (Satzbereitstellung).

Es ist offensichtlich, dass bei dieser Lösung gleiche Münzen eines Stapels in ihrer ursprünglichen Reihenfolge auf den Stapel 3 ausgegeben werden, die obere zuerst. Der Algorithmus zum Erstellen von Stapel 3 lässt sich daher für zwei nichtleere Dateien sinngemäß auf die Grundaufgabe Mischen übertragen und führt zum Programmablaufplan von Bild 4.05. Im Unterschied zum Münzstapel 3, bei dem die zuerst gestapelte Münze unten liegt, steht allerdings bei einer Datei der zuerst ausgegebene Satz am Anfang.

Eine Datei leer

Ist eine der beiden Dateien 1 oder 2 leer, wird schon bei der ersten Satzbereitstellung der leeren Datei das ranghöchste Gruppierelement auf den Endewert 3 gesetzt. Das ranghöchste Gruppierelement der nichtleeren Datei wird dagegen bei der Satzbereitstellung eines realen Satzes auf den Wert 2 gesetzt. Im Block Satzauswahl wird festgestellt, dass die *nichtleere Datei* das kleinere Gruppierwort hat, ihr Satz wird ausgewählt, ihr SD-Schalter auf 1 gesetzt, der andere auf 0 (Null), und der reale Satz wird auf Datei 3 ausgegeben. Weil sich das wiederholt, wird im Ergebnis die nichtleere Datei auf Datei 3 kopiert. Wenn auch die nichtleere Datei den Endewert des Gruppierwortes erreicht, kann sich das Ergebnis der Satzauswahl ändern oder unverändert bleiben, in jedem Fall verzweigt das Programm dann nach der Satzauswahl zum Schluss.

Beide Dateien leer

Wenn beide Dateien leer sind, erhalten beide Gruppierworte beim ersten Durchlauf durch die Blöcke Satzbereitstellung den Endewert und das Programm verzweigt, unabhängig vom Ausgang der Satzauswahl, durch die Endebedingung zum Schluss, ohne dass ein Block Satzverarbeitung durchlaufen wird, und ohne dass ein Satz auf Datei 3 ausgegeben wird. Da Datei 3 aber in VORR bzw. SCHL geöffnet bzw. geschlossen wird, ist sie eine leere Datei, wie verlangt.

4.1.3 Modellbildung für Programm-Modell 3, Mischen

Um den Lösungsansatz des Mischens auf ähnliche Aufgaben anwenden zu können, müssen Funktionen, die erfahrungsgemäß bei ähnlichen Aufgaben in anderer Form oder gar nicht vorhanden sind, aus der Lösung entfernt werden. Auf diese Weise entsteht das Programm-Modell 3 für das Mischen von Bild 4.07.

Aus *Vorroutine* und *Schluss* werden das Öffnen und Schließen der Dateien entfernt. Der Block *Schluss* bleibt leer. In der *Vorroutine* bleiben als Funktionen die Besetzung der SD-Schalter und der beiden Gruppierworte mit den Anfangswerten, letztere bei einer anderen Anzahl von Rängen entsprechend angepasst. Es ist in den meisten Programmiersprachen möglich, die Anfangswerte durch entsprechende Deklarationen im Vereinbarungsteil festzulegen. Das ist praktikabel, wenn das Programm nicht von anderen Programmen als Unterprogramm aufgerufen wird. Individuelle Funktionen müssen diesen Blöcken je nach Aufgabenstellung zugefügt werden.

Die Blöcke *Satzbereitstellung* behalten je Datei die sequenzielle Lesefunktion und das Bilden des Gruppierworts. Die sequenziellen Lesefunktionen müssen gelegentlich für andere Dateien angepasst werden. In gewissen Fällen kann die sequenzielle Lesefunktion durch andere ähnliche Funktionen ersetzt werden. Die Besetzung der Gruppierworte muss bei einer anderen Anzahl von Rängen angepasst werden.

Der Block *Satzauswahl*, SAW, und die *Endebedingung* bleiben unverändert, müssen sich aber auf die aktuellen Dateien und ihre Gruppierworte beziehen.

Aus den Blöcken *Satzverarbeitung* werden alle Funktionen entfernt. Die Blöcke bleiben, wie beim Kopier-Modell, leer und müssen um individuelle Funktionen ergänzt werden.

Programm-Modell 3 von Bild 4.07 und Mischprogramm von Bild 4.05 sind so gestaltet, dass sie *linear* um zusätzliche Eingabedateien ergänzt werden können. Der Block Satzauswahl muss dabei ergänzt werden, damit bei mehr als zwei Dateien nur derjenige SD-Schalter auf den Wert 1 gesetzt wird, der dem kleinsten Gruppierwort und seiner Datei zugeordnet ist.

Programm-Modell 3, Mischen

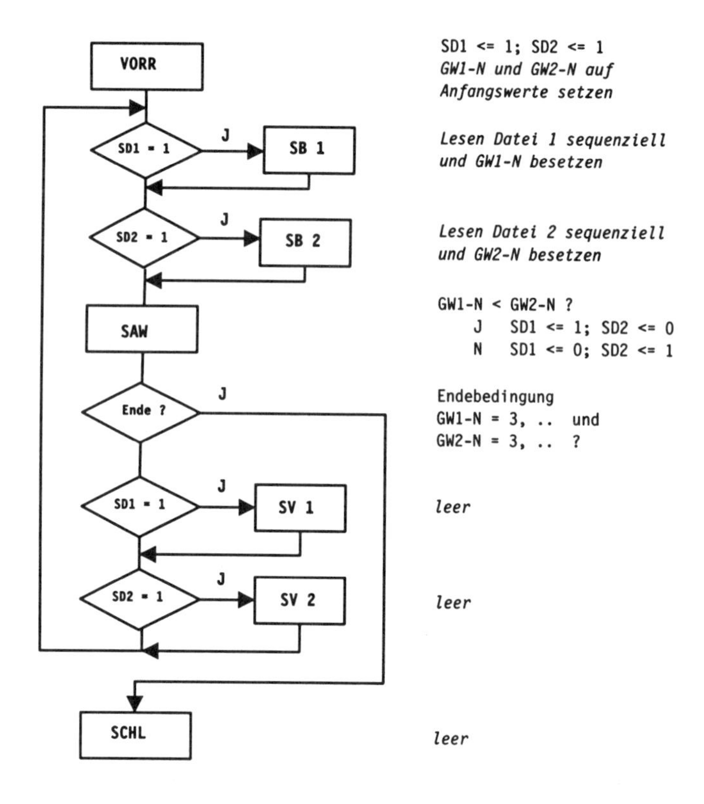

Bild 4.07
Programm-Modell 3,
Mischen

4.2 Anwendung des Mischens, Teil 1, Dateivergleiche

Das Programm-Modell 3, Mischen, ist für eine Klasse von Anwendungsprogrammen in einfacher Weise anwendbar. Für Programme mit zwei Eingabedateien kann die Programm-Klasse durch Kriterien eingegrenzt werden.

- Der Datenfluss muss ähnlich sein wie beim Mischen, d.h. zwei Eingabedateien werden sequenziell gelesen. Direkzugriffsdateien und Ausgabedateien können zusätzlich vorhanden sein.
- Beide sequenzielle Eingabedateien müssen bezüglich desselben Gruppierworts aufsteigend sortiert sein.
- Satzgruppenbezogene Funktionen dürfen nur in einem Ausnahmefall vorkommen (siehe hierzu 4.4.2).
- Die Prioritäten müssen bei manchen Aufgaben geeignet gewählt werden, um die Anwendung des Misch-Modells zu ermöglichen.

Die geeignete Wahl der Prioritäten kann stets durch ein Vertauschen herbeigeführt werden. Bei einer ungünstigen Wahl der Prioritäten sowie bei gewissen satzgruppenbezogenen Funktionen kann die Lösung mit dem Misch-Modell 3 unmöglich sein, sie ist dann mit dem im Kapitel 5 behandelten Modell 4, *Mischprinzip zur Abbildung von Satzgruppen*, möglich. In Kapitel 5 werden auch Hinweise für die günstige Prioritätenwahl gegeben.

4.2.1 Dateivergleich und Paarigkeit

Grundlage für die Anwendungsmöglichkeiten des Mischens ist die Eigenschaft, einander zugeordnete Sätze beider Dateien, deren Gruppierworte in der Kurzform übereinstimmen, miteinander vergleichen zu können. Dafür ist es erforderlich, im Programm die drei unterschiedlichen Fälle des Referenzproblems unterscheiden zu können und im Fall 1, *Paarigkeit*, die einander zugeordneten Sätze im selben Zeitpunkt verfügbar zu haben.

Im Programm müssen die drei Fälle durch formal formulierte Fragen erkannt und unterschieden werden. Verbal formuliert lauten die Fragen vorläufig:

1. Gibt es zum Satz von Datei 1 einen zugehörigen Satz in Datei 2 ?
2. Gibt es zum Satz von Datei 2 einen zugehörigen Satz in Datei 1 ?

Die formale Formulierung der Fragen ist von der Prioritätenwahl abhängig. Aus dem Beispiel der Gruppierwortfolge von Bild 4.04 ist für die dort zugrunde liegende Prioritätenwahl zu erkennen, dass von Sätzen mit in der Kurzform gleichem Gruppierwort zuerst die Sätze aus Datei 1 mit der höheren Priorität 1 ausgewählt, verarbeitet und auf Datei 3 ausgegeben werden, und unmittelbar danach, wenn vorhanden, der zugeordnete Satz oder die zugeordneten Sätze aus Datei 2 mit der niedrigeren Priorität 2. Wenn ein Satz aus Datei 2 verarbeitet wird, sind die ihm zugeordneten Sätze der Datei 1 schon vorher verarbeitet. Frage 2 wird daher bei dieser Prioritätenwahl zutreffender in der Vergangenheit formuliert.

Bei einer Vertauschung der Prioritäten erhält Datei 1 die Priorität 2, Datei 2 die Priorität 1. Die Reihenfolge von einander zugeordneten Sätzen in Datei 3 wird entsprechend vertauscht und ein Satz aus Datei 1 wird erst verarbeitet, wenn die zugehörigen Sätze aus Datei 2 schon verarbeitet worden sind. Frage 1 wird bei dieser Prioritätenwahl besser in der Vergangenheit formuliert.

Damit ergeben sich die in der Matrix von Bild 4.08 zusammengestellten verbal und formal formulierten Fragen. Die Fragen sind zum Teil unter Bezug auf das Gruppierwort eines vorangegangenen Satzes GW1-A-K bzw. GW2-A-K formuliert, das an geeigneter Stelle im Programm besetzt werden muss.

Drei in der Matrix von Bild 4.08 getroffene Aussagen müssen verifiziert werden.

Aussage 1 *Die formale Formulierung der Fragen 1 und 2 in den Programmblöcken SV 1 bzw. SV 2 kann unter Bezug auf die in der Matrix spezifizierten Gruppierworte erfolgen.*

Aussage 2 *Wenn die laut Matrix beim Durchlaufen der Satzverarbeitung zu vergleichenden Gruppierworte in der Kurzform **gleich** sind, liegt Fall 1 vor.*

Aussage 3 *Wenn die laut Matrix beim Durchlaufen der Satzverarbeitung zu vergleichenden Gruppierworte in der Kurzform **ungleich** sind, liegt Fall 2 bzw. Fall 3 vor, und Fall 1 ist für den betreffenden Satz ausgeschlossen.*

Bild 4.08 Paarigkeit beim Mischen

Fall A	**SV 1 Satzverarbeitung 1**	**SV 2 Satzverarbeitung 2**
Datei 1 *hohe Priorität 1*	Gibt es zum Satz von Datei 1 einen zugehörigen in Datei 2 ?	Gab es zum Satz von Datei 2 einen zugehörigen in Datei 1 ?
Datei 2 *niedrige Priorität 2*	**GW1-NK = GW2-NK ?** *Ja : Fall 1 Nein : Fall 2*	**GW2-NK = GW1-AK ?** *Ja : Fall 1 Nein : Fall 3*
Fall B	**SV 1 Satzverarbeitung 1**	**SV 2 Satzverarbeitung 2**
Datei 1 *niedrige Priorität 2*	Gab es zum Satz von Datei 1 einen zugehörigen in Datei 2 ?	Gibt es zum Satz von Datei 2 einen zugehörigen in Datei 1 ?
Datei 2 *hohe Priorität 1*	**GW1-NK = GW2-AK ?** *Ja : Fall 1 Nein : Fall 2*	**GW2-NK = GW1-NK ?** *Ja : Fall 1 Nein : Fall 3*

Die drei Aussagen sind unter der Voraussetzung sortierter Dateien aus dem Misch-Algorithmus abzuleiten. Es genügt, den Nachweis für Fall A zu führen, bei dem Datei 1 die höhere Priorität 1 hat. Fall B folgt dann aus Fall A durch Vertauschen der Prioritäten.

Fall A, SV 1 Der Block SV 1 wird nur durchlaufen für die Fälle 1 und 2 des Referenzproblems und der Analyse von Bild 4.01, weil nur in diesen Fällen ein Satz in Datei 1 vorhanden ist, Fall 3 ist also im Block SV 1 ausgeschlossen. Angenommen, der gerade zu verarbeitende Satz von Datei 1 ist Satz-1_0 , sein Gruppierwort in Langform GW1-N_0 und in Kurzform GW1-N-K_0 . Wenn der Satz von Datei 1 ausgewählt wurde, ist in der Langform GW1-N_0 kleiner als GW2-N.

Wegen der aufsteigenden Sortierung sind alle diejenigen Sätze von Datei 2, deren Gruppierwort ***kleiner*** als GW1-N_0 ist, schon vorher ausgewählt und verarbeitet. Unter den schon ausgewählten und verarbeiteten Sätzen von Datei 2 kann keiner sein, dessen Gruppierwort in der Kurzform GW2-N-K gleich GW1-N-K_0 ist. Denn wenn in der Kurzform

GW2-N-K = GW1-N-K_0

ist, und die Prioritäten so gewählt wurden, dass

g20 = 2 > 1 = g10

ist, folgt für die Langform

GW2-N > GW1-N_0 ,

was bedeutet, dass die dem Satz-1_0 zugeordneten Sätze von Datei 2, falls sie vorhanden sind, erst *nach* Satz-1_0 ausgewählt und verarbeitet werden.

Wenn im Block SV 1 das GW1-N_0 kleiner als GW2-N ist, dann folgt aus der Definition der Kleiner-Relation für die Kurzform der Gruppierworte die *Aussage 1* in der Form

- entweder ist GW1-N-K_0 = GW-2N-K (Fall 1)
- oder es ist GW1-N-K_0 < GW-2N-K (Fall 2).

Fall 1
Gleichheit

Wegen der aufsteigenden Sortierung von Datei 2 ist es im Fall 1, Paarigkeit, möglich, dass noch weitere Sätze in Datei 2 folgen, die dasselbe Gruppierwort haben.

Die *Aussage 2* ist unter der Voraussetzung, dass Aussage 1 zutrifft, sofort zu bestätigen. Denn wenn zwei Gruppierworte in der Kurzform übereinstimmen wie hier im Fall 1, sind die den Gruppierworten zugeordneten Sätze ebenfalls einander zugeordnet und der Fall ist mit Fall 1, Paarigkeit, des Referenzproblems identisch. Der dem Gruppierwort von Datei 2 zugeordnete Satz ist dann der *zuletzt bereitgestellte* Satz aus Datei 2 und steht zu Vergleichszwecken zur Verfügung.

Fall 2
Ungleichheit

Aussage 3 ist weitgehender, denn sie beinhaltet die Behauptung, dass es, wenn Fall 1 nicht zutrifft, in der anderen Datei, hier in Datei 2, auch an anderer Stelle keinen zugeordneten Satz mit einem in der Kurzform gleichen Gruppierwort gibt. Bisher wurde nur nachgewiesen, dass unter den schon bereitgestellten Sätzen von Datei 2 kein zugeordneter Satz sein kann. Für die noch nicht bereitgestellten Sätze von Datei 2 muss der Nachweis für den Fall der Ungleichheit noch geführt werden.

Wie oben gezeigt,

folgt in SV 1 aus $GW1\text{-}N\text{-}K_0 \neq GW2\text{-}N\text{-}K$

stets $GW1\text{-}N\text{-}K_0 < GW\text{-}2N\text{-}K$

und wegen der aufsteigenden Sortierung gilt dann auch für alle folgenden Sätze von Datei 2

$GW1\text{-}N\text{-}K_0 < GW\text{-}2N\text{-}K.$

Denn repräsentiert GW2-N einen *realen* Satz von Datei 2, sind wegen der aufsteigenden Sortierung von Datei 2 alle folgenden Gruppierworte von Datei 2 *größer oder gleich* GW2-N und damit auch *größer oder gleich* $GW1\text{-}N_0$. Repräsentiert GW2-N den *fiktiven* Satz nach der Datei 2 mit dem Endewert des Gruppierworts, folgt kein weiterer Satz, wodurch sich ein weiterer Nachweis erübrigt.

Fall A, SV 2

Der Block SV 2 wird nach Bild 4.01 nur durchlaufen für die Fälle 1 und 3 des Referenzproblems, Fall 2 ist also im Block SV 2 ausgeschlossen.

Angenommen, der gerade zu verarbeitende Satz von Datei 2 ist $Satz\text{-}2_0$, sein Gruppierwort in Langform $GW2\text{-}N_0$ und in Kurzform $GW2\text{-}N\text{-}K_0$. Wenn der Satz von Datei 2 ausgewählt wurde, ist in der Langform $GW2\text{-}N_0$ kleiner als GW1-N.

Wegen der aufsteigenden Sortierung sind alle diejenigen Sätze von Datei 1, deren Gruppierwort *kleiner* als $GW2\text{-}N_0$ ist, schon vorher ausgewählt und verarbeitet. Nur unter den schon ausgewählten und verarbeiteten Sätzen von Datei 1 können solche sein, deren Gruppierwort in der Kurzform GW1-N-K gleich $GW2\text{-}N\text{-}K_0$ ist. Denn wenn in der Kurzform

$GW1\text{-}N\text{-}K = GW2\text{-}N\text{-}K_0$

ist, und die Prioritäten so gewählt wurden, dass

$g10 = 1 < 2 = g20$

ist, folgt für die Langform

$GW1\text{-}N < GW2\text{-}N_0$,

was bedeutet, dass die dem $Satz\text{-}2_0$ zugeordneten Sätze von Datei 1, falls sie vorhanden sind, schon *vor* $Satz\text{-}2_0$ ausgewählt und verarbeitet worden sind.

Wenn es einen oder mehrere Sätze in Datei 1 gibt, die schon ausgewählt und verarbeitet worden sind, stehen zunächst im Programm ihre Gruppierworte nicht zur Verfügung. Wenn am Ende der Satzverarbeitung von Datei 1 das Gruppierwort des gerade verarbeiteten Satzes durch eine Zuweisung

```
GW1-A <= GW1-N
```

in einen Puffer übertragen wird, steht es auch nach der nächsten Satzbereitstellung von Datei 1 eine Zeit lang als Gruppierwort des aus dieser Datei *zuletzt verarbeiteten realen* Satzes zur Verfügung.

Damit das GW1-A auch dann für die formale Frage benutzt werden kann, wenn noch kein Satz aus Datei 1 ausgewählt und verarbeitet worden ist, muss GW1-A beim Programmstart, entweder durch Deklarationen oder durch eine Zuweisung im Block VORR auf den Anfangswert des fiktiven Satzes vor der Datei gesetzt werden.

Wenn im Block SV 2 das GW1-A kleiner als GW2-N_0 ist, dann folgt aus der Definition der Kleiner-Relation für die Kurzform der Gruppierworte die *Aussage 1* in der Form

- entweder ist GW1-A-K = GW2-N-K_0 (Fall 1)
- oder es ist GW1-A-K < GW2-N-K_0 (Fall 3).

Fall 1 Gleichheit

Wegen der aufsteigenden Sortierung von Datei 1 ist es im Fall 1, *Paarigkeit*, möglich, dass noch weitere Sätze in Datei 1 vorangegangen sind, die dasselbe Gruppierwort wie der zuletzt verarbeitete Satz haben.

Die *Aussage 2* ist unter der Voraussetzung, dass Aussage 1 zutrifft, wieder sofort zu bestätigen. Denn wenn zwei Gruppierworte in der Kurzform übereinstimmen wie hier im Fall 1, sind die ihnen zugeordneten Sätze ebenfalls einander zugeordnet und der Fall ist mit Fall 1, Paarigkeit, des Referenzproblems identisch. Jedoch steht im Fall B in SV 2 der zugeordnete Satz von Datei 1 zu Referenzzwecken nur dann zur Verfügung, wenn er, ähnlich wie sein Gruppierwort, im Block SV 1 einem Puffer zugewiesen worden ist, der im Block SB 1 nicht überschrieben wird.

Fall 3 Ungleichheit

Aussage 3 beinhaltet die Behauptung, dass es im Falle der Ungleichheit in Datei 1, auch an anderer Stelle, keinen zugeordneten Satz mit einem in der Kurzform gleichen Gruppierwort gibt. Bisher wurde nur gezeigt, dass unter den noch nicht ausgewählten Sätzen von Datei 1 kein zugeordneter sein kann.

Wie eben gezeigt,

folgt in SV 2 aus GW1-A-K ≠ GW2-N-K_0

stets $\text{GW1-A-K} < \text{GW-2N-K}_0$,

und wegen der aufsteigenden Sortierung gilt dann auch für alle vorangegangenen Sätze von Datei 1

$\text{GW1-A-K} < \text{GW-2N-K}_0$.

Denn repräsentiert GW1-A einen *realen* Satz von Datei 1, sind wegen der aufsteigenden Sortierung von Datei 1 alle vorangegangenen Gruppierworte von Datei 1 *kleiner oder gleich* GW1-A und damit auch *kleiner oder gleich* GW2-N_0 . Repräsentiert GW1-A den *fiktiven* Satz vor der Datei 1 mit dem Anfangswert des Gruppierworts, geht kein Satz voraus, wodurch sich ein weiterer Nachweis erübrigt.

4.2.2 Aufgabe Dateivergleich Artikel-Umsätze

Aufgabenstellung

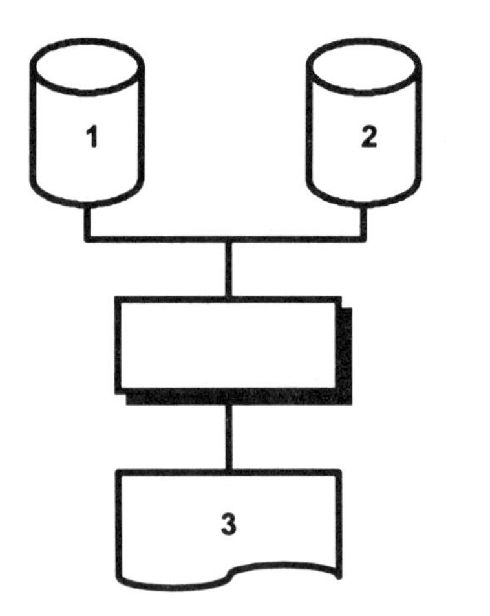

Bild 4.09
Dateivergleich
Artikel-Umsätze

Datei 1, Artikel-Umsätze 1992
indexsequenzielle Datei

`Fil-Nr` `) zusammen-`
`Art-Gr` `) gesetzter`
`Art-Nr` `) Key`
Umsatz

Datei 2, Artikel-Umsätze 1993
Aufbau wie Datei 1

Datei 3, Umsatzvergleich
Listbild sie Bild 4.10

Programmbeschreibung

Das Programm druckt einen Umsatzvergleich laut Listbild mit den folgenden fünf Funktionen:

1. Jeder Satz von Datei 1 und Datei 2 liefert Informationen für eine Zeile. Je nach Fall wird eine Zeile vom Typ EZ1, EZ2 oder EZ3 gedruckt.
2. Jedes Blatt erhält maximal 50 Einzelzeilen EZ1, EZ2 und EZ3.
3. Die Blätter werden mit 1 beginnend fortlaufend nummeriert.
4. Die Gesamtumsatzzeile GES wird nicht allein auf ein neues Blatt gedruckt, sondern erscheint stets noch unter den Einzelzeilen.

5. Wenn beide Dateien 1 und 2 leer sind, wird ein Blatt mit dem Kopf und der Gesamtumsatzzeile GES gedruckt.

Bild 4.10 Listbild Umsatzvergleich

```
UMSATZVERGLEICH 1992/1993                                BLATT Z9      Zeilentyp K1
                                                                       Leer
FIL  ART-GR       ART-NR  UMSATZ 1992    UMSATZ 1993                   K2
                                                                       Leer
99   XXXXXXXXXX   99999    ZZZ.ZZ9,99     ZZZ.ZZ9,99                   EZ1
99   XXXXXXXXXX   99999    ZZZ.ZZ9,99     1993 FEHLT                   EZ2
99   XXXXXXXXXX   99999    1992 FEHLT     ZZZ.ZZ9,99                   EZ3
                  usw.
                                                                       Leer
GESAMTUMSATZ              Z.ZZZ.ZZ9.99  Z.ZZZ.ZZ9,99                   GES
```

Lösungsschritte

1. Analyse des Datenflusses

Beide Eingabedateien sind gleich aufgebaute indexsequenzielle Dateien und daher aufsteigend sortiert bezüglich desselben Gruppierworts, dessen drei echte Gruppierelemente aus den drei Teilen des Keys bestehen, z.B. für Datei 1 in Langform

GW1-N = GW1-N (g14N, g13N, g12N, g11N, g10)
= GW1-N (X, Fil-Nr1, Art-Gr1, Art-Nr1, Prio)

und in Kurzform

GW1-N-K = GW1-N-K (g14N, g13N, g12N, g11N)
= GW1-N K (X, Fil-Nr1, Art-Gr1, Art-Nr1).

Weil der Key der indexsequenziellen Datei eineindeutig ist, gibt es zu einem gewissen Gruppierwort in der Kurzform in jeder Datei höchsten einen Satz. Einem Satz von Datei 1 ist daher auch nur höchstens ein Satz von Datei 2 zugeordnet und umgekehrt.

Bild 4.11 Fallanalyse

Fall	Datei 1 SV 1	Datei 2 SV 2	Datei 3	Bemerkung
1	X	X	EZ1	
2	X	--	EZ2	1993 FEHLT
3	--	X	EZ3	1992 FEHLT

Da alle drei Fälle des Referenzproblems bearbeitet werden müssen ist es notwendig, beide Eingabedateien sequenziell zu lesen und zu verarbeiten. Die Analyse von Bild 4.01 wird für diese Aufgabe als Fallanalyse in Bild 4.11 zusammengefasst.

2. Wahl des Programm-Modells

Der Datenfluss ist dem Mischen sehr ähnlich. In den Fällen 2 bzw. 3 wird wie beim Mischen für *jeden* Satz aus Datei 1 bzw. 2 *eine* Zeile EZ2 bzw. EZ3 auf Datei 3 ausgegeben. Im Fall 1 wird jedoch aus den *beiden* einander zugeordneten Sätzen der Dateien 1 und 2 *eine einzige* Zeile EZ3 gebildet und auf Datei 3 ausgegeben. Da es beim Mischen möglich ist, die drei Fälle zu erkennen, kann das Programm-Modell 3, Mischen, von Bild 4.07 als Lösungsansatz benutzt werden.

3. Zuordnung der Funktionen

Um die Funktionen zuordnen zu können, müssen

- die Gruppierworte festgelegt und
- die Prioritäten gewählt werden.

Die Gruppierworte, bezüglich der die Dateien sortiert sind, sind zugleich Grundlage der Referenz zwischen den Dateien. Deshalb müssen diese Gruppierworte für die Lösung mit dem Misch-Modell benutzt werden.

Die Wahl der Prioritäten wird versuchsweise so getroffen, wie bei der Grundaufgabe Mischen, d.h.

Datei 1 erhält Priorität 1, Datei 2 erhält Priorität 2.

Es kann hier erwähnt werden, dass die Aufgabe mit beiden Wahlmöglichkeiten für die Prioritäten mit dem Misch-Modell lösbar ist. Die Lösungen unterscheiden sich nur sehr geringfügig.

Der Aufbau des Gruppierworts, in der Form

GW = GW (X, Fil-Nr, Art-Gr, Art-Nr)

dargestellt, mit X als Symbol für die Werte 1, 2, 3 des künstlichen Gruppierelements, und das Programm-Modell 3 von Bild 4.07 sind Grundlage für die Zuordnung der Funktionen.

Allgemeine Funktionen und Funktionen 2 und 3

Um die drei Dateien ansprechen zu können, müssen sie in der Vorroutine geöffnet und im Schluss wieder geschlossen werden.

In der *Vorroutine* werden die SD-Schalter beider Eingabedateien, die Gruppierworte und die Parameter für die Blattwechselmechanik auf den jeweiligen Anfangswert gesetzt. Bei der getroffenen Wahl der Prioritäten wird zur Erkennung von Fall 3 laut Fall A von Bild 4.08 auch das alte Gruppierwort von Datei 1 benötigt und wird deshalb in der Vorroutine ebenfalls auf den Anfangswert gesetzt.

Teil-Funktion 4

Zur Ermittlung der Gesamtumsätze in Zeile GES des Listbildes von Bild 4.10 werden zwei Summenregister benötigt, die mit R92 und R93 bezeichnet werden und in der Vorroutine auf den Anfangswert 0 (Null) gesetzt werden.

In den Blöcken Satzbereitstellung werden die Gruppierworte mit den aktuellen Werten besetzt, der Block Satzauswahl und die Endebedingung bleiben standardmäßig. Damit sind die Blöcke VORR, SB 1, SB 2, und SAW bereits mit allen für die Aufgabe erforderlichen Funktionen gefüllt, der Block SCHL ist noch unvollständig. In der Detaildarstellung sind Feldnamen durch Postfixe mit den Dateinummern eindeutig gemacht.

VORR

```
Dateien 1, 2, 3 öffnen
SD1 <= 1; SD2 <= 1;
BZ <= 0; ZZ <= 0; Z-MAX <= 50
R92 <= 0; R93 <= 0
GW1-N    <= 1, 00, 00, 00, 1
GW1-A    <= 1, 00, 00, 00, 1
GW2-N    <= 1, 00, 00, 00, 2
```

SB 1

```
Lesen Datei 1 sequenziell
EOF 1 ?
     J   GW1-N <= 3, 00, 00, 00, 1
     N   GW1-N <= 2, Fil-Nr1, Art-Gr1, Art-Nr1, 1
```

SB 2

```
Lesen Datei 2 sequenziell
EOF 2 ?
     J   GW2-N <= 3, 00, 00, 00, 2
     N   GW2-N <= 2, Fil-Nr2, Art-Gr2, Art-Nr2, 2
```

SAW

Standard wie Bild 4.07

Endebedingung

Standard wie Bild 4.07

SCHL

```
Dateien 1, 2, 3 schließen
```

Die übrigen Funktionen müssen den Blöcken *Satzverarbeitung* und *Schluss* zugeordnet werden.

Funktion 1

Nach der Fallanalyse von Bild 4.11 kann Fall 1 sowohl in SV 1 als auch in SV 2 behandelt werden, Fall 2 kann nur in SV 1, Fall 3 nur in SV 2 behandelt werden. Um zu vermeiden, dass Fall 1 doppelt behandelt wird und im Fall 1 zwei Zeilen der Liste von Bild 4.10 erzeugt werden, ist eine Entscheidung notwendig, in welchem der beiden Blöcke SV 1 oder SV 2 der Fall 1 behandelt werden soll. Die Entscheidung fällt hier für SV 1.

Da sowohl für Fall 1 als auch für Fall 2 der Block SV 1 durchlaufen wird, müssen diese Fälle unter Berücksichtigung der Prioritätenwahl gemäß Fall A von Bild 4.08 unter Bezug auf die Kurzform der Gruppierworte unterschieden werden.

Fall 1
Paarigkeit

Um gegebenenfalls den Listenkopf zu drucken, ist der Aufruf der Blattwechselmechanik erforderlich. Es genügt bei dieser Aufgabenstellung die einfache Form. Die Lösung wird aber so entwikkelt, dass ein Übergang auf die Komfortversion durch Einfügen einer Zeile für Zwischensummen und Überträge jederzeit möglich ist.

Mit den Informationen der beiden einander zugeordneten Sätze von Datei 1 und Datei 2 kann die Einzelzeile EZ1 gebildet werden. Als Sendeinformationen für die Identifikation der Umsätze können, weil Paarigkeit vorliegt, entweder die Informationen von Satz-1 oder die von Satz-2 benutzt werden. Hier werden diejenigen von Satz-1, Fil-Nr1, Art-Gr1, und Art-Nr1 benutzt. Die Informationen über die Umsätze müssen aus dem jeweiligen Satz entnommen werden, für 1992 aus Satz-1, für 1993 aus Satz-2. Anschliessend kann die Zeile EZ1 gedruckt werden.

Teil-Funktion 4

Danach werden die beiden Summenregister R92 und R93 mit den Werten der Umsätze kumuliert.

Fall 2

In entsprechender Weise wird Fall 2 behandelt. Hier können die identifizierenden Informationen nur aus dem Satz-1 entnommen werden und es wird nur das Summenregister für 1992 kumuliert.

Umsetzen GW1

Mit dem Besetzen des alten Gruppierwortes für Datei 1 ergibt sich der vollständige Block SV 1.

SV 1

```
GW1-NK = GW2-NK ?
    J   Aufruf BWM                        (Fall 1)
```

```
             Bilden Zeile EZ1 mit
             Fil-Nr1, Art-Gr1, Art-Nr1, Umsatz1, Umsatz2
             und drucken auf nächste Zeile
             R92 <= R92 + Umsatz1
             R93 <= R93 + Umsatz2
        N    Aufruf BWM                          (Fall 2)
             Bilden Zeile EZ2 mit
             Fil-Nr1, Art-Gr1, Art-Nr1, Umsatz1
             und drucken auf nächste Zeile
             R92 <= R92 + Umsatz1
   GW1-A <= GW1-N
```

Der Block SV 2 wird für die Fälle 1 und 3 des Referenzproblems durchlaufen, die gemäß Fall A von Bild 4.08 unterschieden werden. Da Fall 1 bereits im Block SV 1 behandelt und erledigt worden ist, sind hier für Fall 1 keine Funktionen erforderlich.

Fall 3

Ähnlich wie Fall 2 wird Fall 3 behandelt. Jedoch müssen hier die identifizierenden Informationen dem Satz-2 entnommen werden und nur das Summenregister für 1993 wird kumuliert.

SV 2

```
   GW2-NK = GW1-AK ?
        J    leer                                (Fall 1)
        N    Aufruf BWM                          (Fall 3)
             Bilden Zeile EZ3 mit
             Fil-Nr2, Art-Gr2, Art-Nr2, Umsatz2
             und drucken auf nächste Zeile
             R93 <= R93 + Umsatz2
```

Teil-Funktion 4 und Funktion 5

Im Schluss muss nach einer Leerzeile die Gesamtumsatzzeile GES mit den Ergebnissen der beiden Summenregister gebildet und gedruckt werden. Damit auch im Sonderfall von zwei leeren Eingabedateien ein Kopf gedruckt wird, muss die Blattwechselmechanik aktiviert werden, sofern bisher noch keine Aktivierung erfolgt ist, d.h. der Blattzähler noch auf dem Anfangswert steht. Mit dem schon oben erwähnten Schließen der Dateien wird der Block SCHL vollständig.

SCHL

```
   BZ = 0 ?
        J    Aufruf BWM
        N    leer
```

```
Leerzeile drucken auf nächste Zeile
Bilden Zeile GES mit R92, R93
und drucken auf nächste Zeile
Dateien 1, 2, 3 schließen
```

Die vollständige Lösung ist im Programmablaufplan von Bild 4.12 zusammengestellt.

Programmablaufplan Umsatzvergleich
Modell 3, Mischen, GW (X, Fil-Nr, Art-Gr, Art-Nr, Prio)

Prioritätenwahl **Datei 1 Priorität 1**
Datei 2 Priorität 2

Bild 4.12
PAP
Umsatzvergleich,
Misch-Modell

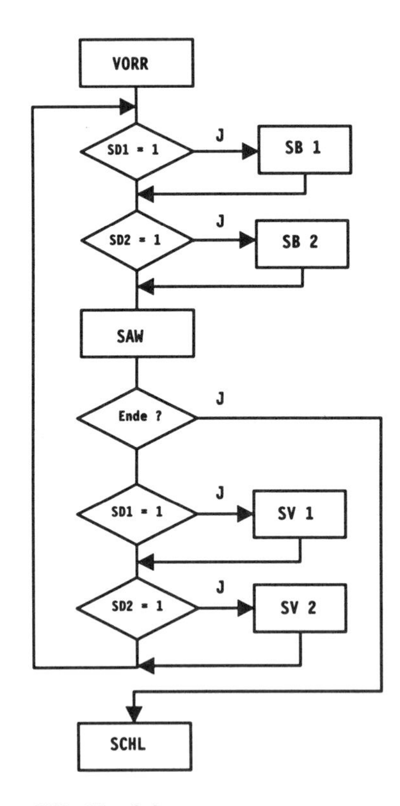


```
SCHL  BZ = 0 ?
         J   Aufruf BWM
         N   leer
      Leerzeile drucken auf nächste Zeile
      Bilden Zeile GES mit R92, R93
      und drucken auf nächste Zeile
      Dateien 1, 2, 3 schließen
```

```
VORR  Dateien 1, 2, 3 öffnen
      SD1 <= 1; SD2 <= 1
      BZ <= 0; ZZ <= 90; Z-MAX <= 50
      R92 <= 0; R93 <= 0
      GW1-N <= 1, 00, 00, 00, 1
      GW1-A <= 1, 00, 00, 00, 1
      GW2-N <= 1, 00, 00, 00, 2

SB 1  Lesen Datei 1 sequenziell
      und GW1-N besetzen

SB 2  Lesen Datei 2 sequenziell
      und GW2-N besetzen

SAW   GW1-N < GW2-N ?
         J   SD1 <= 1; SD2 <= 0
         N   SD1 <= 0; SD2 <= 1

Endebedingung  g14N = g24N = 3 ?

SV 1  GW1-N-K = GW2-N-K ?
         J   Aufruf BWM                 (Fall 1)
             Bilden Zeile EZ1 mit Fil-Nr1,
             Art-Gr1, Art-Nr1, Umsatz1,
             Umsatz2,
             und drucken auf nächste Zeile
             R92 <= R92 + Umsatz1
             R93 <= R93 + Umsatz2
         N   Aufruf BWM                 (Fall 2)
             Bilden Zeile EZ2 mit Fil-Nr1,
             Art-Gr1, Art-Nr1, Umsatz1,
             und drucken auf nächste Zeile
             R92 <= R92 + Umsatz1
      GW1-A <= GW1-N

SV 2  GW2-N-K = GW1-A-K ?
         J   leer                       (Fall 1)
         N   Aufruf BWM                 (Fall 3)
             Bilden Zeile EZ3 mit Fil-Nr2,
             Art-Gr2, Art-Nr2, Umsatz2,
             und drucken auf nächste Zeile
             R93 <= R93 + Umsatz2

BWM   Standard für 4 Kopfzeilen
```

4.2.3 Übungsaufgabe Dateivergleich

1. Die Lösung von Bild 4.12 ist so zu modifizieren, dass Fall 1 nicht in SV 1 sondern in SV 2 behandelt wird.
2. Die Prioritäten sind zu vertauschen und die Lösungen entsprechend zu modifizieren.

4.3 Kombination von Modell 3 mit dem verkürzten Modell 2

In ähnlicher Form wie Modell 1 lässt sich Modell 3 in vielen Fällen mit dem Modell 2 oder dem verkürzten Modell 2 kombinieren, um satzgruppenbezogene Funktionen zu realisieren.

Die Kombination mit dem Modell 2 erfolgt über eine reale Zwischendatei, die mit Modell 3 erzeugt wird und dem nachgeschalteten Modell 2 als sequenzielle Eingabedatei dient (vergl. Lösungsansatz 1 von 3.3.2).

Wird die reale Zwischendatei durch eine virtuelle Datei ersetzt, kann die Kombination mit dem verkürzten Modell 2 erfolgen (vergl. Lösungsansatz 3 von 3.3.3).

4.3.1 Aufgabe Drucken Umsatzstatistik aus 3.2.2

Für die Aufgabe aus 3.2.2 kann mit diesem Lösungsansatz eine weitere Alternativlösung entwickelt werden.

Lösungsschritte

1. Analyse des Datenflusses

Der Datenflussplan von Bild 3.12 ist für die Analyse in einer anderen Form in Bild 4.13 dargestellt.

Datei 1 ist aufsteigend sortiert bezüglich des Gruppierwortes

GW1-N (X, Fil-Nr1, Art-Gr1, Art-Nr1, Prio)

mit den drei echten Gruppierelementen Fil-Nr1, Art-Gr1 und Art-Nr1. Aus der Vergleichbarkeitsrelation und der Definition der sortierten Datei von 3.1.2 folgt, dass Datei 1 dann auch aufsteigend sortiert ist bezüglich des Gruppierwortes

GW1-N = GW1-N (X, Fil-Nr1, Prio).

Datei 2 ist ebenfalls nach dem gleich aufgebauten Gruppierwort

GW2-N = GW2-N (X, Fil-Nr2, Prio)

aufsteigend sortiert. Damit erfüllen die Dateien 1 und 2 die wichtigsten Voraussetzungen für die Anwendung des Mischens, sie sind bezüglich desselben Gruppierwortes aufsteigend sortiert und können sequenziell gelesen werden. Es kann daher versucht werden, die Aufgabe mit dem Misch-Modell zu lösen.

Bild 4.13
Modell 3 und
verkürztes Modell 2

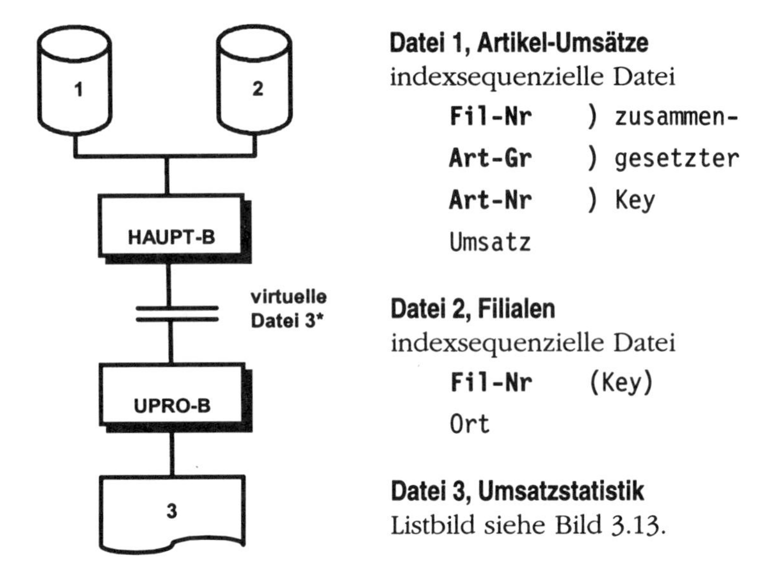

1
2
HAUPT-B
virtuelle
Datei 3*
UPRO-B
3
Datei 1, Artikel-Umsätze
indexsequenzielle Datei
Fil-Nr) zusammen-
Art-Gr) gesetzter
Art-Nr) Key
Umsatz
Datei 2, Filialen
indexsequenzielle Datei
Fil-Nr (Key)
Ort
Datei 3, Umsatzstatistik
Listbild siehe Bild 3.13.

Bei der Anwendung des Misch-Modells auf diese Aufgabe müssen die Fälle 1 und 2 des Referenzproblems bearbeitet werden, wie die Fallanalyse von Bild 4.14 zeigt.

Bild 4.14
Fallanalyse
Umsatzstatistik

Fall	Datei 1 SV 1	Datei 2 SV 2	Datei 3*	Datei 3
1	X	X	X	EZ1
2	X	--	X	EZ2
3	--	X	--	--

Die in der Aufgabenstellung enthaltenen satzgruppenbezogenen Funktionen lassen sich jedoch nicht mit dem Programm-Modell 3 realisieren. Die Gründe dafür sind insbesondere:

- Programm-Modell 3, Mischen, ist nicht für die Realisierung von satzgruppenbezogenen Funktionen geeignet, von wenigen Ausnahmen abgesehen, die hier nicht vorliegen.
- Für die Realisierung der satzgruppenbezogenen Funktionen dieser Aufgabe wird ein anderes Gruppierwort

  GW (X, Fil-Nr, Art-Gr)

  benötigt, als für die Bearbeitung des Referenzproblems.

Der Lösungsansatz mit dem Datenflussplan von Bild 4.13 ermöglicht es, Haupt- und Unterprogramm mit verschiedenen Programm-Modellen und mit verschiedenen Gruppierworten zu lösen.

2. Wahl der Programm-Modelle

Das Hauptprogramm HAUPT-B wird mit dem Misch-Modell realisiert und stellt die Referenz zwischen den Sätzen von Datei 1 und dem jeweils zugeordneten Satz von Datei 2 her. HAUPT-B ruft für jeden Satz von Datei 1 das Unterprogramm UPRO-B auf, das mit dem verkürzten Modell 2 von Bild 3.19 realisiert wird. Die virtuelle Datei 3* dient der Übergabe des Satzes von Datei 1 , seines Gruppierwortes und, wenn vorhanden, der Ortsbezeichnung aus dem ihm zugeordneten Satz von Datei 2, vom Hauptprogramm an das Unterprogramm.

3. Zuordnung der Funktionen

Die Zuordnung der Funktionen zum Programmablaufplan setzt die Festlegung der Gruppierworte und gegebenenfalls die Wahl der Prioritäten voraus.

Für das *Hauptprogramm* wurden oben die Gruppierworte festgelegt. Um die beiden zu bearbeitenden Fälle 1 und 2 des Referenzproblems zur Vereinfachung gemeinsam im Block SV 1 bearbeiten zu können, ist es zweckmäßig, die Priorität wie bei der Grundaufgabe zu wählen:

Datei 1 erhält Priorität 1, Datei 2 erhält Priorität 2.

Damit sind die Gruppierworte

GW1-N = GW1-N (X, Fil-Nr1, 1),
GW2-N = GW2-N (X, Fil-Nr2, 2).

Das *Unterprogramm* kann, wie bei der Lösung der Aufgabe mit Programm-Modell 2 in 3.2.2 erläutert, entweder ein Gruppierwort mit drei oder mit vier Rangstufen erhalten. Die einfachere Lösung mit drei Rangstufen wird gewählt, also

GW-N = GW-N (X, Fil-Nr1, Art-Gr1).

Mit diesen Festlegungen können die Programmablaufpläne entwickelt werden. Die vollständige Lösung zeigen Bild 4.15, PAP HAUPT-B, und Bild 4.16, PAP UPRO-B.

Im Modul HAUPT-B werden im Block VORR die Dateien 1 und 2 geöffnet sowie SD-Schalter und Gruppierworte auf Anfangswerte gesetzt, dabei auch die beiden für die Gruppensteuerung im Modul UPRO-B benötigten Gruppierworte GW-N und GW-A.

Die nur im Modul UPRO-B benötigte Datei 3 wird im Block GRA3 dieses Unterprogramms geöffnet und im Block GRE3 geschlossen. Dadurch wird erreicht, dass diese Funktionen nur dann aktiviert werden, wenn wenigstens ein realer Satz an UPRO-B übergeben wird und Datei 3 bei leerer Eingabedatei 1 nicht angelegt wird. Die Anfangswertbesetzung von Z-MAX erfolgt ebenfalls in UPRO-B im Block GRA3.

Im Modul HAUPT-B sind Satzbereitstellung, Satzauswahl und Endebedingung standardmäßig. Die wenigen entscheidenden Funktionen sind in SV 1 und SCHL platziert.

Im Block SV 1 wird je nach Fall des Referenzproblems die Ortsbezeichnung durch eine Zuweisung besetzt, anschließend wird das Gruppierwort für UPRO-B gebildet und UPRO-B aufgerufen.

Im Block SCHL erfolgen der letzte Aufruf von UPRO-B mit dem Endewert des Gruppierwortes und danach das Schließen der Dateien 1 und 2.

Programmablaufplan Umsatzstatistik, Teil 1, HAUPT-B,
Modell 3, Mischen, GW (X, Fil-Nr, Prio)

Prioritätenwahl **Datei 1 Priorität 1**
Datei 2 Priorität 2

Bild 4.15
PAP Teil 1,
HAUPT-B

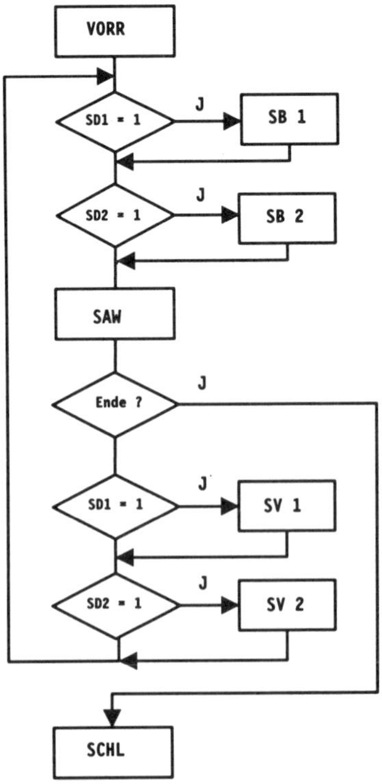

```
VORR  Dateien 1, 2 öffnen
      SD1 <= 1; SD2 <= 1
      GW1-N <= 1, 0, 1
      GW2-N <= 1, 0, 2
      GW-N <= 1, 00, 00
      GW-A <= 1, 00, 00

SB 1  Lesen Datei 1 sequenziell
      und GW1-N besetzen

SB 2  Lesen Datei 2 sequenziell
      und GW2-N besetzen

SAW   GW1-N < GW2-N ?
          J   SD1 <= 1; SD2 <= 0
          N   SD1 <= 0; SD2 <= 1

Endebedingung g13N = g23N = 3  ?

SV 1  GW1-N-K = GW2-N-K ?
          J   Ort3 <= Ort2    (Fall 1)
          N   Ort3 <= leer    (Fall 2)
      GW-N <= 2, Fil-Nr1, Art-Gr1
      Aufruf UPRO-B

SV 2  leer

SCHL  GW-N <= 3, 00, 00
      Aufruf UPRO-B
      Dateien 1, 2 schließen
```

Die übrigen Funktionen sind den Blöcken von UPRO-B in gleicher Weise zugeordnet wie bei der Lösung von Bild 3.14

Programmablaufplan Umsatzstatistik, Teil 2, UPRO-B,
verkürztes Modell 2, 3 Ränge, GW (X, Fil-Nr, Art-Gr)

Bild 4.16
PAP Teil 2,
UPRO-B

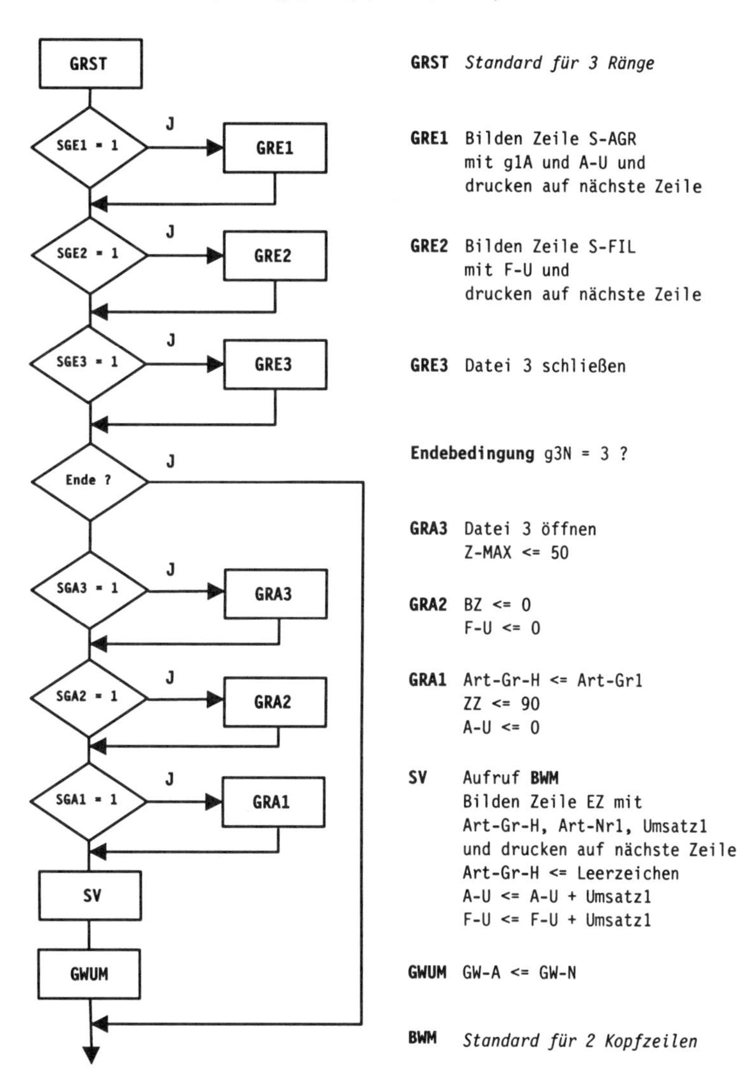

4.3.2 Übungsaufgabe Verifizierung von HAUPT-A und UPRO-A

Die Lösung der Übungsaufgabe Umsatzstatistik aus 3.3.4 mit den Modulen HAUPT-A und UPRO-A ist mit der hier vorgestellten

Lösung aus HAUPT-B und UPRO-B zu vergleichen und zu verifizieren.

1. Unterschiede zwischen UPRO-A und UPRO-B sind zu prüfen, gegebenenfalls zu begründen oder, falls sie sich als Fehler herausstellen sollten, in UPRO-A und gegebenenfalls in HAUPT-A zu korrigieren.
2. Sofern Unterschiede zwischen UPRO-A und UPRO-B bestehen, die nicht auf Fehlern in UPRO-A beruhen, ist HAUPT-A so zu modifizieren, dass UPRO-A und UPRO-B identisch werden und damit nur eins dieser Module erstellt werden muss und dann in beiden Lösungen verwendet werden kann.

4.4 Anwendung des Mischens, Teil 2, Dateifortschreibungen

Die beim Dateivergleich gewonnenen Erkenntnisse über die Anwendung des Misch-Modells lassen sich zur Lösung von zahlreichen anderen Aufgaben nutzen. Eine solche Aufgabenart sind Programme zur Fortschreibung von Dateien, die sequenziell gelsen werden können. An einer Aufgabe, die zugleich die Grenzen der Anwendung des Misch-Modells zu erkennen gestattet, wird das demonstriert.

4.4.1 Aufgabe Sequenzielle Dateifortschreibung

Aufgabenstellung

Bild 4.17
Sequenzielle
Dateifortschreibung

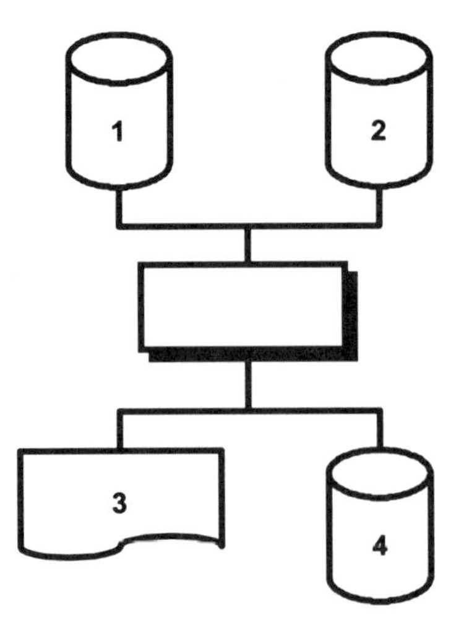

Datei 1, Einzahlungen
sequenzielle Datei,
mehrere Sätze je
Konto-Nr möglich

Konto-Nr sortiert
Betrag

Datei 2, Konten = Datei 4,
sequenzielle Datei,
ein Satz je Konto-Nr

Konto-Nr sortiert
Name
Saldo

Datei 3, Buchungsprotokoll A

Listbild siehe Bild 4.18

Bild 4.18 Listbild Buchungsprotokoll A

				Zeilentyp
BUCHUNGSPROTOKOLL A			BLATT ZZ9	K1
Kto-Nr	Name	Betrag	Bemerkung	K2
99999	XXXXXXXXXXXXXXX	ZZ9,99	VERBUCHT	EZ1
99999		ZZ9,99	KONTO FEHLT	EZ2
	usw.			

Programmbeschreibung

Das Programm dient der Verbuchung der Einzahlungen (Bewegungen) von Datei 1 in den Konten (Stamm) von Datei 2. Beide Eingabedateien 1 und 2 sind bezüglich desselben Gruppierworts

GW = GW (X, Konto-Nr, Prio)

aufsteigend sortiert, wie in den Dateibeschreibungen angedeutet ist. Fünf Funktionen sind zu realisieren.

1. Ist zur Einzahlung von Datei 1 der zugehörige Kontensatz in Datei 2 vorhanden erfolgt die Verbuchung mit Fortschreibung des Saldos und Druck der Zeile EZ1. Nach Verbuchung aller für das Konto vorliegenden Einzahlungen wird der Kontensatz von Datei 2 auf Datei 4 ausgegeben (Fall 1).
2. Ist zur Einzahlung von Datei 1 der zugehörige Kontensatz in Datei 2 nicht vorhanden, wird die Zeile EZ2 gedruckt, die Buchung unterbleibt (Fall 2).
3. Kontensätze von Datei 2, zu denen keine Einzahlung vorliegt, werden unverändert auf Datei 4 ausgegeben (Fall 3).
4. Die Blätter werden mit 1 beginnend fortlaufend nummeriert und jedes Blatt erhält maximal 50 Einzelzeilen EZ1 bzw. EZ2.
5. Wenn Datei 1 leer ist, wird keine Zeile gedruckt.

Lösungsschritte

1. Analyse des Datenflusses

Beide Eingabedateien sind bezüglich desselben Gruppierworts aufsteigend sortiert und können als sequenzielle Dateien nur sequenziell gelesen werden. Die Fallanalyse von Bild 4.19 zeigt, dass die Fälle 1, 2 und 3 des Referenzproblems bearbeitet werden müssen.

Nur *eine* satzgruppenbezogene Funktion ist in der Aufgabenstellung enthalten, nämlich die Forderung, erst nach Verbuchung *aller* für ein Konto vorliegenden Einzahlungen in Datei 2 den Kontensatz auf Datei 4 auszugeben.

Bild 4.19
Fallanalyse
Dateifortschreibung

Fall	Datei 1 Einzahlungen	Datei 2 Konten	Datei 3 Protokoll	Datei 4 Konten-Neu
1	X	X	EZ1	Satz 2 fortgeschrieben
2	X	--	EZ2	--
3	--	X	--	Satz 2 unverändert

Dabei ist zu beachten, dass für jede einzelne Buchung eine Protokollzeile EZ1 zu drucken ist.

2. Wahl des Programm-Modells

Die wichtigsten Voraussetzungen für die Anwendung des Misch-Modells sind erfüllt, deshalb kann versucht werden, die Aufgabe mit dem Misch-Modell zu lösen.

3. Zuordnung der Funktionen

Zunächst müssen der Aufbau der Gruppierworte festgelegt und die Prioritäten gewählt werden.

Um bei der Anwendung des Misch-Modells die drei Fälle des Referenzproblems erkennen zu können, müssen die Gruppierworte, bezüglich derer die beiden Eingabedateien laut Aufgabenstellung sortiert sind, für die Realisierung mit dem Misch-Modell benutzt werden, also für Datei 1

GW1-N = GW1-N (X, Konto-Nr1, Prio),

GW1-N-K = GW2-N-K (X, Konto-Nr1)

und entsprechend für Datei 2.

Die Wahl der Prioritäten ist bei dieser Aufgabe durch die satzgruppenbezogene Funktion eingeschränkt. Wenn Datei 1 die Priorität 1 erhält und Datei 2 die Priorität 2, werden im Falle 1 des Referenzproblems, Paarigkeit, *zuerst* die Einzahlungen von Datei 1 ausgewählt, verarbeitet, protokolliert und verbucht, und *danach* der Kontensatz von Datei 2, in dem dann schon alle zugehörigen Einzahlungen verbucht worden sind, und der zugleich der letzte Satz der Satzgruppe mit den Informationen des betreffenden Kontos ist. Diese Wahl der Prioritäten gestattet daher wahrscheinlich die Realisierung der satzgruppenbezogenen

Funktion bei einer Lösung mit dem Misch-Modell. Tatsächlich wird die Lösung extrem einfach wie in Bild 4.20 dargestellt.

Programmablaufplan Sequenzielle Dateifortschreibung
Modell 3, Mischen, GW (X, Konto-Nr, Prio)

Prioritätenwahl **Datei 1 Priorität 1**
Datei 2 Priorität 2

Bild 4.20
PAP
Sequenzielle
Dateifortschreibung

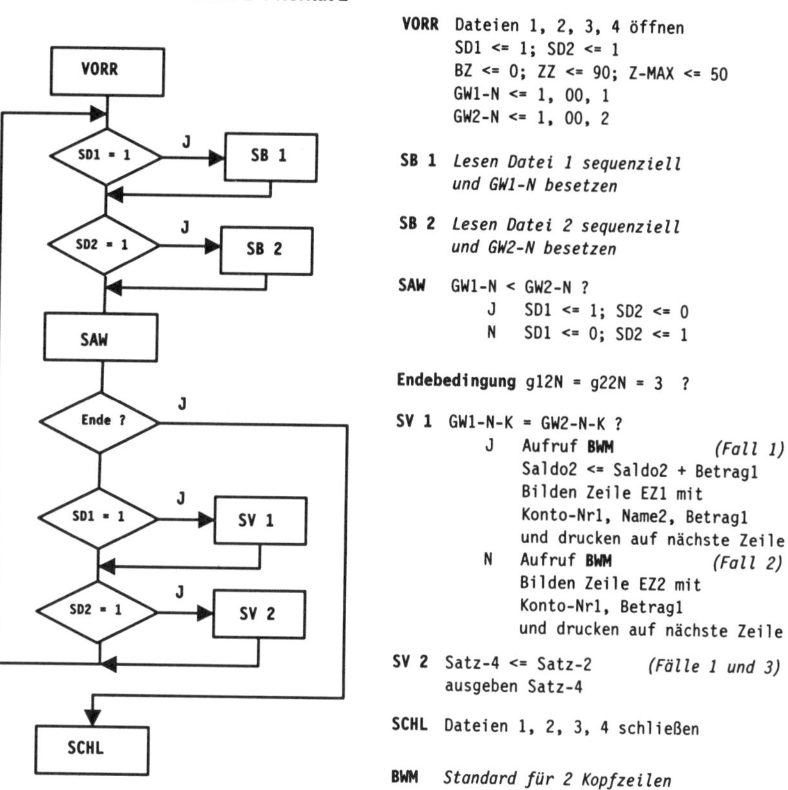

VORR
SD1 = 1
J
SB 1
SD2 = 1
J
SB 2
SAW
Ende ?
J
SD1 = 1
J
SV 1
SD2 = 1
J
SV 2
SCHL
VORR Dateien 1, 2, 3, 4 öffnen
SD1 <= 1; SD2 <= 1
BZ <= 0; ZZ <= 90; Z-MAX <= 50
GW1-N <= 1, 00, 1
GW2-N <= 1, 00, 2
SB 1 Lesen Datei 1 sequenziell
und GW1-N besetzen
SB 2 Lesen Datei 2 sequenziell
und GW2-N besetzen
SAW GW1-N < GW2-N ?
J SD1 <= 1; SD2 <= 0
N SD1 <= 0; SD2 <= 1
Endebedingung g12N = g22N = 3 ?
SV 1 GW1-N-K = GW2-N-K ?
J Aufruf BWM (Fall 1)
Saldo2 <= Saldo2 + Betrag1
Bilden Zeile EZ1 mit
Konto-Nr1, Name2, Betrag1
und drucken auf nächste Zeile
N Aufruf BWM (Fall 2)
Bilden Zeile EZ2 mit
Konto-Nr1, Betrag1
und drucken auf nächste Zeile
SV 2 Satz-4 <= Satz-2 (Fälle 1 und 3)
ausgeben Satz-4
SCHL Dateien 1, 2, 3, 4 schließen
BWM Standard für 2 Kopfzeilen

Die Lösung entspricht in den meisten Blöcken den Lösungen der anderen schon behandelten Aufgaben. Deshalb werden hier nur die Blöcke Satzverarbeitung 1 und 2 erläutert.

Fall A, SV 1

Wie die Fallanalyse von Bild 4.19 zeigt, müssen die Fälle 1 und 2 des Referenzproblems in SV 1 behandelt werden. Mit Bild 4.08 ergibt sich bei der getroffenen Prioritätenwahl für SV 1 die Bedingung zur Unterscheidung der Fälle 1 und 2.

Fall 1, Einzahlung Konto vorhanden

Im Fall 1 steht zur Einzahlung von Datei 1 der Kontensatz von Datei 2 zu Referenzzwecken zur Verfügung. Die Einzahlung kann daher verbucht, d.h. der Betrag kann zum Saldo im Satz von Datei 2 addiert werden und die Protokollzeile EZ1 kann gedruckt werden.

Fall 2, Einzahlung Konto fehlt

Einzahlungen ohne zugehörigen Kontensatz werden lediglich als Zeile EZ2 protokolliert.

Fall A, SV 2

Der Block SV 2 wird in den Fällen 1 und 3 des Referenzproblems durchlaufen. Im Fall 1 sind wegen der Prioritäten bereits alle zugehörigen Einzahlungen im Kontensatz von Datei 2 verbucht worden. Im Fall 3 haben keine Einzahlungen zum Kontensatz vorgelegen und der Satz von Datei 2 ist unverändert geblieben. Daher brauchen die beiden Fälle nicht unterschieden zu werden, vielmehr kann in beiden Fällen Satz-2 von Datei 2 in seinem jetzigen Zustand dem Satz-4 von Datei 4 zugewiesen werden und als Satz-4 auf Datei 4 ausgegeben werden.

4.4.2 Möglichkeiten und Grenzen des Misch-Modells

Bei der Anwendung des Misch-Modells auf die Sequenzielle Dateifortschreibung in 4.4.1 ist es ersichtlich bei der getroffenen Wahl der Prioritäten möglich, *eine* satzgruppenbezogene Funktion im Fall 1 zu realisieren. Die Ursache dafür liegt in verschiedenen Besonderheiten:

- Bei dieser Aufgabe ist im Fall 1 *genau ein* Kontensatz in Datei 2 vorhanden.
- Der Kontensatz ist wegen der Prioritätenwahl der *letzte* Satz der betreffenden Satzgruppe, in diesem Fall vom Range 1.

Satzgruppen bezogene Funktionen bei Modell 3

Wegen dieser Besonderheiten liegt im Fall 1 in SV 2 stets das Ende der Satzgruppe vor. Satzgruppenbezogene Funktionen sind daher, wenn sie ausschließlich auf Fall 1 beschränkt sind und wenn die Prioritäten geeignet gewählt worden sind, bei der Anwendung des Mischmodells *in Sonderfällen* noch realisierbar.

Dagegen können satzgruppenbezogene Funktionen in den Fällen 2 bzw. 3 mit dem Misch-Modell nicht realisiert werden.

Werden die Prioritäten gegenüber der Lösung von 4.4.1 vertauscht, können auch im Fall 1 keine satzgruppenbezogenen Funktionen realisiert werden, weil dann zuerst der Kontensatz von Datei 2 ausgewählt und verarbeitet wird und erst danach die Einzahlungen, deren Anzahl zunächst nicht bekannt ist.

Wenn auch in den Fällen 2 und/oder 3 satzgruppenbezogene Funktionen erforderlich sind oder aus gewissen Gründen die Prioritäten anders gewählt werden müssen, kann in manchen Fällen eine Lösung durch Kombination von Modell 3 mit dem verkürzten Modell 2 gefunden werden. Wenn auch eine solche Lösung nicht möglich ist oder nicht gewünscht wird, muss auf das in Kapitel 5 vorgestellte Modell 4 zurückgegriffen werden.

4.4.3 Übungsaufgabe Indexsequenzielle Dateifortschreibung

Zur Vertiefung und zur Selbstkontrolle dient die folgende Übungsaufgabe zur Entwicklung eines Programmablaufplans, bei der in der Aufgabe von 4.4.1

- die sequenzielle Datei 2 durch eine indexsequenzielle Datei ersetzt worden ist, in die veränderte Sätze zurückgeschrieben werden können, und
- Datei 4 entfallen ist.

Aufgabenstellung

Bild 4.21 Indexsequenzielle Dateifortschreibung

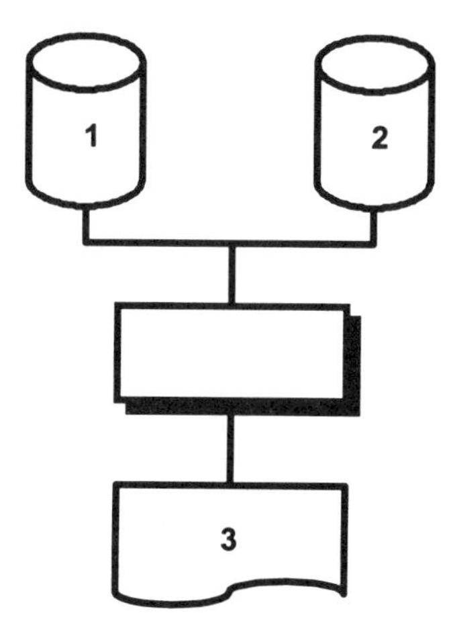

Datei 1, Einzahlungen
sequenzielle Datei,
mehrere Sätze je
Konto-Nr möglich

```
Konto-Nr   sortiert
Betrag
```

Datei 2, Konten
indexsequenzielle Datei

```
Konto-Nr  Key
Name
Saldo
```

Datei 3, Buchungsprotokoll B
Listbild siehe Bild 4.22

Bild 4.22 Listbild Buchungsprotokoll B

```
BUCHUNGSPROTOKOLL                                BLATT ZZ9 B          K1
Kto-Nr   Name                     Betrag        Bemerkung             K2
99999    XXXXXXXXXXXXXXXXX        ZZ9,99        VERBUCHT              EZ1
99999                             ZZ9,99        KONTO FEHLT           EZ2
99999    XXXXXXXXXXXXXXXXX                      KEINE EINZAHLUNG      EZ3
         usw.
```

Zeilentyp

Programmbeschreibung

Das Programm dient der Verbuchung der Einzahlungen von Datei 1 in den Konten von Datei 2. Beide Eingabedateien 1 und 2 sind bezüglich desselben Gruppierworts

GW = GW (X, Konto-Nr, Prio)

aufsteigend sortiert, wie für Datei 1 in der Dateibeschreibung angedeutet ist und für Datei 2 aus der indexsequenziellen Dateiorganisation folgt. Fünf Funktionen sind zu realisieren.

1. Ist zur Einzahlung von Datei 1 der zugehörige Kontensatz in Datei 2 vorhanden, erfolgt die Verbuchung mit Fortschreibung des Saldos und Druck der Zeile EZ1. Nach Verbuchung *aller* für das Konto vorliegenden Einzahlungen wird der Kontensatz in Datei 2 zurückgeschrieben (Fall 1).
2. Ist zur Einzahlung von Datei 1 der zugehörige Kontensatz in Datei 2 nicht vorhanden, wird die Zeile EZ2 gedruckt, die Buchung unterbleibt (Fall 2).
3. Für Kontensätze von Datei 2, zu denen keine Einzahlung vorliegt, wird eine Zeile EZ3 protokolliert (Fall 3).
4. Die Blätter werden mit 1 beginnend fortlaufend nummeriert und jedes Blatt erhält maximal 50 Einzelzeilen EZ1, EZ2 bzw. EZ3.
5. Wenn beide Eingabedateien leer sind, wird keine Zeile gedruckt.

Lösungshinweise

Die Lösung soll mit denselben Lösungsschritten erarbeitet werden, mit denen die Lösung für die *Sequenzielle* Dateifortschreibung entwickelt worden ist. Dabei muss die Lösung berücksichtigen, dass nur der *zuletzt* aus der indexsequenziellen Datei 2 erfolgreich bereitgestellte Satz zurückgeschrieben werden kann und nur einmal (siehe 1.4.1, letzter Absatz, *Anmerkungen zum Zurückschreiben und Löschen*). Durch Vergleich der Lösung mit der Sequenziellen Dateifortschreibung sollten Gemeinsamkeiten und Unterschiede erkannt und herausgestellt werden.

5 Programm-Modell 4, Mischprinzip zur Abbildung von Satzgruppen

Gewisse Aufgaben, bei denen zwei (oder mehrere) Dateien sequenziell gelesen werden müssen, sind mit dem Misch-Modell 3 allein nicht lösbar. Oft wird eine Lösung ermöglicht, wenn

- entweder das Modell 3 mit einem verkürzten Modell 2 kombiniert wird, wie in 4.3.1 an einem Beispiel gezeigt ist,
- oder das in diesem Kapitel vorgestellte Modell 4, *Mischprinzip zur Abbildung von Satzgruppen*, benutzt wird.

5.1 Entwicklung des Programm-Modells

Die Entwicklung des Programm-Modells 4 erfolgt in drei Schritten, Anwendungsbeispiele folgen in einem vierten Schritt.

1. Eine Grundaufgabe wird gestellt, nämlich das Mischen von zwei sequenziellen Dateien zugleich mit der Abbildung von Satzgruppen (5.1.1).
2. Die Grundaufgabe wird gelöst (5.1.2).
3. Durch Entfernen von solchen Funktionen, die bei ähnlichen Aufgaben geändert werden müssen oder entfallen, wird aus der Lösung der Grundaufgabe das Programm-Modell 4 entwickelt (5.1.3).
4. Durch Untersuchung von ähnlichen Aufgaben auf ihre Lösbarkeit mit dem Programm-Modell 4 wird das Anwendungsspektrum untersucht und damit die Programm-Klasse eingegrenzt (5.2 ff). Dabei werden auch Hinweise gegeben, wie durch eine geschickte Wahl der Prioritäten bei manchen Aufgaben eine einfachere Lösung mit dem Modell 3 ermöglicht wird.

5.1.1 Grundaufgabe Mischprinzip zur Abbildung von Satzgruppen

Die Grundaufgabe wird beispielhaft für Gruppierworte mit drei Rängen formuliert. Grundaufgabe und Lösung lassen sich auf Gruppierworte mit mehr oder weniger Rangstufen übertragen.

Voraussetzungen

Zwei sequenzielle Dateien 1 und 2 sind gleich aufgebaut und bezüglich desselben Gruppierworts aufsteigend sortiert. D.h. es gilt für Datei 1 mit m Sätzen ($m \geq 0$) und Datei 2 mit n Sätzen ($n \geq 0$)

```
GW1i (g13i, g12i, g11i, g10)
          ≥ GW1i-1 (g13i-1, g12i-1, g11i-1, g10)
          für i = 1, 2, ..., m+1.
```

und

```
GW2i (g23i, g22i, g21i, g20)
          ≥ GW2i-1 (g23i-1, g22i-1, g21i-1, g20)
          für i = 1, 2, ..., n+1.
```

Aufgabenstellung

Nichtleere Dateien

1. Das Programm von Bild 5.01 soll die Sätze beider Dateien 1 und 2 auf die Datei X ausgeben, wie in der Grundaufgabe Mischen von 4.1.1. Für die Gruppierworte von Datei X in der Kurzform ohne Priorität gilt dann

```
GWXi (gX3i, gX2i, gX1i)
          ≥ GWXi-1 (gX3i-1, gX2i-1, gX1i-1)
          für i = 1, 2, ..., m+n+1.
```

2. Zusätzlich zu den aus den Dateien 1 und 2 stammenden Sätzen der Datei X sind bei einem Gruppenwechsel zwischen zwei Sätzen von Datei X wie bei Grundaufgabe 3.1.3 andere Sätze wie folgt auszugeben:

   - **Fall 1, Start**
     Bei einem echten Gruppenwechsel vom Rang 3
     wenn `gX3i = 2 und gX3i-1 = 1` ist
     die Sätze aaa, bbb, ccc.
   - **Fall 2, Lauf, Unterfall 2.1**
     Bei einem echten Gruppenwechsel vom Rang 1
     die Sätze xxx, ccc.
   - **Fall 2, Lauf, Unterfall 2.2**
     Bei einem echten Gruppenwechsel vom Rang 2
     die Sätze xxx, yyy, bbb, ccc.
   - **Fall 3, Ende**
     Bei einem echten Gruppenwechsel vom Rang 3
     wenn `gX3i= 3 und gX3i-1 = 2` ist
     die Sätze xxx, yyy, zzz.

Leere Dateien

3. Im Sonderfall, wenn beide Dateien 1 und 2 leer sind, soll die zu erzeugende Datei X leer sein.

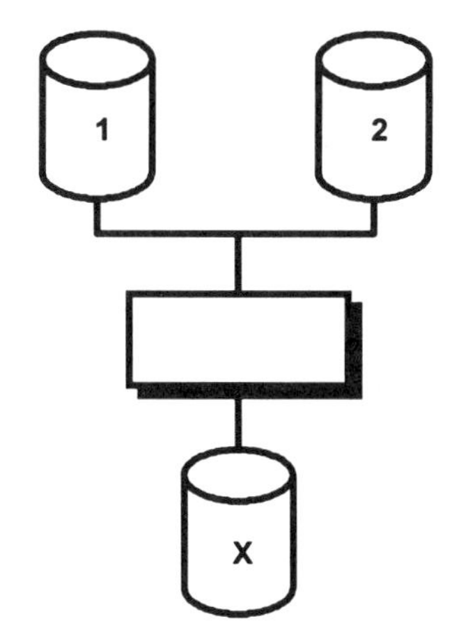

Bild 5.01
Datenflussplan
Mischprinzip
zur Abbild. von
Satzgruppen

5.1.2 Lösung der Grundaufgabe Mischprinzip zur Abbildung von Satzgruppen

Die Aufgabe ist durch eine Erweiterung der Aufgabenstellung für das Mischen entstanden. Das Misch-Programm von 4.1.2 mit Programm-Modell 3 muss daher in der Lösung enthalten sein.

Die Erweiterung der Aufgabenstellung entspricht der Erweiterung, die in 3.1.3 eingeführt wurde, und mit der die Erweiterung des Kopier-Modells zum Modell 2, Abbildung von Satzgruppen, ausgelöst wurde. Daher muss die Lösung in ähnlicher Weise aus dem Misch-Modell durch Ergänzungen entwickelt werden können, wie in Kapitel 3 das Programm-Modell 2 aus dem Kopier-Modell entwickelt worden ist.

Bei der Lösung von 3.1.4 bestimmt die Folge der Sätze aus der *einzigen* Eingabedatei zugleich die Folge der Gruppierworte für die Gruppensteuerung und damit für die Satzgruppenbildung.

Bei der jetzt vorliegenden Aufgabe bestimmt dagegen die Folge der durch die Satzauswahl des Mischens bestimmten Sätze, die hier aus *beiden* Eingabedateien gebildet wird, die Satzgruppenbildung. Daher muss die Folge der Gruppierworte der *ausgewählten Sätze* für die Gruppensteuerung als Eingangsinformation benutzt werden.

Ausgehend vom Mischprogramm von Bild 4.05 werden deshalb die für die Satzgruppenabbildung entscheidenden Programmblöcke im Anschluss an den Block *Satzauswahl* eingefügt. Dabei wird in Analogie zur Lösung von Bild 3.06 der Block *Gruppierwort umsetzen* erst hinter den Blöcken für die *Satzverarbeitung* platziert.

Bild 5.02
PAP Grundaufgabe
Mischprinzip
zur Abbild. von
Satzgruppen

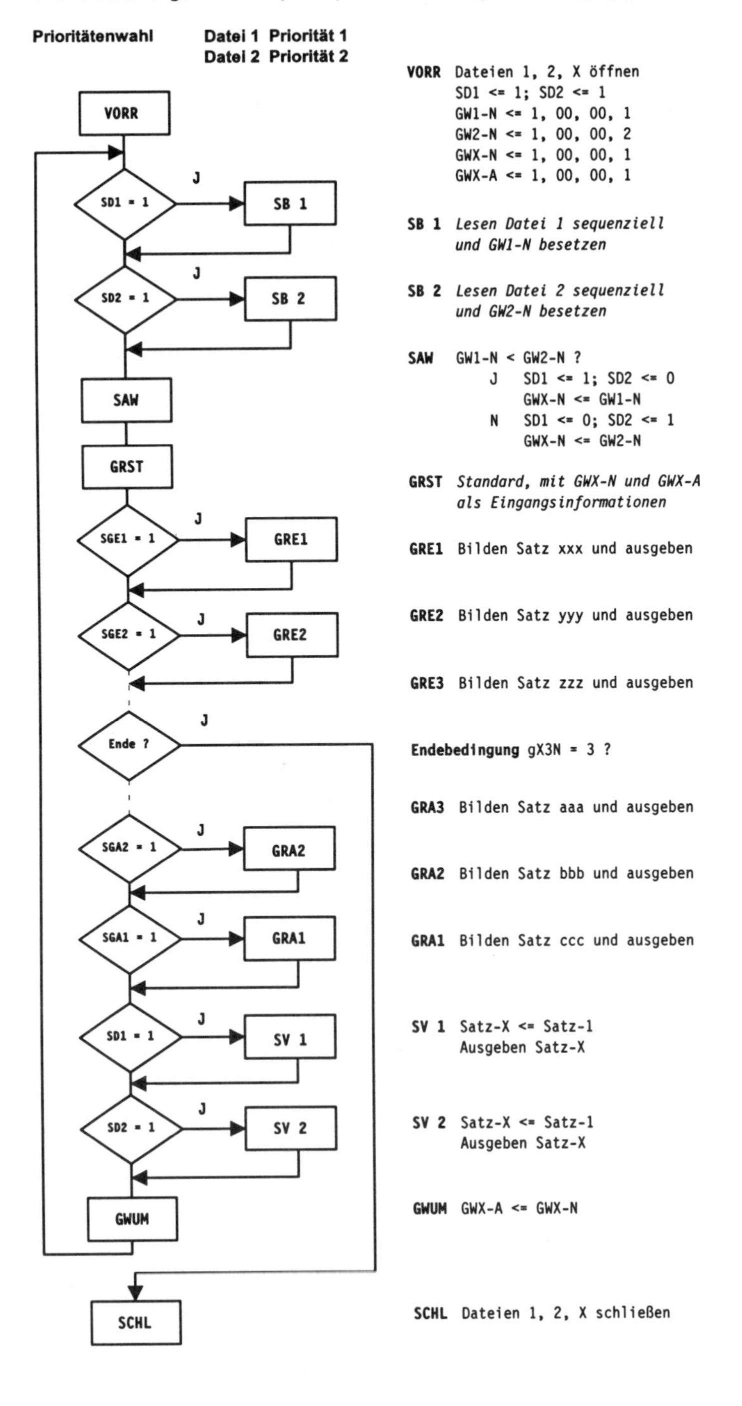
PAP Grundaufgabe Mischprinzip zur Abbildung von Satzgruppen
Prioritätenwahl
Datei 1 Priorität 1
Datei 2 Priorität 2
VORR
SD1 = 1
J
SB 1
SD2 = 1
SB 2
SAW
GRST
SGE1 = 1
GRE1
SGE2 = 1
GRE2
Ende ?
SGA2 = 1
GRA2
SGA1 = 1
GRA1
SD1 = 1
SV 1
SD2 = 1
SV 2
GWUM
SCHL
VORR Dateien 1, 2, X öffnen
SD1 <= 1; SD2 <= 1
GW1-N <= 1, 00, 00, 1
GW2-N <= 1, 00, 00, 2
GWX-N <= 1, 00, 00, 1
GWX-A <= 1, 00, 00, 1
SB 1 Lesen Datei 1 sequenziell und GW1-N besetzen
SB 2 Lesen Datei 2 sequenziell und GW2-N besetzen
SAW GW1-N < GW2-N ?
J SD1 <= 1; SD2 <= 0
GWX-N <= GW1-N
N SD1 <= 0; SD2 <= 1
GWX-N <= GW2-N
GRST Standard, mit GWX-N und GWX-A als Eingangsinformationen
GRE1 Bilden Satz xxx und ausgeben
GRE2 Bilden Satz yyy und ausgeben
GRE3 Bilden Satz zzz und ausgeben
Endebedingung gX3N = 3 ?
GRA3 Bilden Satz aaa und ausgeben
GRA2 Bilden Satz bbb und ausgeben
GRA1 Bilden Satz ccc und ausgeben
SV 1 Satz-X <= Satz-1
Ausgeben Satz-X
SV 2 Satz-X <= Satz-1
Ausgeben Satz-X
GWUM GWX-A <= GWX-N
SCHL Dateien 1, 2, X schließen

In Bild 5.02 ist die Lösung dargestellt, wobei aus Platzgründen die Programmblöcke GRE3 und GRA3 für den höchsten Rang nur angedeutet sind. Der wesentliche Unterschied zu 3.1.4 besteht darin, dass für die Gruppensteuerung nicht die Gruppierworte *einer* Eingabedatei benutzt werden, sondern die Gruppierworte der durch den Mischalgorithmus entstehenden Satzfolge, die Sätze aus *beiden* Eingabedateien enthält und von der Prioritätenwahl abhängt.

Damit die Sätze in derselben Reihenfolge wie bei der Grundaufgabe Mischen ausgewählt und verarbeitet werden, wird wie in 4.1.2 der Datei 1 die Priorität 1 und der Datei 2 die Priorität 2 zugeordnet.

In der *Vorroutine* werden, nach dem Öffnen der Dateien, die SD-Schalter und die Gruppierworte auf Anfangswerte gesetzt. Das sind zusätzlich zu den Gruppierworten der beiden Eingabedateien die dateineutralen Gruppierworte GWX-N und GWX-A, die als Eingangsinformationen für die Gruppensteuerung dienen.

In den Blöcken *Satzbereitstellung* erfolgt wie bei den Modellen 2 und 3 das sequenzielle Lesen der Eingabedateien mit dem Besetzen der Gruppierworte.

Im Block *Satzauswahl* wird, wie im Modell 3, durch Vergleich der Langform der Gruppierworte beider Eingabedateien festgestellt, welches Gruppierwort das kleinere ist. Der SD-Schalter derjenigen Datei, der das kleinere Gruppierwort zugeordnet ist, wird auf den Wert 1 gesetzt, der andere SD-Schalter auf 0 (Null). Zusätzlich wird das Gruppierwort des ausgewählten Satzes dem dateineutralen Gruppierwort GWX-N zugewiesen.

Damit sind für den Block *Gruppensteuerung* die beiden dateineutralen Gruppierworte GWX-N und GWX-A als Eingangsinformationen verfügbar und die SG-Schalter können entsprechend der Matrix von Bild 3.08 besetzt werden. Da nach den Blöcken *Satzverarbeitung* im Block *Gruppierwort umsetzen* stets das Gruppierwort GWX-A mit dem Gruppierwort GWX-N des zuletzt ausgewählten realen Satzes besetzt wird, stehen beim Eintritt in den Block *Gruppensteuerung* immer diese beiden Gruppierworte als Eingangsinformationen zur Verfügung. Lediglich das Gruppierwort GWX-N kann, wenn beide Eingabedateien Dateiende erreicht haben oder beide Eingabedateien leer sind, den Endewert des fiktiven Satzes nach der Datei annehmen.

Die Blöcke *Gruppenende* und *Gruppenanfang* dienen, wie im Modell 2, in Abhängigkeit vom festgestellten Gruppenwechsel dem Ausgeben der zusätzlichen Sätze xxx, yyy, zzz und aaa, bbb, ccc.

Die *Endebedingung* ist erfüllt, wenn das dateineutrale Gruppierwort GWX-N den Endewert angenommen hat, und löst die Verzweigung zum Schluss aus.

In den Blöcken *Satzverarbeitung* wird, wie beim Mischen, der jeweils ausgewählte Satz auf die Datei X ausgegeben.

Im Block *Schluss* werden die Dateien geschlossen.

Da die Lösung aus den bereits verifizierten Programmteilen des Mischens und der Satzgruppenabbildung zusammengesetzt ist, sind keine besonderen Schritte zur Verifizierung erforderlich. Der Sonderfall laut Ziffer 3 der Aufgabenstellung, bei dem beide Eingabedateien leer sind, liefert ersichtlich eine leere Datei X.

5.1.3 Modellbildung für Programm-Modell 4

Die Modellbildung erfolgt in bewährter Weise durch Entfernen von Funktionen, die bei ähnlichen Aufgaben erfahrungsgemäß nicht vorhanden sind oder verändert werden müssen. Dadurch entsteht das Programm-Modell 4 von Bild 5.03.

Das Programm-Modell 4 ist wie die Modelle 2 und 3 so gestaltet, dass es

- linear für mehr als zwei sequenzielle Eingabedateien erweitert werden kann und
- linear für mehr oder weniger als drei Rangstufen angepasst werden kann.

Die *Vorroutine* entspricht dem Misch-Modell 3, zusätzlich werden die für die Gruppensteuerung benötigten dateineutralen Gruppierworte GWX-N und GWX-A auf Anfangswerte gesetzt.

Die Blöcke *Satzbereitstellung* entsprechen denen von Modell 3.

Der Block *Satzauswahl* ist gegenüber dem Misch-Modell um die Besetzung des dateineutralen Gruppierwortes GWX-N erweitert.

```
SAW     GW1-N < GW2-N ?
              J    SD1 <= 1; SD2 <= 0; GWX-N <= GW1-N
              N    SD1 <= 0; SD2 <= 1; GWX-N <= GW2-N
```

Bild 5.03
Programm-Modell 4,
Mischprinzip
zur Abbild. von
Satzgruppen

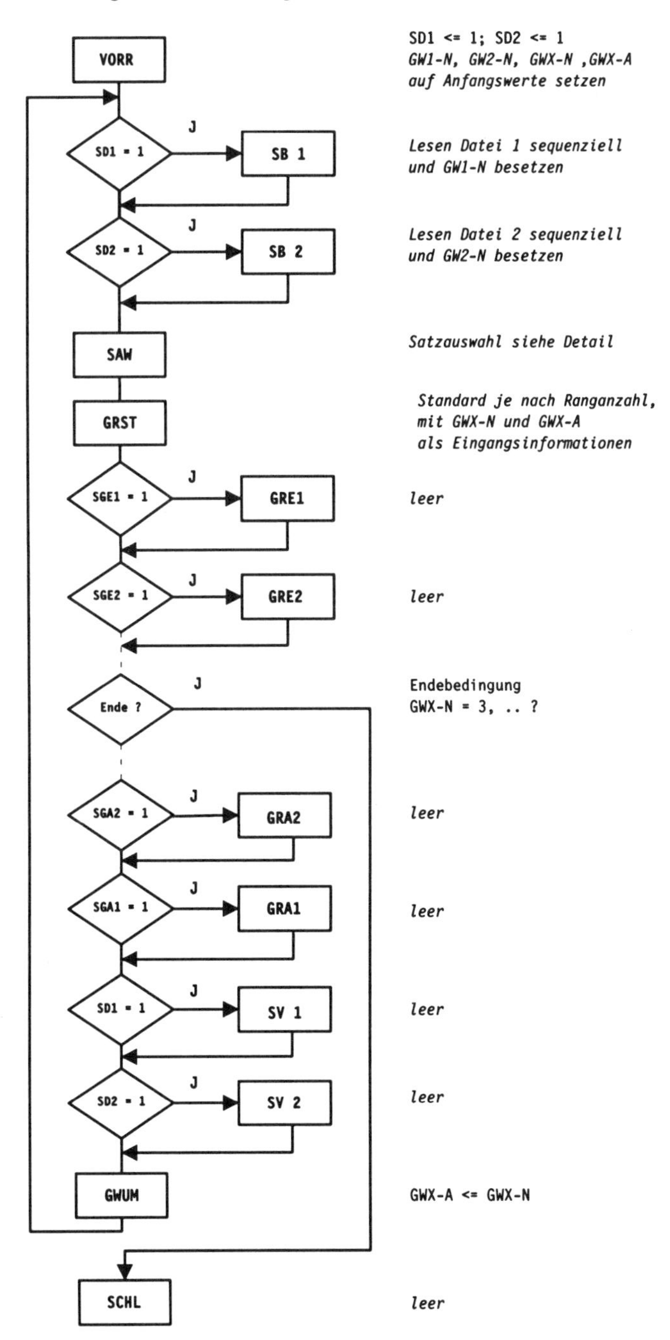

Der Block *Gruppensteuerung* entspricht dem Standard von 3.1.5, insbesondere von Bild 3.09 und Bild 3.10. Als Eingangsinformationen dienen die Gruppierworte GWX-N und GWX-A, wobei lediglich die zur Kurzform gehörenden Gruppierelemente von Bedeutung sind, weil die Priorität keinen Einfluss auf die Gruppensteuerung hat.

Die Blöcke *Gruppenende, Gruppenanfang, Satzverarbeitung* und *Schluss* sind im Programm-Modell 4 leer und stehen bei Anwendungen für die Platzierung von Funktionen zur Verfügung.

Im Block *Gruppierwort umsetzen* wird das dateineutrale Gruppierwort GWX-N des zuletzt ausgewählten und verarbeiteten Satzes dem Gruppierwort GWX-A zugewiesen.

Die dateibezogenen Gruppierworte GW1-N und GW2-N werden wie beim Modell 3 nur bei Bedarf in der *Vorroutine* auf Anfangswerte gesetzt und im jeweiligen Block *Satzverarbeitung* umgesetzt.

5.1.4 Übungsaufgabe Satzauswahl

Der Programmblock *Satzauswahl* SAW des Programm-Modells 4 ist für den Fall von 3 bzw. 4 Eingabedateien zu entwickeln. Dabei ist der Programmblock so zu gestalten, dass je zusätzlicher Datei nur *eine* zusätzliche Bedingung geprüft wird.

5.2 Anwendung des Programm-Modells 4

Das Programm-Modell 4 kann für alle Aufgaben angewendet werden, die mit dem Modell 3 lösbar sind. Darüber hinaus ist es anwendbar für Aufgaben, bei denen zwei Dateien sequenziell gelesen werden können wie beim Mischen, die aber wegen satzgruppenbezogener Funktionen nicht mit dem Modell 3 gelöst werden können. Das Modell 4 ermöglicht dann zusätzlich satzgruppenbezogene Funktionen, deren Umfang durch den Aufbau der Gruppierworte beim Mischen festliegt, weil dieser Aufbau auch für das dateineutrale Gruppierwort übernommen wird.

Die in 4.3.1 vorgestellte Lösung der Aufgabe aus 3.2.2 kann statt mit Modell 3 und einem verkürzten Modell 2 auch mit Modell 4 und einem verkürzten Modell 2 realisiert werden. Jedoch bringt das keinen Vorteil, weil zur Realisierung der satzgruppenbezogenen Funktionen wegen der unterschiedlichen Gruppierworte weiterhin das verkürzte Modell 2 zusätzlich erforderlich ist.

Eine typische Anwendung sind Dateivergleiche, bei denen nicht oder nicht nur einzelne Sätze verglichen werden, sondern satzgruppenbezogene Summen der Eingabedateien. Eine solche Aufgabe, bei der nur satzgruppenbezogene Summen der Eingabedateien verglichen werden und keine Einzelsätze, wird im folgenden Abschnitt 5.2.1 untersucht.

5.2.1 Aufgabe Vergleich von Umsatzsummen

Aufgabenstellung

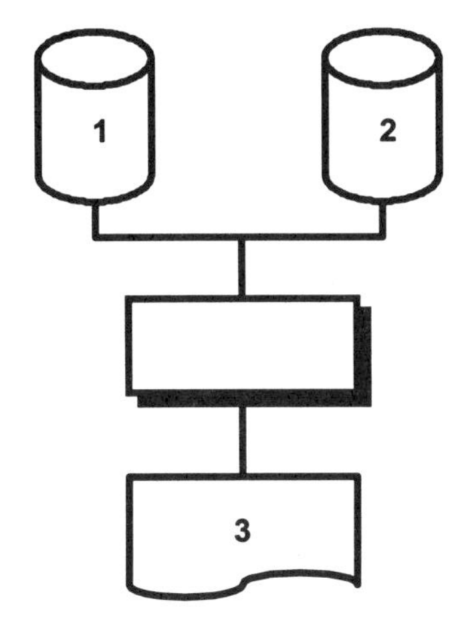

Bild 5.04
Vergleich von
Umsatzsummen

Datei 1, Artikel-Umsätze 1992
indexsequenzielle Datei

```
Fil-Nr    ) zusammen-
Art-Gr    ) gesetzter
Art-Nr    ) Key
```

Umsatz

Datei 2, Artikel-Umsätze 1993
Aufbau wie Datei 1

Datei 3, Umsatzsummen
Listbild sie Bild 5.05

Bild 5.05 Listbild Umsatzsummen

Datei 3, Umsatzsummenvergleich

	Zeilentyp
UMSATZSUMMEN 1992/1993 FILIALE 99 BLATT Z9	K1
	Leer
ARTIKEL-GR UMSATZ 1992 UMSATZ 1993 BEMERKUNG	K2
	Leer
XXXXXXXXXX Z.ZZZ.ZZ9,99 Z.ZZZ.ZZ9,99	EZ1
XXXXXXXXXX Z.ZZZ.ZZ9,99 1993 FEHLT	EZ2
XXXXXXXXXX Z.ZZZ.ZZ9,99 1992 FEHLT	EZ3
usw.	
	Leer
FILIALUMSATZ ZZ.ZZZ.ZZ9.99 ZZ.ZZZ.ZZ9,99	S-FIL

Programmbeschreibung

Das Programm druckt einen Umsatzsummenvergleich laut Listbild mit den folgenden fünf Funktionen:

1. Aus den Informationen der Dateien 1 und 2 werden die Umsatzsummen je Filiale bzw. je Artikel-Gruppe gebildet und in den Zeilen S-FIL bzw. EZ1, EZ2, EZ3 gegenübergestellt.
2. Die Blätter werden mit 1 beginnend fortlaufend nummeriert.
3. Jede Filiale beginnt auf einem neuen Blatt.
4. Jedes Blatt erhält maximal 50 Zeilen EZ1, EZ2, EZ3
5. Die Filialsummenzeile S-FIL wird nicht allein auf ein Folgeblatt gedruckt sondern stets noch unter die letzte Zeile EZ1, EZ2 oder EZ3 der Filiale.
6. Wenn beide Eingabedateien leer sind, wird keine Zeile gedruckt.

Lösungsschritte

1. Analyse des Datenflusses

Die beiden Eingabedateien sind dieselben wie bei der Aufgabe aus 4.2.2, die mit dem Misch-Modell gelöst wurde. Beide Eingabedateien sind gleich aufgebaut, aufsteigend sortiert bezüglich desselben Gruppierwortes

GW = GW (X, Fil-Nr, Art-Gr, Art-Nr)

und können sequenziell gelesen werden. Zusätzlich zu den Funktionen der Aufgabe aus 4.2.2 sind satzgruppenbezogene Funktionen enthalten, die mit demselben Gruppierwort realisiert werden können und die das sequenzielle Lesen beider Eingabedateien erforderlich machen.

2. Wahl des Programm-Modells

Wegen des Datenflusses wird das Programm-Modell 4 von Bild 5.03 als Lösungsansatz gewählt.

3. Zuordnung der Funktionen

Voraussetzung für die Zuordnung der Funktionen sind die Festlegung der Gruppierworte und die Wahl der Prioritäten.

Wegen der Symmetrie der Dateien 1 und 2 im Datenfluss kann die Aufgabe mit beiden Wahlmöglichkeiten für die Prioritäten gelöst werden, beide Lösungen unterscheiden sich nicht, außer in den Prioritäten. In Analogie zu den schon behandelten Aufgaben wird der Datei 1 die Priorität 1 und der Datei 2 die Priorität 2 zugeordnet.

Zur Lösung der Aufgabe können die Gruppierworte benutzt werden, bezüglich derer die Eingabedateien aufsteigend sortiert sind, also Gruppierworte mit insgesamt vier Rängen und Priorität.

Weil in der Aufgabe kein satzweiser Vergleich je Artikel-Nummer erforderlich ist sondern nur ein Vergleich der *satzgruppenbezogenen Summen* je Artikel-Gruppe und je Filiale, kann die Aufgabe auch mit einem kürzeren Gruppierwort gelöst werden, das nicht mehr die Artikel-Nummer enthält. Dadurch reduziert sich die Anzahl der Rangstufen bzw. Gruppierelemente auf drei zuzüglich Priorität. Die Gruppierworte sind dann für Datei 1 in Langform

GW1-N = GW1-N (g3N, g2N, g1N, g0)
= GW1-N (X, Fil-Nr1, Art-Gr1, Prio)

und in Kurzform

GW1-N-K = GW1-N-K (g3N, g2N, g1N)
= GW1-N-K (X, Fil-Nr1, Art-Gr1).

Die Gruppierworte für Datei 2 und die dateineutralen Gruppierworte sind entsprechend aufgebaut.

Allgemeine Funktionen und Funktionen 2, 3, 4

Um die drei Dateien ansprechen zu können, müssen sie in der *Vorroutine* geöffnet und im *Schluss* wieder geschlossen werden.

In der *Vorroutine* werden die SD-Schalter auf Anfangswerte gesetzt.

Die benötigten Gruppierworte werden in der *Vorroutine* auf Anfangswerte gesetzt und in der *Satzbereitstellung* mit den aktuellen Werten besetzt (vergl. Bild 3.07).

Satzauswahl, Gruppensteuerung, Endebedingung und *Gruppierwort umsetzen* werden standardmäßig realisiert.

Im Block GRA3 werden für die Blattwechselmechanik die maximale Anzahl von Einzelzeilen Z-MAX und der Anfangswert des Blattzählers festgesetzt. Im Block GRA2 wird ZZ auf einen hohen Wert 90 gesetzt, damit bei Beginn jeder Filiale ein Blattwechsel ausgelöst wird, wie von Funktion 4 verlangt.

Damit sind die Blöcke VORR, SB 1, SB 2, SAW, GRST, GRA3, GWUM und SCHL bereits mit den für die Aufgabe erforderlichen Funktionen gefüllt.

Die übrigen Funktionen müssen den Blöcken *Gruppenanfang, Satzverarbeitung* und *Gruppenende* zugeordnet werden.

Funktion 1, Einzelzeilen

Um die drei verschiedenen Summenzeilen EZ1, EZ2 und EZ3 sowie die Summenzeile S-FIL zu realisieren, werden vier Summenregister und zwei Zählregister benötigt.

Bild 5.06
PAP
Vergleich von
Umsatzsummen

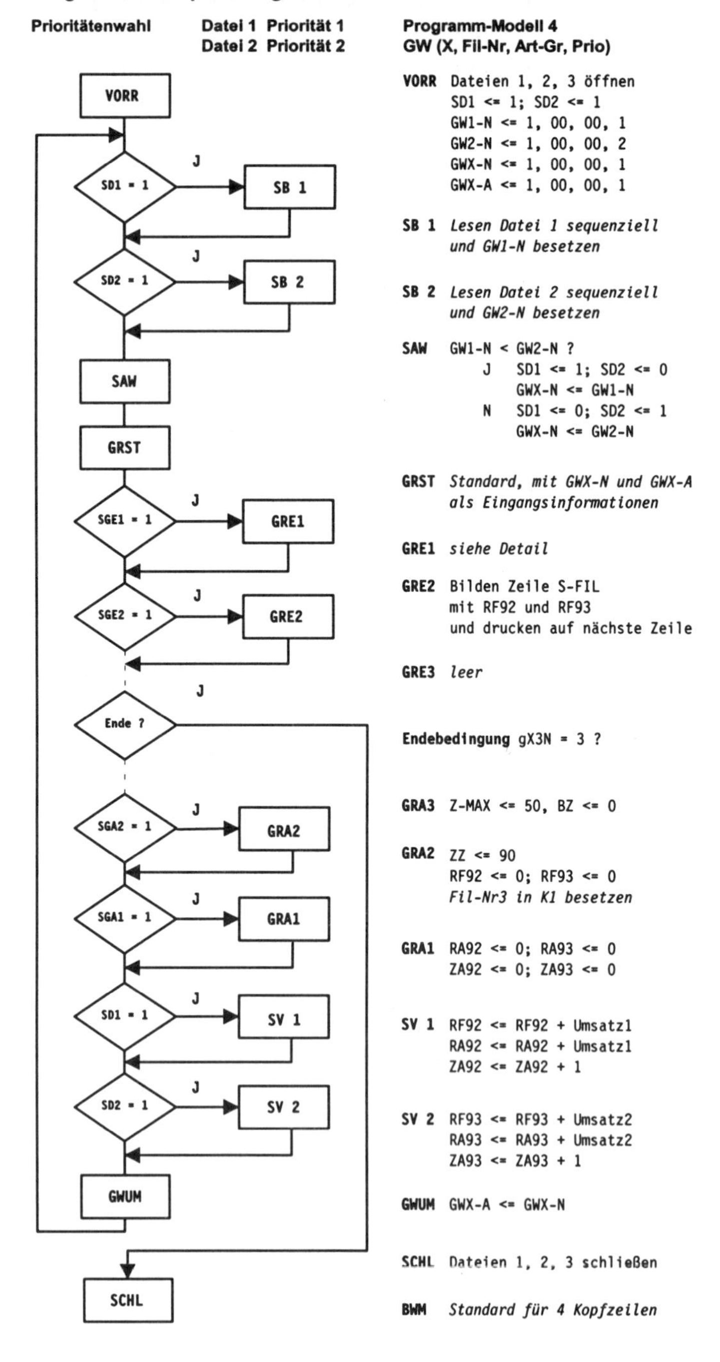
Programmablaufplan Vergleich von Umsatzsummen
Prioritätenwahl
Datei 1 Priorität 1
Datei 2 Priorität 2
Programm-Modell 4
GW (X, Fil-Nr, Art-Gr, Prio)
VORR
SD1 = 1
J
SB 1
SD2 = 1
SB 2
SAW
GRST
SGE1 = 1
GRE1
SGE2 = 1
GRE2
Ende ?
SGA2 = 1
GRA2
SGA1 = 1
GRA1
SV 1
SV 2
GWUM
SCHL
VORR Dateien 1, 2, 3 öffnen
SD1 <= 1; SD2 <= 1
GW1-N <= 1, 00, 00, 1
GW2-N <= 1, 00, 00, 2
GWX-N <= 1, 00, 00, 1
GWX-A <= 1, 00, 00, 1
SB 1 Lesen Datei 1 sequenziell
und GW1-N besetzen
SB 2 Lesen Datei 2 sequenziell
und GW2-N besetzen
SAW GW1-N < GW2-N ?
J SD1 <= 1; SD2 <= 0
GWX-N <= GW1-N
N SD1 <= 0; SD2 <= 1
GWX-N <= GW2-N
GRST Standard, mit GWX-N und GWX-A
als Eingangsinformationen
GRE1 siehe Detail
GRE2 Bilden Zeile S-FIL
mit RF92 und RF93
und drucken auf nächste Zeile
GRE3 leer
Endebedingung gX3N = 3 ?
GRA3 Z-MAX <= 50, BZ <= 0
GRA2 ZZ <= 90
RF92 <= 0; RF93 <= 0
Fil-Nr3 in K1 besetzen
GRA1 RA92 <= 0; RA93 <= 0
ZA92 <= 0; ZA93 <= 0
SV 1 RF92 <= RF92 + Umsatz1
RA92 <= RA92 + Umsatz1
ZA92 <= ZA92 + 1
SV 2 RF93 <= RF93 + Umsatz2
RA93 <= RA93 + Umsatz2
ZA93 <= ZA93 + 1
GWUM GWX-A <= GWX-N
SCHL Dateien 1, 2, 3 schließen
BWM Standard für 4 Kopfzeilen

Die Summenregister RF92 bzw. RF93 für die Umsatzsummen je Filiale 1992 bzw. 1993 werden dem Rang 2 zugeordnet und entsprechend im Block GRA2 auf den Anfangswert 0 (Null) gesetzt und in SV 1 bzw. SV 2 kumuliert.

Die Summenregister RA92 bzw. RA93 für die Umsatzsummen je Artikel-Gruppe innerhalb der Filiale werden dem Rang 1 zugeordnet und entsprechend im Block GRA1 auf den Anfangswert 0 (Null) gesetzt und in SV 1 bzw. SV 2 kumuliert.

In den Blöcken GRE1 bzw. GRE2 können die Register ausgewertet und die Zeilen gebildet und gedruckt werden. Dabei sind im Block GRE1 drei verschiedene Typen von Satzgruppen vom Rang 1 zu unterscheiden, wie in Bild 5.07 dargestellt.

Fall 1 *Die Satzgruppe vom Rang 1 enthält Sätze von Datei 1 und von Datei 2 (Typ 1, EZ1).*

Fall 2 *Die Satzgruppe vom Rang 1 enthält nur Sätze von Datei 1 und keine Sätze von Datei 2 (Typ 2, EZ2).*

Fall 3 *Die Satzgruppe vom Rang 1 enthält nur Sätze von Datei 2 und keine Sätze von Datei 1 (Typ 3, EZ3).*

Um die drei Fälle und damit die drei Typen von Satzgruppen unterscheiden zu können, werden zwei Zählregister benutzt.

Bild 5.07
Fallanalyse
Satzgruppentypen

Fall bzw. Typ	Datei 1 SV 1	Datei 2 SV 2	Datei 3	Bemerkung	ZA92 in GRE1	ZA93 in GRE1
1	X	X	EZ1		> 0	> 0
2	X	--	EZ2	1993 FEHLT	> 0	= 0
3	--	X	EZ3	1992 FEHLT	= 0	> 0

Zählregister ZA92 zählt innerhalb jeder Satzgruppe vom Rang 1 die Sätze von Datei 1, Zählregister ZA93 entsprechend die von Datei 2. Bei Beginn einer Satzgruppe vom Rang 1, also im Block GRA1, werden beide Zählregister auf den Anfangswert 0 (Null) gesetzt. Im Block SV 1 wird Register ZA92, im Block SV 2 wird Register ZA93 kumuliert.

Im Block GRE1 können damit die drei Fälle unterschieden werden und die unterschiedlichen Zeilen gebildet und gedruckt werden.

GRE1

```
Aufruf BWM
ZA92 > 0 und ZA93 > 0 ?                (Fall 1)
```

```
                J     Bilden Zeile EZ1 mit RA92, RA93
                      und drucken auf nächste Zeile
                N     leer
ZA92 > 0 und ZA93 = 0 ?                   (Fall 2)
                J     Bilden Zeile EZ2 mit RA92,
                      und drucken auf nächste Zeile
                N     leer
ZA92 = 0 und ZA93 > 0 ?                   (Fall 3)
                J     Bilden Zeile EZ3 mit RA93,
                      und drucken auf nächste Zeile
                N     leer
```

Die Summenzeile je Filiale wird im Block GRE2 gebildet und gedruckt ohne die Blattwechselmechanik zu aktivieren, damit sie stets noch unter die letzte Zeile der Typen EZ1, EZ2 bzw. EZ3 der Filiale gedruckt wird.

GRE2

```
Bilden Zeile S-FIL mit RF92, RF93
und drucken auf nächste Zeile
```

Die Blattwechselmechanik entspricht der Standardlösung. Jedoch ist zu beachten, dass die Filial-Nummer in der Kopfzeile K2 im Block GRE1 nicht irrtümlich mit der Filial-Nummer der folgenden Satzgruppe vom Rang 2 besetzt wird, deren erster Satz möglicherweise schon ausgewählt worden ist. Z.B. kann die Filial-Nummer in der Kopfzeile K1 im Block GRA2 aus dem Gruppierelement gX2N vom Range 2 des dateineutralen Gruppierwortes besetzt werden, wie in Bild 5.06 angedeutet.

5.2.2 Modellwahl und Prioritätenwahl bei Programm-Modellen 3 und 4

Die Programm-Modelle 3 und 4 können für die Lösung vieler Aufgaben benutzt werden. Dabei ist die Entscheidung zu treffen, ob Modell 3 oder Modell 4 für die Realisierung gewählt wird. Die Entscheidung ist oft von der Wahl der Prioritäten abhängig. Einige auf Erfahrung beruhende Grundsätze werden hier zusammengestellt.

1. Wahl von Modell 3 oder Modell 4

- Alle Programme, die sich mit Modell 3 realisieren lassen, können auch mit Modell 4 realisiert werden, jedoch nicht umgekehrt.

- Satzgruppenbezogene Funktionen erfordern zur Realisierung normalerweise das Modell 4.
- *Ausnahme*: Wenn nur im Fall 1 des Referenzproblems satzgruppenbezogene Funktionen realisiert werden müssen und nur für die niedrigste Rangstufe des Gruppierwortes, kann bei geschickter Wahl der Prioritäten Modell 3 zur Lösung ausreichen (siehe hierzu 4.4.1 und 4.4.2). In solchen Fällen entscheidet die Wahl der Prioritäten über die Realisierbarkeit mit dem Modell 3.
- In Zweifelsfällen ist es zweckmäßig Modell 4 zu benutzen, weil es mehr Lösungsmöglichkeiten bietet als Modell 3.

2. Prioritätenwahl

- Die meisten Programme, die mit den Modellen 3 oder 4 lösbar sind, können mit beiden Wahlmöglichkeiten für die Prioritäten gelöst werden. Manchmal führt eine Wahlmöglichkeit zu einer einfacheren Lösung als die andere Wahl.
- Manche Lösungen sind von der Prioritätenwahl unabhängig, so dass die Prioritäten beliebig gewählt oder vertauscht werden können. *Beispiel:* Aufgabe aus 5.2.1, Vergleich von Umsatzsummen.
- Bei einer geschickten Wahl der Prioritäten ist in gewissen Fällen das Modell 3 für die Lösung ausreichend, während bei einer anderen Wahl das Modell 4 zur Lösung erforderlich ist. *Beispiel:* Aufgabe aus 4.4.1, Sequenzielle Dateifortschreibung.
- Wenn in einer Datei mehrere Sätze je Gruppierwort enthalten sein können und in der anderen Datei höchstens ein Satz je Gruppierwort, erhält die Datei mit mehreren Sätzen je Gruppierwort meistens die höhere Priorität 1. Bei den üblichen Anwendungsfällen erhält die Datei mit den Bewegungen in diesem Sinne als geschickte Wahl meistens die höhere Priorität 1, die Stammdatei die niedrigere Priorität 2.

In wenigen Fällen ist die Wahlmöglichkeit für die Prioritäten eingeschränkt:

- Enthält die Stammdatei je Gruppierwort zwei oder mehr Sätze und werden der zweite Satz oder die ihm folgenden Sätze für die Verarbeitung bzw. Verbuchung der Bewegungen benötigt, erhält die Stammdatei aus logisch zwingenden Gründen die höhere Priorität 1 und Modell 4 wird benötigt.
- Indexsequenzielle Stammdateien, in die gelesene Sätze verändert zurückgeschrieben werden, erhalten, wenn mehrere Bewegungen je Stammsatz vorkommen können und ver-

bucht werden müssen, aus Gründen der technischen Effizienz meistens niedrige Priorität 2. Der Grund hierfür liegt darin, dass die meisten Dateiverwaltungssysteme das Zurückschreiben eines Satzes nur gestatten, wenn er mit der *zuletzt* ausgeführten Lesefunktion für die Datei *erfolgreich* bereitgestellt worden ist (vergl. 1.4.1 und Übungsaufgabe Indexsequenzielle Dateifortschreibung aus 4.4.3).

3. Möglichkeiten und Grenzen der Modelle 3 und 4

- Die beiden letztgenannten Kriterien widersprechen sich offenbar für indexsequenzielle Stammdateien mit mehreren Sätzen je Gruppierwort. Daher können entsprechende Aufgaben in den meisten Fällen nicht oder nicht effizient mit den Modellen 3 oder 4 bearbeitet werden, so dass nach anderen Lösungen gesucht werden muss. Siehe hierzu auch 4.4.2.
- Für Aufgaben, bei denen Fall 2 oder Fall 3 des Referenzproblems nicht bearbeitet werden muss, können meistens Lösungen mit Modell 1 oder Modell 2 gefunden werden. Für andere Aufgaben sind manchmal nur Lösungen möglich, bei denen Programm-Modelle miteinander kombiniert und zu Mehrphasenprogrammen verknüpft werden. Einfache Fälle dieser Art sind schon in 3.3 und 4.3 behandelt worden. In den folgenden Kapiteln werden hierfür weitere Lösungsmöglichkeiten entwickelt.

6 Alternativlösungen mit Mehrphasenprogrammen

In den Kapiteln 2 bis 5 sind die Programm-Modelle 1, 2, 3 und 4 vorgestellt worden. Jedes dieser vier Programm-Modelle repräsentiert genau *eine* Schleife. Das aus Modell 2 abgeleitete verkürzte Modell 2 enthält *keine* Schleife. Die bisher behandelten Aufgaben konnten jeweils durch Anwendung *eines* Programm-Modells gelöst werden, eventuell ergänzt um ein verkürztes Modell 2, und enthalten daher nur *eine* Programm-Schleife.

Komplexere Aufgaben können meistens nicht mit *einem* Programm-Modell gelöst werden. In diesem Kapitel und in den folgenden Kapiteln wird gezeigt, wie die vorgestellten Programm-Modelle zu Mehrphasenprogrammen kombiniert werden können, um komplexe Programme zu realisieren, und wie dabei Alternativlösungen entwickelt werden können (siehe 1.1.6 und 1.1.7).

6.1 Stückweise sequenziell Lesen

Bei den bisherigen Aufgaben und Lösungen wurden die sequenziellen Dateien stets komplett gelesen, d.h. sequenziell vom ersten bis zum letzten Satz, genauer bis zum Erhalt des Signals EOF. Bei speziellen Aufgaben, insbesondere bei der Verknüpfung von Programm-Modellen zu Mehrphasenprogrammen, ist es aus Effizienzgründen zweckmäßig, nicht alle Sätze der sequenziellen Datei sondern nur einige aufeinanderfolgende Sätze sequenziell zu lesen. In einer bezüglich eines Gruppierwortes aufsteigend sortierten Datei können das z.B. alle Sätze einer Satzgruppe eines gewissen Ranges sein.

Sequenzielle und indexsequenzielle Dateien

In 3.3.2 wurde bereits die Methode des Filterns vorgestellt. Mit dem Filtern ist es möglich, *alle* Sätze der sequenziellen Datei zu lesen, aber nur *gewisse* Sätze dem Programm zur weiteren Verarbeitung zur Verfügung zu stellen. In Bild 3.16 ist der Block Satzbereitstellung mit der Funktion des Filterns dargestellt.

Eine Verbesserung der Effizienz beim Filtern tritt ein, wenn unter Berücksichtigung der aufsteigenden Sortierung eine Endesimulation erfolgt, sobald ein Satz bereitgestellt worden ist, der zu den auf die gesuchte Satzgruppe folgenden Satzgruppen gehört.

In Bild 6.01 ist eine solche Satzbereitstellung mit Endesimulation dargestellt, die für kleine Datenbestände bei sequenziellen und indexsequenziellen Dateien hinreichend effizient ist. Diese Form ist für sortierte sequenzielle Dateien die optimale Lösung. Die Lösung hat den Nachteil, dass vor der gesuchten Satzgruppe eine möglicherweise größere Anzahl von Sätzen gelesen und bereitgestellt werden muss. Bei sequenziellen Dateien lässt sich das nicht umgehen, wohl aber bei indexsequenziellen Dateien.

Bild 6.01
Filtern mit Endesimulation

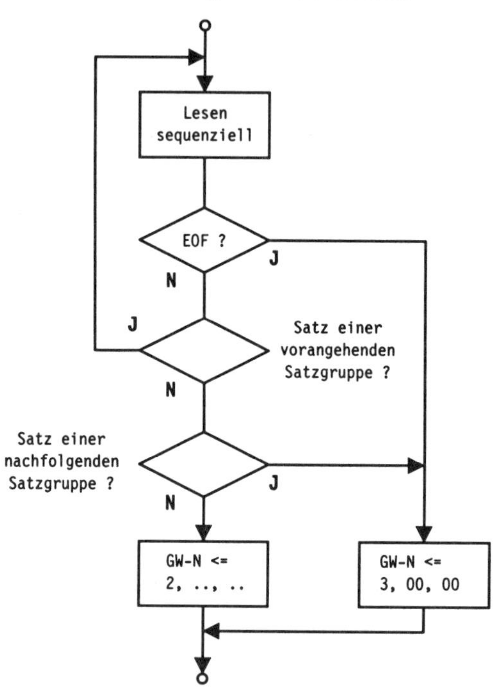

Indexsequenzielle Dateien

Durch Anwendung der Funktionen des erweiterten Pseudocodes aus 1.4.2

- *Lesen direkt mit Keybedingung* und
- *Start mit Keybedingung*

in Verbindung mit einer Simulation für Dateiende kann bei indexsequenziellen Dateien der Block *Satzbereitstellung* so gestaltet werden, dass nur eine durch zwei Schranken bestimmte Teilfolge von aufeinander folgenden Sätzen gelesen und bereitgestellt wird, und eventuell noch ein weiterer Satz, der die Endesimulation auslöst. Dadurch wird die Effizienz weiter verbessert.

Die Entwicklung des Blockes *Satzbereitstellung* für das *Stückweise sequenzielle Lesen* erfolgt in zwei Schritten. Ein erstes Anwendungsbeispiel folgt in einem dritten Schritt.

1. Eine konkrete, beispielhafte Aufgabe für das Stückweise sequenzielle Lesen wird gestellt (6.1.1). An der konkreten Aufgabe wird das Problem analysiert, um Lösungsansätze zu finden.
2. Aufbauend auf der Analyse der beispielhaften Aufgabe werden zwei allgemeine Lösungen entwickelt (6.1.2 und 6.1.3).
3. Die Lösungen werden angewendet, um eine weitere Alternativlösung für die Aufgabe Drucken Umsatzstatistik aus 3.2.2 zu entwickeln (6.2).

6.1.1 Aufgabe Stückweise sequenzielles Lesen einer Satzgruppe

Voraussetzung

Gegeben ist die indexsequenzielle Datei 1 der Aufgabe Drucken Umsatzstatistik von 3.2.2. Filial-Nummer, Artikel-Gruppe und Artikel-Nummer bilden den zusammengesetzten Schlüssel. Die Datei 1 ist also bezüglich des Gruppierworts

```
GW-N        = GW-N (g4N, g3N, g2N, g1N)
            = GW-N (X, Fil-Nr, Art-Gr, Art-Nr)
```

aufsteigend sortiert.

In Bild 6.02 ist für den Fall der nichtleeren Datei beispielhaft eine Folge von Sätzen und Satzgruppen dargestellt.

Die Datei kann leer sein, dann enthält sie keinen Satz.

Fil-Nr	Art-Gr	Art-Nr	Umsatz
01	TEXTILIEN	01007	10.000,00
01	TEXTILIEN	01012	5.000,00
02	HEIMWERKER	05041	2.000,00
02	HEIMWERKER	05060	1.350,00
02	HEIMWERKER	05125	4.698,00
02	TEXTILIEN	01007	6.002,00
02	TEXTILIEN	01025	507,00
04	TEXTILIEN	01010	0,00
04	TEXTILIEN	01012	11.295.00

Bild 6.02 Beispiel Folge von Satzgruppen

Aufgabe

Eine Funktion wird gesucht, mit der die Sätze einer Satzgruppe vom Rang 3 so bereitgestellt werden, dass eine sequenzielle Datei simuliert wird, die nur die Sätze der gesuchten Satzgruppe enthält.

Handelt es sich um eine Satzgruppe mit Fil-Nr = 01, 02 oder 04 im Beispiel von Bild 6.02, so ist die zu simulierende Datei *nichtleer*; handelt es sich um eine Satzgruppe mit einer beliebigen anderen Fil-Nr, so ist die zu simulierende Datei *leer*.

Analyse der Aufgabenstellung

Wenn angestrebt wird, nur die Sätze *einer* gesuchten Satzgruppe vom Rang 3 bereitzustellen, sind verschiedene Fälle zu unterscheiden.

Fall A

Der Schlüssel des ersten Satzes der Satzgruppe ist bekannt.
Fall A unterstellt, dass wenigstens ein Satz der gesuchten Satzgruppe existiert. Die Satzgruppe kann mit den Funktionen *Lesen direkt* und *Lesen sequenziell* bereitgestellt werden. Weil in der Anwendungspraxis meist nicht bekannt ist ob die gesuchte Satzgruppe überhaupt existiert und weil gegebenenfalls der Schlüssel des ersten Satzes der gesuchten Satzgruppe selten bekannt ist, ist dieser Fall für die Praxis nicht relevant und wird nicht weiter untersucht.

Fall B

*Der Schlüssel des ersten Satzes der Satzgruppe ist **nicht** bekannt.*
Der Fall B entspricht den Bedürfnissen der Anwendungspraxis und wird daher eingehend untersucht. Dieser Fall erfordert eine Unterscheidung verschiedener Unterfälle. Die Fallunterscheidung muss dabei berücksichtigen, dass möglicherweise überhaupt kein Satz der gesuchten Satzgruppe existiert.

Fall B.1

Die gesuchte Satzgruppe existiert.
Eine *nichtleere* Datei muss simuliert werden.

Fall B.1.1

*Der gesuchten Satzgruppe folgt noch wenigstens **eine** weitere Satzgruppe.*
Beispiel: Der Satzgruppe mit Fil-Nr = 02 folgt die Satzgruppe mit Fil-Nr = 04.

Fall B.1.2

*Der gesuchten Satzgruppe folgt **keine** weitere Satzgruppe.*
Beispiel: Der Satzgruppe mit Fil-Nr = 04 folgt keine Satzgruppe.

Fall B.2

Die gesuchte Satzgruppe existiert nicht.
Eine *leere* Datei muss simuliert werden.

Fall B.2.1

*Der gesuchten Satzgruppe würde, wenn sie existieren würde, noch wenigstens **eine** Satzgruppe folgen.*
Beispiel: Die Satzgruppe mit Fil-Nr = 03 ist leer, ihr folgt die Satzgruppe mit Fil-Nr = 04.

Fall B.2.2 *Der gesuchten Satzgruppe würde, wenn sie existieren würde, **keine** weitere Satzgruppe folgen.*
Beispiel: Die Satzgruppe mit Fil-Nr = 05 ist leer, ihr folgt keine Satzgruppe.

Lösungsansatz für Fall B

Ein Lösungsansatz muss alle aufgezeigten Unterfälle von Fall B berücksichtigen.

Die Funktionen *Lesen direkt mit Keybedingung* und *Start mit Keybedingung* ermöglichen es, die Fälle B.1.1, B.1.2 und B.2.1 vom Fall B.2.2 zu unterscheiden. Wird als Eingangsinformation für diese Lesefunktionen ein Schlüssel gebildet, der zusammengesetzt ist aus ...

- der Filial-Nummer der gesuchten Satzgruppe,
- dem niedrigsten möglichen Wert für die Artikel-Gruppe, hier Leerzeichen, und
- dem niedrigsten möglichen Wert für die Artikel-Nummer, hier 0 (Null),

kann mit diesem Schlüssel als *Nominal-Key* und der Keybedingung RK ≥ NK gemäß 1.4.2 eine dieser beiden Funktionen aktiviert werden. Verschiedene Fälle können nach der Ausführung als Ergebnis eintreten.

Fall 1 Einer der Fälle B.1.1, B.1.2 oder B.2.1.

Fall 2 Fall B.2.2 (IVK, Endesimulation).

6.1.2 Satzbereitstellung mit Funktion Lesen direkt mit Keybedingung

Fall 1 Die Funktion *Lesen direkt mit Keybedingung* RK ≥ NK stellt (wie im Fall 1 von 1.4.2) *einen Satz* und dessen Record-Key bereit.

Fall 1.1 Der *Record-Key* enthält die Filial-Nummer der gesuchten Satzgruppe (Fälle B.1.1 und B.1.2, weiter mit *Lesen sequenziell*).

Fall 1.2 Der *Record-Key* enthält eine andere, größere Filial-Nummer als die der gesuchten Satzgruppe (Fall B.2.1, **Endesimulation** für leere Datei).

Fall 2 Die Funktion *Lesen direkt mit Keybedingung* RK ≥ NK stellt (wie im Fall 2 von 1.4.2) *keinen Satz* bereit sondern liefert das Signal IVK (Fall B.2.2, **Endesimulation** für leere Datei).

Nur Fall 1.1 muss weiter untersucht werden.

zu Fall 1.1 Im Fall 1.1 kann nach der Verarbeitung des Satzes mit der Funktion *Lesen sequenziell* wie bei einer sequenziellen Datei *ein* eventuell vorhandener weiterer Satz bereitgestellt werden. Dabei sind die folgenden Fälle zu unterscheiden.

Fall 1* Die Funktion *Lesen sequenziell* stellt *einen Satz* und dessen Record-Key bereit.

Fall 1*.1 Der *Record-Key* enthält die Filial-Nummer der gesuchten Satzgruppe (weiter mit *Lesen sequenziell*).

Fall 1*.2 Der *Record-Key* enthält eine andere, größere Filial-Nummer als die der gesuchten Satzgruppe (**Endesimulation**).

Fall 2* Die Funktion *Lesen sequenziell* liefert das Signal EOF (**Endesignal** für *nicht leere* Datei).

Die Fälle 1 und 1* entsprechen sich hinsichtlich der weiteren Schlussfolgerungen, ebenso entsprechen sich die Fälle 2 und 2*. Insbesondere ist der Fall 1* in gleicher Weise untergliedert wie Fall 1.

Im Fall 1*.1 kann wie im Fall 1.1 weiter verfahren werden.

Bild 6.03 zeigt den Block Satzbereitstellung für das Stückweise sequenzielle Lesen unter Benutzung der Funktionen *Lesen direkt mit Keybedingung* und *Lesen sequenziell.*

Die Lösung benutzt zwei Hilfsvariablen, das Gruppierwort GW-N und die Boolsche Variable M. Von beiden Variablen wird angenommen, dass sie an geeigneter Stelle, z.B. im Block VORR des Programms auf ihre Anfangswerte gesetzt werden.

Der Anfangswert M = 0 stellt sicher, dass beim ersten Durchlauf durch den Block Satzbereitstellung der obere linke Zweig mit der Funktion *Lesen direkt mit Keybedingung* angesteuert wird. Im linken Zweig wird M <= 1 gesetzt, weshalb bei eventuell folgenden Durchläufen stets der obere rechte Zweig mit der Funktion *Lesen sequenziell* angesteuert wird.

Als Eingangsinformation für die Lesefunktion wird der Nominal-Key benötigt und muss geeignet besetzt werden. Wenn im Beispiel von Bild 6.02 die Satzgruppe mit Fil-Nr = 02 bereitgestellt werden soll, ist der Nominal-Key wie folgt zu besetzen:

Nominal-Key besetzen

```
FIL-Nr   <= 02
Art-Gr   <= Leerzeichen
Art-Nr   <= 0
```

Jeder bereitgestellte Satz wird auf seine Zugehörigkeit zu der gesuchten Teilfolge der Sätze, z.B. auf die Zugehörigkeit zu einer gewissen Satzgruppe, geprüft. In Abhängigkeit vom Ergebnis dieser Prüfung erfolgen die *Satzfreigabe* und die Besetzung des Gruppierworts. Das Gruppierwort wird entweder mit einem Wert für einen realen Satz besetzt oder zur Endesimulation mit dem Endewert für den fiktiven Satz nach der zu simulierenden Datei.

Stückweise sequenzielles Lesen
mit Funktion *Lesen direkt mit Keybedingung*

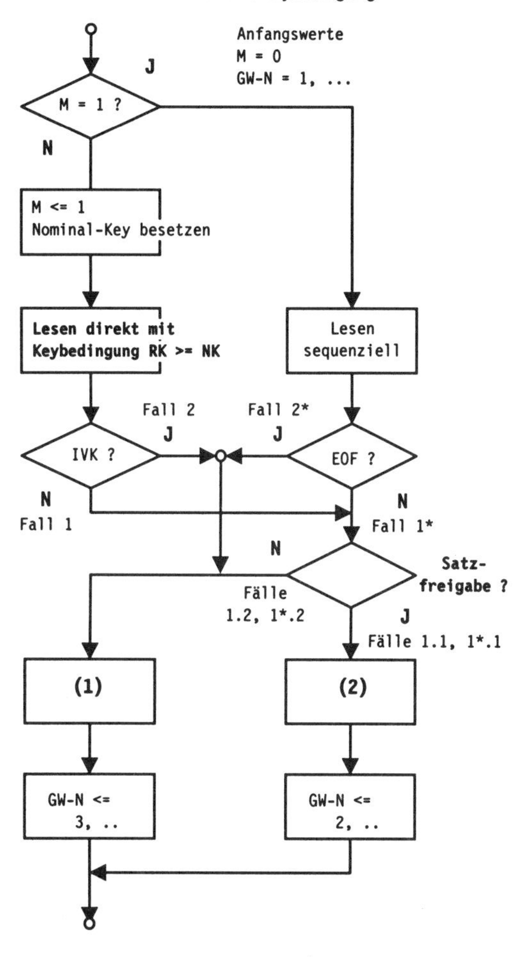

Bild 6.03
Block SB,
Stückw. seq. Lesen,
Lesen direkt mit Keybedingung

(1) Bei Dialogprogrammen gegebenenfalls Hinweis am Bildschirm KEIN SATZ GEFUNDEN

(2) Gegebenenfalls Zusatzfunktionen wie Lesen einer Direktzugriffsdatei und davon abhängige Bedingung mit Verzweigung, Bildschirmanzeige mit Eingabeaufforderung und davon abhängige Bedingung mit Verzweigung und gegebenenfalls Auslösung der Endesimulation

Bild 6.04
Block SB,
Stückw. seq. Lesen,
Start mit Keybedingung

Stückweise sequenzielles Lesen
mit Funktion *Start mit Keybedingung*

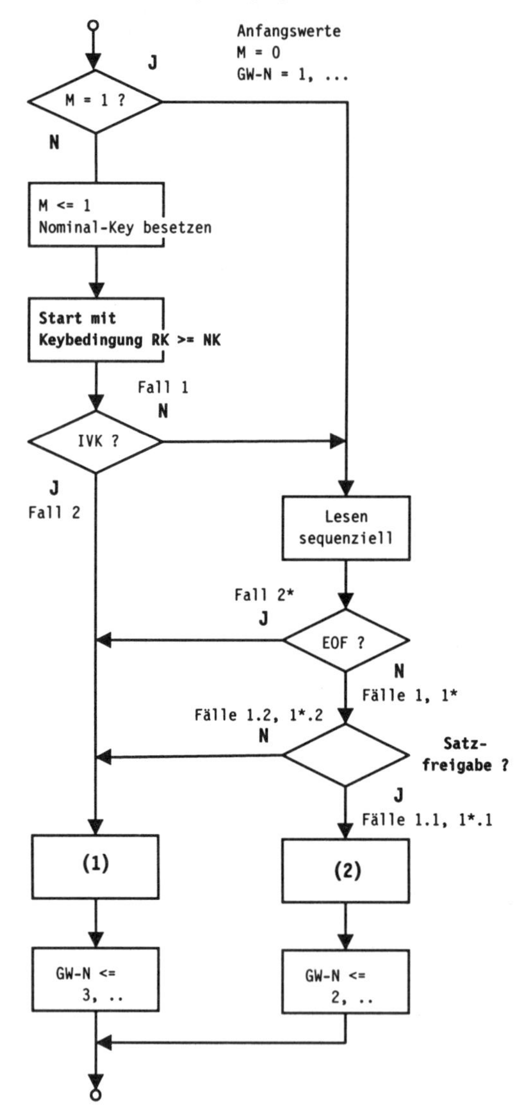

(1) Bei Dialogprogrammen gegebenenfalls Hinweis am Bildschirm KEIN SATZ GEFUNDEN

(2) Gegebenenfalls Zusatzfunktionen wie Lesen einer Direktzugriffsdatei und davon abhängige Bedingung mit Verzweigung, Bildschirmanzeige mit Eingabeaufforderung und davon abhängige Bedingung mit Verzweigung und gegebenenfalls Auslösung der Endesimulation

Der Endewert wird in gleicher Weise zugewiesen, wenn kein Satz bereitgestellt worden ist sondern das Signal IVK bzw. EOF erhalten worden ist (Fälle 2 bzw. 2*).

In Sonderfällen, können zusätzliche Funktionen erforderlich sein, z.B. um weitere Informationen aus Direktzugriffsdateien bereitzustellen, gegebenenfalls Informationen am Bildschirm anzuzeigen und Entscheidungen des Bedieners zu ermöglichen. An einem geeigneten Beispiel wird das später gezeigt.

6.1.3 Satzbereitstellung mit Funktion Start mit Keybedingung

Im Gegensatz zur Funktion *Lesen direkt mit Keybedingung* stellt die Funktion *Start mit Keybedingung* im Fall 1 von 1.4.2 *keinen Satz* und *keinen Record-Key* bereit. Satz und Record-Key können aber mit der Funktion *Lesen sequenziell* bereit gestellt werden. Damit ergibt sich in Analogie zu 6.1.2 die folgende Fallunterscheidung.

Fall 1 Die Funktion *Start mit Keybedingung* RK ≥ NK liefert (wie im Fall 1 von 1.4.2) ***nicht*** das Signal IVK, stellt jedoch noch *keinen Satz* bereit sondern bereitet dies nur vor. In diesem Fall ist sichergestellt, dass es wenigstens einen Satz gibt, der die Keybedingung erfüllt. Die unmittelbar folgende Anwendung der Funktion *Lesen sequenziell* stellt einen *Satz* und seinen Record-Key bereit (EOF kann in diesem Fall nicht eintreten).

Fall 1.1 Der *Record-Key* enthält die Filial-Nummer der gesuchten Satzgruppe (Fälle B.1.1 und B.1.2, weiter mit *Lesen sequenziell*).

Fall 1.2 Der *Record-Key* enthält eine andere, größere Filial-Nummer als die der gesuchten Satzgruppe (Fall B.2.1, **Endesimulation** für leere Datei).

Fall 2 Die Funktion *Start mit Keybedingung* RK ≥ NK liefert (wie im Fall 2 von 1.4.2) das Signal IVK (Fall B.2.2, **Endesimulation** für leere Datei).

Auch hier muss nur Fall 1.1 weiter untersucht werden und führt zu denselben Ergebnissen wie bei 6.1.2 mit den Fällen 1*, 1*.1, 1*.2 und 2*.

Unter Berücksichtigung der Unterschiede im Fall 1 kann daher die in Bild 6.03 dargestellte Lösung modifiziert werden und liefert die Lösung von Bild 6.04.

6.2 Anwendung des Stückweise sequenziellen Lesens

Die Funktion *Stückweise sequenziell Lesen* kann überall dort angewendet werden, wo aus einer Direktzugriffsdatei, die sequenziell gelesen werden kann, nur eine Teilfolge von aufeinander folgenden Sätzen benötigt wird, z.B. eine Satzgruppe. Sie kann auch angewendet werden, wenn die Datei komplett gelesen werden muss und bietet dann zusätzliche Lösungsmöglichkeiten, wie das folgende Beispiel zeigt.

6.2.1 Aufgabe Drucken Umsatzstatistik aus 3.2.2

Bisher wurden mehrere Lösungen für diese Aufgabe entwickelt.

Alternative 1

Die in 3.2.2 vorgestellte Lösung und die für die Übungsaufgabe in 3.3.4 vorgesehene Lösung gehen davon aus, dass die Datei 1 sequenziell gelesen wird und Datei 2 als Direktzugriffsdatei für Referenzzwecke dient.

Alternative 2

In 4.3.1 wurde eine Lösung vorgestellt, bei der beide Dateien 1 und 2 sequenziell gelesen werden und die Referenzprobleme durch den Mischalgorithmus des Programm-Modells 3 gelöst werden.

Alternative 3

Eine weitere effiziente Lösungsvariante ergibt sich, wenn Datei 2 komplett sequenziell gelesen wird und zu jedem Satz von Datei 2 die zugehörigen Sätze in Datei 1 mit der Funktion *Stückweise sequenziell Lesen* zu Referenzzwecken bereitgestellt werden.

Bild 6.05 Referenzproblem für die drei Alternativlösungen

Fall	Datei 1	Datei 2	Altern. 1 3.2.2, 3.3.4	Altern. 2 4.3.1	Altern. 3 6.2.1
1	X	X	X	X	X
2	X	--	X	X	--
3	--	X	--	X	X

In Bild 6.05 ist für die verschiedenen Alternativen gegenübergestellt, welche Fälle des Referenzproblems behandelt und gelöst werden können. Ein möglicher Nachteil der jetzt vorgestellten Alternative 3 besteht darin, dass Fall 2 des Referenzproblems nicht behandelt werden kann. Hier und in jedem anderen Anwendungsfall muss untersucht werden, ob und welche Lösungsalternativen problemgerecht sind.

Wenn angenommen wird, dass bei der hier vorliegenden Aufgabe zu jedem Satz von Datei 1 der zugehörige Satz in Datei 2 vorhanden ist (*referentielle Integrität*), kann Fall 2 nicht eintreten und braucht daher nicht behandelt zu werden. Der in Ziffer 4 der Aufgabenstellung von 3.2.2 vorgesehene Fall, bei dem zu einem Satz von Datei 1 der zugehörige Satz in Datei 2 fehlt, ist dann von der Behandlung ausgeschlossen. Nur unter dieser Annahme ist die nachfolgende Alternative 3 problemgerecht.

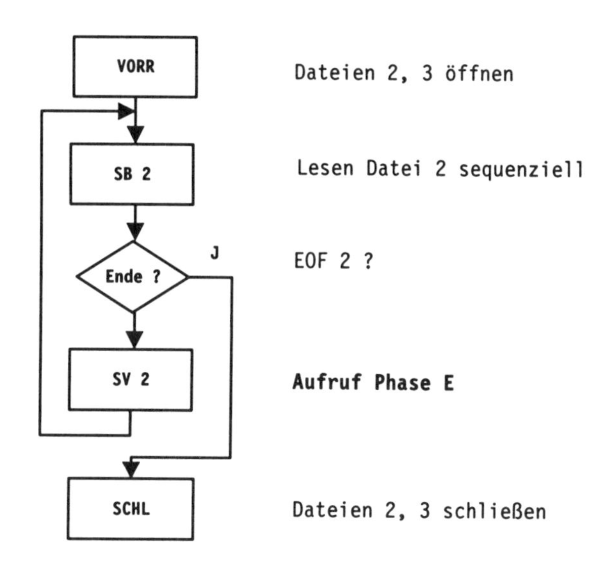

Bild 6.06 PAP Umsatzstatistik Alternative 3, Phase D

Der Lösungsansatz für Alternative 3 erfordert ein sequenzielles Lesen von Datei 2 und das Verarbeiten jedes einzelnen Satzes dieser Datei. Dafür wird Phase D benutzt, die mit Programm-Modell 1 realisiert wird, wie Bild 6.06 zeigt. Für jeden Satz von Datei 2 wird aus der Satzverarbeitung von Phase D eine zweite Phase E aufgerufen, die jeweils *eine Satzgruppe* von Datei 1 als Datei simuliert und die satzgruppenbezogenen Funktionen realisiert.

Phase E wird mit Programm-Modell 2 realisiert und ist in Bild 6.07 dargestellt. Weil für jeden Satz von Datei 2 nur die Satzgruppe *einer* Fil-Nr von Datei 1 bereitgestellt wird und als Datei simuliert wird, kann Phase E - einfacher als Alternative 1 – wahlweise mit einem Gruppierwort für nur *zwei* statt drei Rangstufen realisiert werden,

```
GW-N      = GW-N (g2N, g1N)   = GW-N (X, Art-Gr)
```

was hier als Musterlösung bevorzugt wird.

Allgemein reduziert sich die Anzahl der benötigten Rangstufen bei dieser Lösungstechnik um wenigstens eine Rangstufe.

Phase E ist gegenüber der Lösung von 3.2.2 nur geringfügig modifiziert. Nur die Datei 1 wird im Block Vorroutine geöffnet und entsprechend im Schluss wieder geschlossen. Die Hilfsvariable M wird auf den Anfangswert 0 (Null) gesetzt. Die Gruppierworte, die Gruppensteuerung und der Programmablaufplan sind auf zwei Rangstufen reduziert.

Der Block Satzbereitstellung entspricht den Lösungen von Bild 6.03 bzw. 6.04. Der Nominal-Key wird wie folgt besetzt:

Nominal-Key besetzen in Phase E, SB1

```
FIL-Nr1    <= Fil-Nr2
Art-Gr1    <= Leerzeichen
Art-Nr1    <= 0
```

Auch die Satzbereitstellung mit Filtern und Endesimulation von Bild 6.01 kann bei entsprechender Anpassung benutzt werden, wenn das Datenvolumen von Datei 1 dabei eine ausreichende Effizienz ermöglicht.

Die Lösung von Alternative 3 ist mit zwei Phasen D und E realisiert und stellt damit ein Mehrphasenprogramm dar, in diesem Fall ein Zweiphasenprogramm. Im Unterschied zu den bisherigen Lösungen enthält die Lösung *zwei* Programmschleifen.

Die Lösung ist so gestaltet, dass im Fall 3 des Referenzproblems, bei dem die durch das Stückweise sequenzielle Lesen von Datei 1 simulierte Datei *leer* ist, keine Zeile gedruckt wird. Eine andere Gestaltung, bei der z.B. ein Hinweis auf fehlende Umsätze der betreffenden Filiale gedruckt wird, wäre möglich.

6.3 Symbolik zur Darstellung von Mehrphasenprogrammen

Für die Realisierung eines Programms können wie bei der Aufgabe Drucken Umsatzstatistik von 3.2.2 mehrere Alternativen bestehen. Insbesondere die Realisierung von Mehrphasenprogrammen ist oft mit verschiedenen Alternativen möglich. Die Alternativen müssen aufgezeigt, untersucht, verglichen und beurteilt werden. Die Beurteilung kann u.a. den Realisierungsaufwand, die Effizienz der Lösung, die Komplexität der Lösung, die Wiederverwendbarkeit schon vorhandener oder zu entwickelnder Module bzw. Phasen und andere Gesichtspunkte betreffen. Um eine Grundlage für die Beurteilung zu schaffen *bevor* Programmablaufpläne entwickelt und Programme realisiert werden, wird eine Symbolik zur Darstellung der Lösungskonzeption und der Alternativen benötigt und im Folgenden eingeführt.

Bild 6.07
PAP
Umsatzstatistik
Alternative 3,
Phase E

Programmablaufplan Umsatzstatistik

Alternative 3, Phase E, Modell 2, 2 Ränge, Gruppierwort GW (X, Art-Gr)

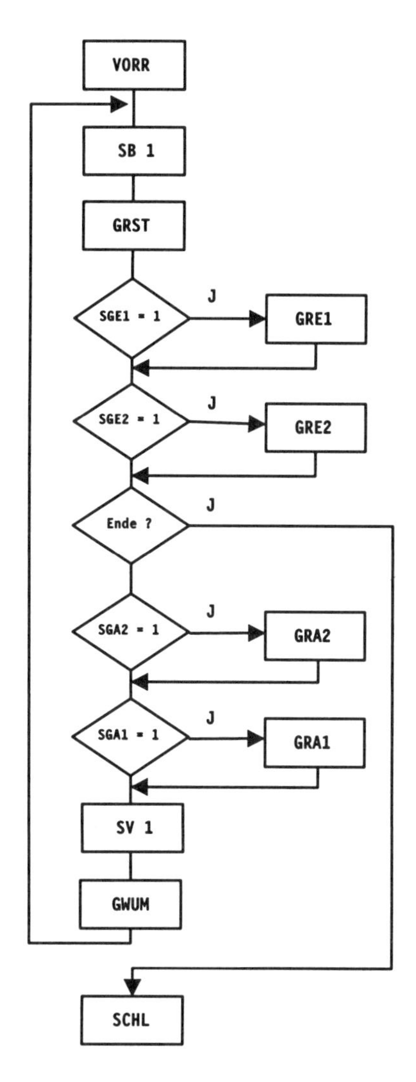

VORR Datei 1 öffnen
Z-MAX <= 50; M <= 0
GW-N <= 1, 00
GW-A <= 1, 00

SB 1 *Sückweise sequenziell Lesen*
Datei 1, Endesimulation ?
J GW-N <= 3, 00
N GW-N <= 2, Art-Gr

GRST *Standard für 2 Ränge*

GRE1 Bilden Zeile S-AGR
mit g1A und A-U und
drucken auf nächste Zeile

GRE2 Bilden Zeile S-FIL
mit F-U und
drucken auf nächste Zeile

Endebedingung GW-N = 3, 00 ?

GRA2 BZ <= 0
F-U <= 0
Ort3 <= Ort2

GRA1 Art-Gr-H <= Art-Gr1
ZZ <= 90
A-U <= 0

SV 1 Aufruf **BWM**
Bilden Zeile EZ mit
Art-Gr-H, Art-Nr1, Umsatz1
und drucken auf nächste Zeile
Art-Gr-H <= Leerzeichen
A-U <= A-U + Umsatz1
F-U <= F-U + Umsatz1

GWUM GW-A <= GW-N

SCHL Datei 1 schließen

BWM *Standard für 2 Kopfzeilen*

Mit der Symbolik können die Grobdiagramme von komplexen Mehrphasenprogrammen übersichtlich dargestellt und Lösungsalternativen bewertet und verglichen werden.

Die Symbolik umfasst Ausdrucksmittel für ...

- unterschiedliche Programmschleifen (Phasen) auf der Grundlage der vier Programm-Modelle,
- Unterprogramme ohne Schleife, wie das verkürzte Modell 2 oder die Blattwechselmechanik,
- einzelne Dateizugriffe und
- Verknüpfung von Phasen und Programmteilen.

Jedes durch ein Symbol dargestellte Programmstück hat genau einen Eingangspunkt und genau einen Ausgangspunkt.

1. Phase für eine sequenzielle Datei, Modell 1 oder Modell 2

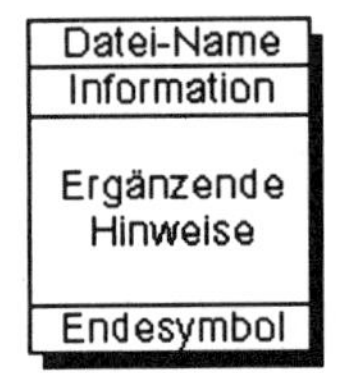

Programm-Modell 1, Kopieren, oder Programm-Modell 2, Abbildung von Satzgruppen

- Die Programmblöcke VORR, SB, SV und SCHL sind stets enthalten, bei Modell 2 zusätzlich und abhängig von der Anzahl der Rangstufen die Blöcke für die Satzgruppenverarbeitung GRST, GRE1, GRE2, ..., GRA2, GRA1, und GWUM.
- Der *Datei-Name* gibt an, auf welche Datei sich Satzbereitstellung und Satzverarbeitung beziehen. Die Abkürzung BT bedeutet Bildschirm mit Tastatur.
- Die ablaufbestimmende *Information*, z.B.
  - Eingabe-Information von Bildschirm und Tastatur.
  - Nominal-Key für Stückweise sequenzielles Lesen.

  Die Angabe kann entfallen, z.B. beim kompletten sequenziellen Lesen einer Datei.
- *Ergänzende Hinweise*, z.B. Programm-Modell, Gruppierwort, Sonderfälle, Phasenbezeichnung usw.
- *Endesymbol* für die Endebedingungen zum Verlassen der Programm-Schleife. Beispiele für Endesymbole:

  EOF Dateiende beim sequenziellen Lesen.

  ESC Vereinbartes Endesignal bei Tastatureingaben.

  *** Simuliertes Ende beim Eintreten unterschiedlicher Bedingungen, die angegeben werden können.

Andere Endesymbole und/oder Endesignale können vereinbart werden.

2. Schleife für zwei sequenzielle Dateien, Modell 3 oder Modell 4

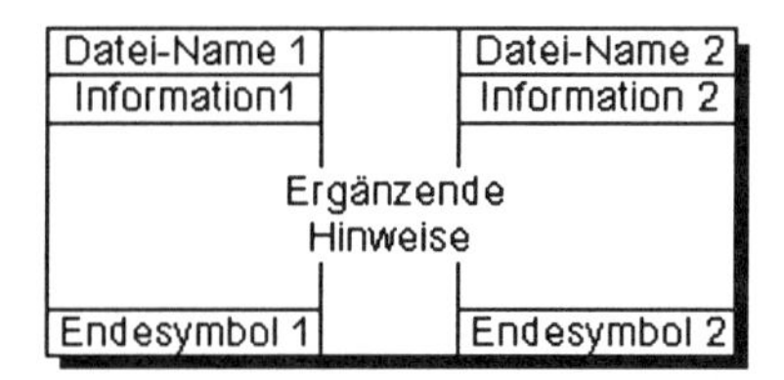

Programm-Modell 3, Mischen, oder Programm-Modell 4, Mischprinzip zur Abbildung von Satzgruppen.

- Die Programmblöcke des jeweiligen Modells sind enthalten.
- In den Kästchen sind entsprechende Angaben wie unter 1. enthalten, jedoch für beide Dateien.
- Zusätzlich können die Prioritäten angegeben werden.
- Das Symbol kann bei Bedarf auf mehr als zwei Dateien erweitert werden.

3. Dateizugriff

Lese- bzw. Schreibfunktion für eine Direktzugriffsdatei, ohne Schleife.

Jede dieser Funktionen enthält die IVK-Bedingung mit Ja- und Nein-Zweig.

- *Datei-Name* ist der Name der angesprochenen Datei.
- *Key* bezeichnet bei Lesefunktionen den Nominal-Key, bei Schreibfunktionen den Schlüssel des Satzes für die betreffende Funktion.
- Schreibfunktionen werden durch die Angabe *Schreiben*, *Zurückschreiben* oder *Löschen* spezifiziert.

4. Bildschirmanzeige

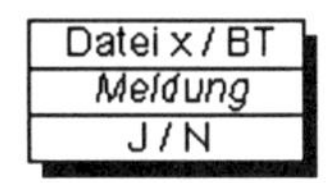

Bildschirmanzeige mit Programmstop und Eingabeaufforderung.

- Bildschirminhalt und *Meldung* können erläutert werden.
- Mögliche Eingaben, wie *J/N* können angegeben werden.
- *Auslösen* bedeutet Betätigen einer beliebigen Taste.

- Nach Abschluss der Eingabe wird die Ausführung des Programms fortgesetzt.

5. Unterprogramm

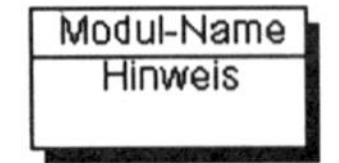

Programmstück ohne dateibezogene Schleife, das verschiedene Zweige enthalten kann.

- Der *Modul-Name* dient insbesondere zur Bezugname beim Aufruf aus anderen Phasen oder Modulen.
- *Hinweise* können sich auf wichtige Funktionen und die Struktur des Moduls beziehen, z.B. *verkürztes Modell 2.*, BWM usw.
- Wird das Modul mit dem verkürzten Modell 2 realisiert, wird der Aufbau des Gruppierworts angegeben. In diesem Fall sind abhängig von der Anzahl der Rangstufen die Blöcke für die Satzgruppenverarbeitung GRST, GRE1, ..., GRA1, SV und GWUM vorhanden.
- Dateizugriff und Bildschirmanzeige von Ziffern 3 bzw. 4 sind Sonderfälle von Modulen.

6. Aufruf

Aus den gemäß Ziffern 1 bis 5 dargestellten Phasen oder Modulen können andere Phasen oder Module aufgerufen werden.

Drei verschiedene Arten des Aufrufs werden unterschieden:

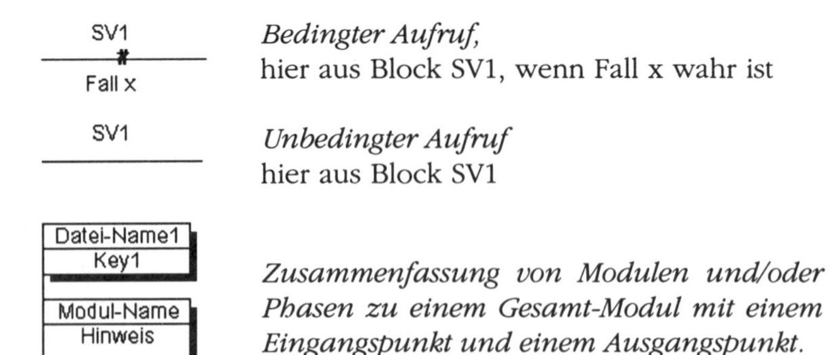

Bedingter Aufruf,
hier aus Block SV1, wenn Fall x wahr ist

Unbedingter Aufruf
hier aus Block SV1

Zusammenfassung von Modulen und/oder Phasen zu einem Gesamt-Modul mit einem Eingangspunkt und einem Ausgangspunkt.

Bedingter Aufruf

- Der Programmblock oder Programmzweig, aus dem der Aufruf erfolgt, und die Bedingung können angegeben werden.

- Nach Ausführung der aufgerufenen Phase oder des aufgerufenen Moduls wird die aufrufende Phase bzw. das aufrufende Modul unmittelbar hinter dem Aufruf fortgesetzt.

Unbedingter Aufruf

- Der Programmblock oder Programmzweig, aus dem der Aufruf erfolgt, kann angegeben werden. Wenn die Angabe fehlt, wird angenommen, dass der Aufruf aus dem Block Satzverarbeitung (SV) erfolgt.
- Nach Ausführung der aufgerufenen Phase oder des aufgerufenen Moduls wird (wie beim bedingten Aufruf) die aufrufende Phase bzw. das aufrufende Modul unmittelbar hinter dem Aufruf fortgesetzt.

Zusammenfassung

- Zwei oder mehr Phasen oder Module können zusammengefasst und hintereinander ausgeführt werden. Nach Beendigung der ersten Phase bzw. des ersten Moduls wird die zweite Phase bzw. das zweite Modul ausgeführt, danach die dritte Phase bzw. das dritte Modul usw.
- Erst wenn alle hintereinandergeschalteten Phasen bzw. Module ausgeführt sind, erfolgt gegebenenfalls der Rücksprung in das aufrufende Modul bzw. in die Aufrufende Phase.

6.4 Anwendung der Symbolik

Mit der eingeführten Symbolik werden die bisher aufgezeigten Alternativlösungen 1, 2 und 3 für die Aufgabe *Drucken Umsatzstatistik* aus 3.2.2 in verschiedenen Varianten als Grobdiagramme in Bild 6.08 dargestellt und gegenübergestellt.

Die Alternativen 1 und 3 sind jeweils in zwei Varianten A und B dargestellt, wobei in der Variante B das Modell 2 durch Modell 1 und ein verkürztes Modell 2 mit gleich aufgebautem Gruppierwort ersetzt ist.

Das Unterprogramm UPRO-B wird sowohl bei Variante B von Alternative 1 als auch bei Alternative 2 benutzt.

In Variante B von Alternative 3 kann auch das Gruppierwort von UPRO-B mit drei Rangstufen benutzt werden, was bedeutet, dass dann UPRO-DRU mit UPRO-B identisch wird. Unabhängig davon, welche Alternative realisiert wird, kann UPRO-B in allen drei Alternativen benutzt werden, hat also den größtmöglichen Wiederverwendungseffekt, ähnlich wie die Blattwechselmechanik BWM.

Unter Berücksichtigung des Referenzproblems, des zu erwartenden Realisierungsaufwandes und der technischen Effizienz muss eine geeignete Alternative zur Realisierung ausgewählt werden.

Aufgabe Drucken Umsatzstatistik

Bild 6.08
Grobdiagramme zu den Alternativen 1 - 3

Alternative 1, Variante A, Modell 2

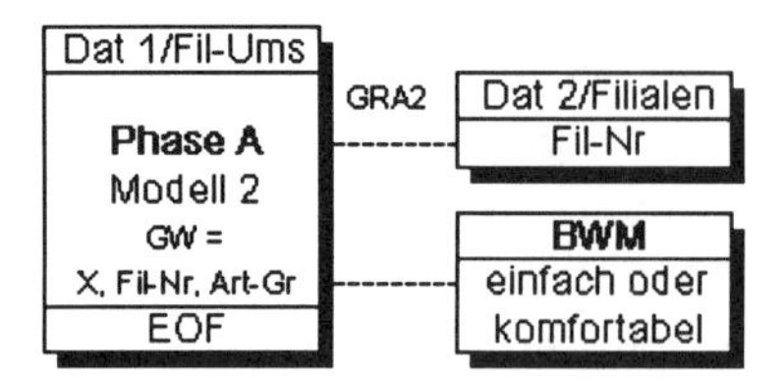

Alternative 1, Variante B, Modell 1 und verkürztes Modell 2

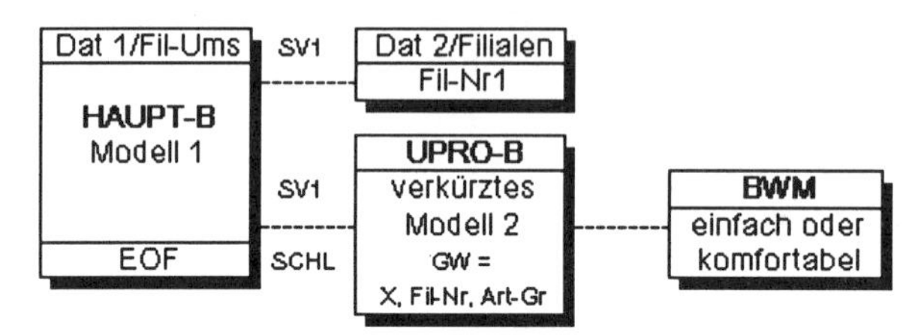

Alternative 2, Modell 3 und verkürztes Modell 2

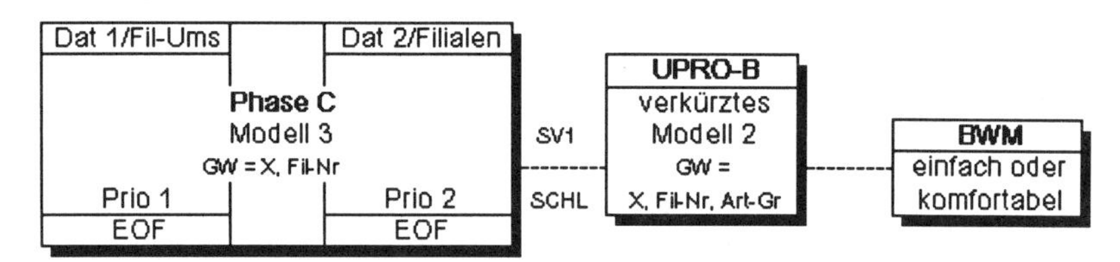

Alternative 3, Variante A, 2 Phasen, Modell 1 und Modell 2

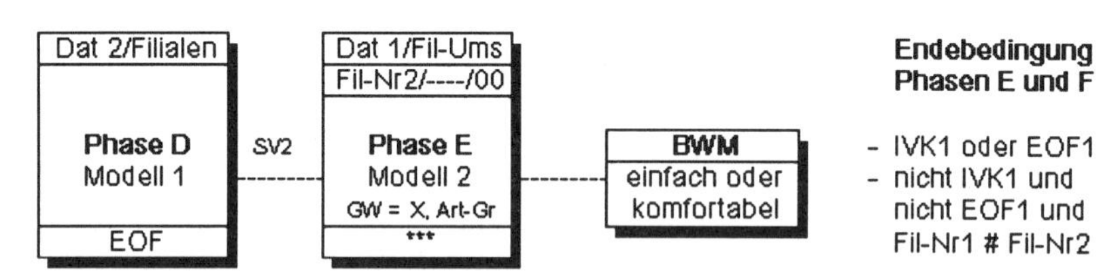

Alternative 3, Variante B, 2 Phasen, Modell 1, Modell 1 u. verk. Mod. 2

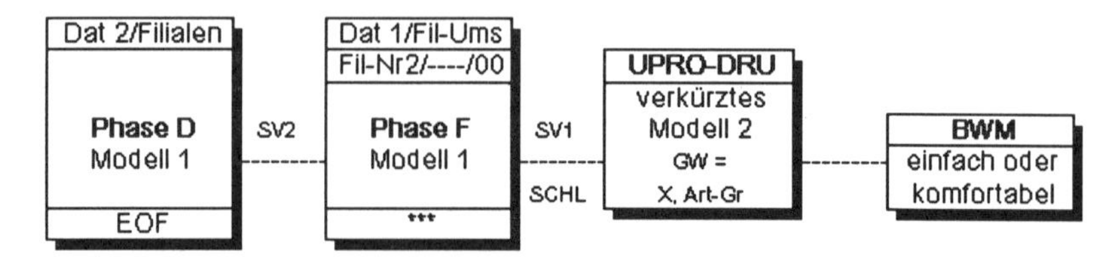

Eine Alternative 4 mit 2 Varianten wird in 7.1 entwickelt.

7 Dialogprogramme als Mehrphasenprogramme

Nachdem in den Kapiteln 2 bis 5 die Programm-Modelle 1 bis 4 entwickelt worden sind, wurde in Kapitel 6 gezeigt, wie diese Modelle zu Mehrphasenprogrammen kombiniert werden können. Dabei wurden zunächst nur Stapelverarbeitungsprogramme betrachtet. In diesem Kapitel wird eine Methode vorgestellt, mit der die Ergebnisse der Überlegungen zur Entwicklung von Dialogprogrammen angewendet werden können.

Die Entwicklung der Methode erfolgt in drei Schritten.

1. Für *Stapelverarbeitungsprogramme* wird eine Methode vorgestellt, mit der aus dem Datenfluss der Eingabedaten, dem *Eingabedatenstrom*, Programmstruktur und Grobdiagramm eines Mehrphasenprogramms abgeleitet werden können (7.1).
2. An einfachen und typischen Beispielen wird gezeigt, wie Bildschirm und Tastatur als *virtuelle Datei* aufgefasst werden können, und wie auf dieser Grundlage die Methode von Stapelverarbeitungsprogrammen auf Dialogprogramme übertragen werden kann (7.2).
3. Am Beispiel eines größeren Dialoganwendungsprogramms werden aus dem Eingabedatenstrom Programmstruktur und Grobdiagramm abgeleitet und damit Anwendung und Nutzen der Methode demonstriert (7.3).

7.1 Der Eingabedatenstrom als Entwurfsgrundlage

In Bild 6.08 sind verschiedene gefundene Alternativlösungen für die Aufgabe *Drucken Umsatzstatistik* aus 3.2.2 zusammengestellt. Welche Alternative im konkreten Fall realisiert wird, hängt von folgenden Fragen ab:

1. Welche Fälle des Referenzproblems müssen von der Lösung abgedeckt werden?
2. Welche der danach verbleibenden Alternativen erfordert den geringsten Realisierungsaufwand? Gegebenenfalls müssen dabei Wiederwendungseffekte berücksichtigt werden, die auch über das einzelne Programm hinaus gehen können.

Um das Referenzproblem untersuchen zu können, müssen zunächst die möglichen Alternativen für den Datenfluss der Eingabedaten analysiert und dargestellt werden. Wenn die Darstellung in geeigneter Weise erfolgt, ist sie zugleich Grundlage für die Ableitung der Programmstruktur und des Grobdiagramms.

Dualität von Schleifen und Programm-Modellen

Bild 6.08 lässt erkennen, dass für sequenziell oder stückweise sequenziell gelesene Dateien eine Schleife benötigt wird, die mit einem der Modelle 1 bis 4 realisiert wird. Genauer formuliert: Jede Datei, aus der mehrere aufeinanderfolgende Sätze sequenziell gelesen und dem Programm als Eingabedaten zugeführt werden müssen, erfordert eine Schleife und damit ein Programm-Modell. Gelegentlich können wie bei Alternative 2 auch zwei oder mehrere sequenziell zu lesende Dateien eine Schleife gemeinsam benutzen, die dann mit Modell 3 oder Modell 4 realisiert wird.

Eine Datei, aus der nur einzelne Sätze im direkten Zugriff gelesen werden, wie Datei 2 bei Alternative 1 mit Varianten A und B, erfordert nur ein Programmstück ohne dateibezogene Schleife.

Anordnung und Verknüpfung der Programm-Modelle und der Programmstücke ergeben sich aus der Reihenfolge, in der die Dateien gelesen und damit ihre Sätze dem Programm zugeführt werden.

Wenn aus den verschiedenen Dateien alle benötigten Informationen für die Bearbeitung eines Einzelfalles bereitgestellt sind, können Ergebnisse abgeleitet und auf Dateien ausgegeben oder in Dateien zurückgeschrieben werden.

Werden diese Erkenntnisse auf die Aufgabe aus 3.2.2 und ihre Alternativlösungen von Bild 6.08 angewendet, fällt auf, dass eine weitere Alternativlösung existiert, die in der Abbildung noch nicht enthalten ist.

Wird ausgehend von Alternative 1, Variante A, die Datei 2 nicht im direkten Zugriff gelesen sondern sequenziell, was bei dem zu erwartenden geringen Datenvolumen dieser Datei ebenfalls sinnvoll ist, ergibt sich folgender Eingabedatenstrom für eine weitere Alternative 4:

Datei 1, Artikel-Umsätze	**Datei 2, Filialen**
Satz 1	Satz 1
Satz 2	Satz 2
Satz 3	usw.
usw.	EOF2
EOF1	

Dabei muss für jede Satzgruppe vom Rang 2 (Filiale) der Datei 1 die Datei 2 sequenziell gelesen werden, um den möglicherweise vorhandenen zugehörigen Satz in Datei 2 zu finden. Das Lesen von Datei 2 beginnt stets mit dem ersten Satz. Es endet spätestens, wenn EOF2 erkannt wird. Das sequenzielle Lesen kann bereits beendet werden, wenn der gesuchte zugehörige Satz gefunden wird. Zur Vereinfachung kann das unberücksichtigt bleiben.

Der Eingabedatenstrom wird als Tabelle in Bild 7.01 dargestellt.

Bild 7.01
Einfacher
Eingabedatenstrom

Eingabedatenstrom, Alternative 4, Variante A

Dat 1, Art-Umsätze	Dat 2, Filialen
sequentiell	sequentiell
EOF1	EOF2

In konsequenter Anwendung der Überlegungen folgt daraus eine Methode, die in vier Schritten zu einer Alternative 4 mit Varianten A und B führt, die in Bildern 7.02 und 7.03 dargestellt sind.

Entwurfsmethode für einzelne Alternativen

1. **Aus dem Eingabedatenstrom wird die grobe Struktur abgeleitet (Grobdiagramm).** Im Fall von Bild 7.01 ergeben sich zwei ineinander verschachtelte Schleifen, die obere Schleife für Datei 1 und die untere oder innere Schleife für Datei 2, wie Bild 7.02 zu entnehmen ist.
2. **Unter Bezug auf die Aufgabenstellung wird für jede Schleife das entsprechende Modell gewählt.** Je nach Modell werden notwendige Einzelheiten wie Gruppierworte, Prioritäten und gegebenenfalls Endebedingungen festgelegt. In Bild 7.02 ist das Modell 2 für Phase A mit dem schon aus Abbildung 6.08 bekannten Gruppierwort, sowie Modell 1 für Phase G.
3. **Die für die Bearbeitung des Einzelfalles erforderlichen Funktionen werden ergänzt**, insbesondere Endebedingungen, Aufruf von Unterprogrammen, Ausgabe von Sätzen auf Dateien, Zurückschreiben von Sätzen in Dateien, Ausgabe von Zeilen auf Drucker. Für Phase A sind diese Einzelheiten der Aufruf von Phase G und der Aufruf des Unterprogramms BWM.
4. **Den Programmablaufplänen der einzelnen Phasen bzw. Programm-Modelle werden die einzelnen Funktionen zugeordnet.** Für Phase A kann das dem Bild 3.14 entnommen werden, wenn der Block GRA2 entsprechend modifiziert wird. Das Unterprogramm BWM kann Bild 1.09 oder 1.10 entnommen werden. Für Phase G wird es dem Le-

ser zur Übung überlassen, die Funktionen dem Programmablaufplan zuzuordnen.

Alternative 4, Variante A, Modell 2 und Modell 1

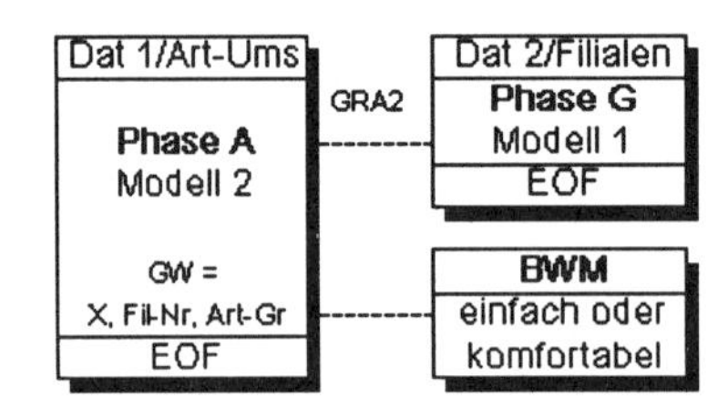

Bild 7.02 Grobdiagramm für Alternative 4, Variante A

Wie in 3.3.3 festgestellt worden ist, kann Modell 2 stets durch Modell 1 und ein verkürztes Modell 2 ersetzt werden. Das liefert die Variante B von Alternative 4 (Bild 7.03), die auch aus der Variante B von Alternative 1 abgeleitet werden kann. In Verbesserung der bisherigen Alternativen und Varianten wird der Zugriff auf Datei 2, der hier durch sequenzielles Lesen realisiert wird, dem Block GRA2 von UPRO-B zugeordnet.

Alternative 4, Variante B, 2 x Modell 1 und verkürztes Modell 2

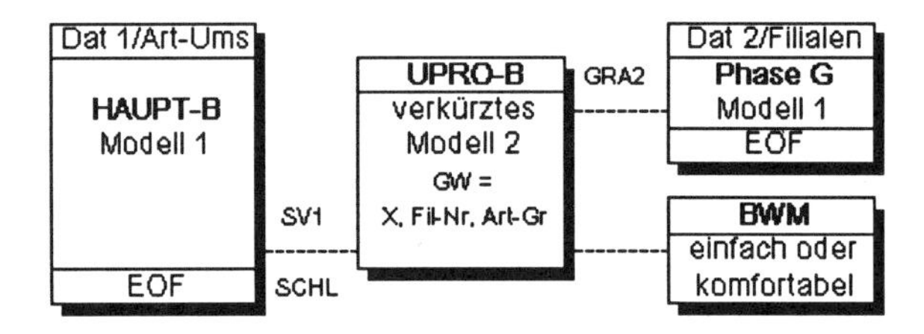

Bild 7.03 Grobdiagramm für Alternative 4, Variante B

Auch alle schon in Bild 6.08 dargestellten Lösungen lassen sich mit der geschilderten Methode aus dem Eingabedatenstrom ableiten, was in 7.3.1 gezeigt wird.

7.2 Der Bildschirm mit Tastatur als virtuelle Datei

Die vorläufig nur für Stapelverarbeitungsprogramme entwickelte und angewendete Methode kann auch für die Entwicklung von Dialogprogrammen benutzt werden. Dazu ist es erforderlich, den Bildschirm mit Tastatur für die Programmkonstruktion als Datei aufzufassen, speziell als *virtuelle Datei* gemäß Definition in 1.3.3. Weil für die Programmstruktur in erster Linie der Eingabedatenstrom entscheidend ist, muss zunächst untersucht werden, ob und wie der Bildschirm mit Tastatur als Eingabedatei im Programm fungiert. Dabei kann der Bildschirm mit Tastatur sowohl an die Stelle einer sequenziellen Eingabedatei als auch einer Direktzugriffsdatei treten. An zwei typischen Beispielen, den Aufgaben A und B, soll das verdeutlicht werden. Dabei wird kurz vom Bildschirm gesprochen und die Tastatur mit einbezogen.

7.2.1 Aufgabe A: Bildschirm als Direktzugriffsdatei

Aufgabenstellung

Bild 7.04
Aufgabe A,
Datenflussplan

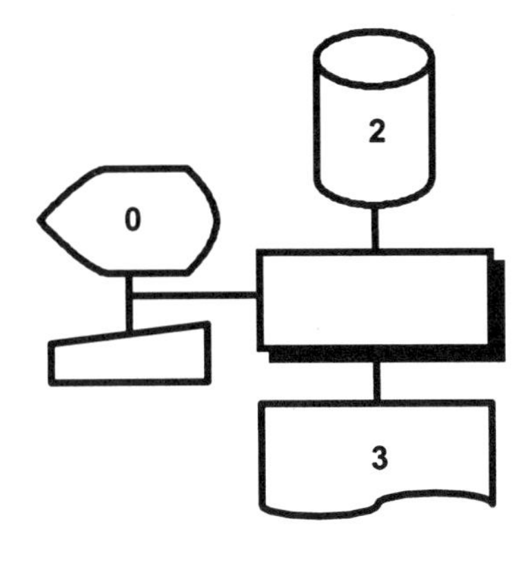

Datei 0, Bildschirm
Maske siehe Bild 7.05

Datei 2, Filialen
indexsequenzielle Datei

```
Fil-Nr    (Key)
Ort
```

Datei 3, Filial-Liste
Listbild siehe Bild 7.06

Bild 7.05
Aufgabe A,
Bildmaske

Datei 0, Bildschirm mit Tastatur

```
DRUCKEN        FILIAL-LISTE

Fil-Nr         XX
Ort            XXXXXXXXXX


Drucken J/N    X
```

Bild 7.06
Aufgabe A,
Listbild

Datei 3, Filial-Liste

```
FILIAL-LISTE  BLATT X
FIL-NR  ORT

XX      XXXXXXXXXX
XX      XXXXXXXXXX
        usw
```

Programmbeschreibung

Das Programm druckt eine Liste ausgewählter Filialen mit folgenden Funktionen:

1. Nacheinander werden alle Sätze und damit alle Filialen in der Sortierfolge von Datei 2 am Bildschirm angezeigt.
2. Wird eine Filiale angezeigt, kann durch Eingabe von **J** oder **N** über den weiteren Ablauf entschieden werden.

   J Eine Zeile mit Fil-Nr und Ort wird auf Datei 3 ausgegeben.

   N Der Ausdruck unterbleibt.

   In jedem Fall wird anschließend der nächstfolgende Satz aus Datei 2 bereitgestellt.
3. Ist Datei 2 leer, oder wird bei dem Versuch den nächst folgenden Satz bereitzustellen das Signal EOF erkannt, wird das Programm beendet.

Eingabedatenstrom

Damit dem Programm jeder Satz von Datei 2 zugeführt wird, muss Datei 2 sequenziell gelesen werden. Wenn ein Satz von Datei 2 bereitgestellt ist, werden seine Informationen am Bildschirm angezeigt (siehe Funktion *Bildschirmanzeige* in 1.4.2).

Damit sind alle für die Bearbeitung des Einzelfalles erforderlichen Informationen bereitgestellt, die Entscheidung J/N kann getroffen werden und die Zeile gegebenenfalls auf Datei 3 ausgegeben werden.

Weil zu jedem Satz von Datei 2 *einmal* die Funktion *Bildschirmanzeige* aktiviert wird, kann der Bildschirm für die Programmkonstruktion als Direktzugriffsdatei aufgefasst werden. Bild 7.07 zeigt den Eingabedatenstrom.

Bild 7.07
Aufgabe A,
Eingabedatenstrom

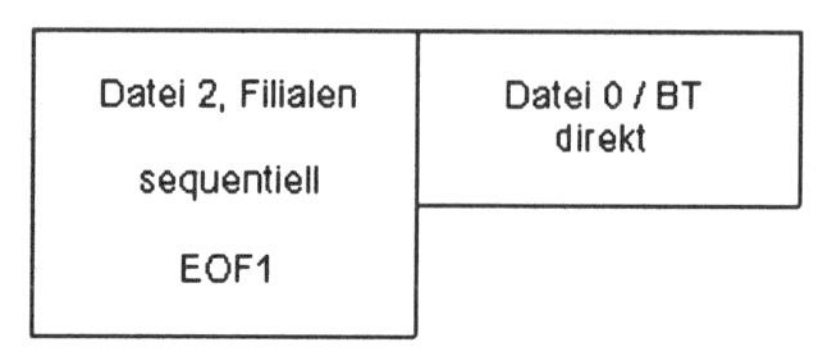

Grobdiagramm

Aus dem Eingabedatenstrom kann sofort das Grobdiagramm abgeleitet werden. Bild 7.08 zeigt das Einphasenprogramm, das mit dem Kopier-Modell 1 realisiert werden kann.

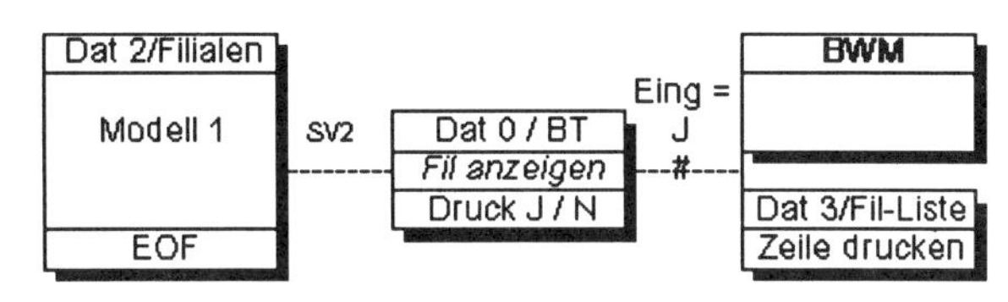

Bild 7.08
Aufgabe A,
Grobdiagramm

Programmablaufplan

Die Zuordnung der Funktionen zum Programmablaufplan von Modell 1 erfolgt in Anlehnung an Bild 2.07 und ist in Bild 7.09 dargestellt. Dabei sind für die Anfangswerte der Blattwechselmechanik die Werte aus Bild 2.07 übernommen.

Programmablaufplan Aufgabe A

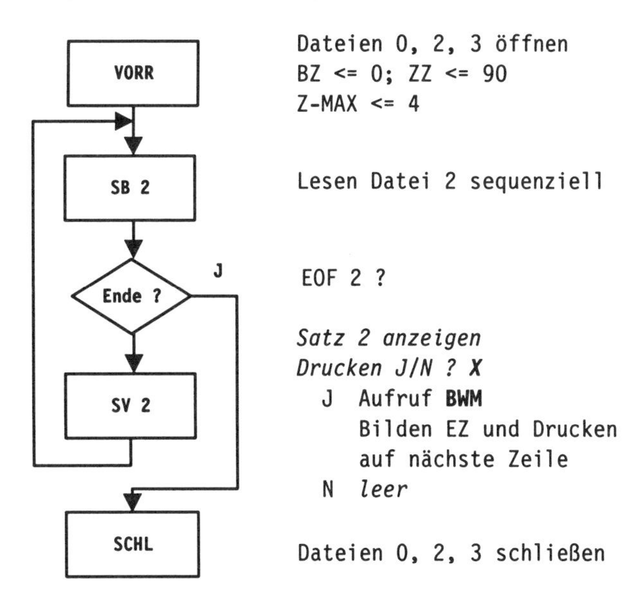

Bild 7.09
Aufgabe A,
Programmablaufplan

Durch Vergleich des Blockes SV2 von Bild 7.10 mit dem Block GRA2 von Bild 3.14 wird die Analogie von Bildschirm und Direktzugriffsdatei offensichtlich.

7.2.2 Aufgabe B: Bildschirm als sequenzielle Eingabedatei

Aufgabenstellung

Die Aufgabenstellung entspricht in wesentlichen Teilen der Aufgabe A aus 7.2.1, lediglich Bildmaske und Programmbeschreibung unterscheiden sich.

Datei 0, Bildschirm mit Tastatur

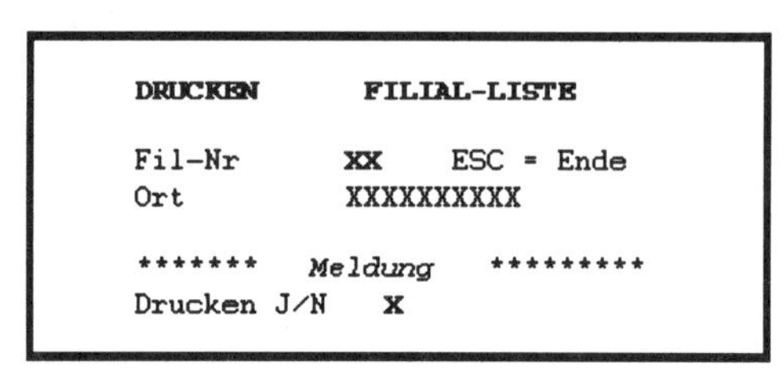

Bild 7.10
Aufgabe B,
Bildmaske

Programmbeschreibung

Das Programm druckt eine Liste ausgewählter Filialen mit folgenden Funktionen:

1. Über den Bildschirm kann eine Filial-Nummer (Fil-Nr) eingegeben werden. Wird die Eingabe mit ESC abgeschlossen, endet das Programm.
2. In Datei 2 wird zur eingegebenen Fil-Nr der zugehörige Satz gesucht.

Fall 2.1

Ist der zugehörige Satz in Datei 2 vorhanden, wird er angezeigt. Danach kann durch Eingabe von **J** oder **N** über den weiteren Ablauf entschieden werden.

J Eine Zeile mit Fil-Nr und Ort wird auf Datei 3 ausgegeben.

N Der Ausdruck unterbleibt.

In jedem Unterfall kann anschließend eine andere Fil-Nr eingegeben werden oder mit ESC das Programm beendet werden.

Fall 2.2

Ist der zugehörige Satz in Datei 2 nicht vorhanden, erscheint die Meldung KEIN SATZ GEFUNDEN am Bildschirm. Nach Betätigen einer beliebigen Taste (Auslösen) kann eine andere Fil-Nr eingegeben werden oder mit ESC das Programm beendet werden.

Eingabedatenstrom

Die Analyse des Eingabedatenstromes bei Aufgabe B ist schwieriger als bei Aufgabe A. Die Schwierigkeit besteht darin, dass der Bildschirm an mehreren Stellen des Programms angesprochen wird und dabei unterschiedliche Funktionen hat. Die verschiedenen Funktionen müssen im Eingabedatenstrom getrennt werden.

Funktion 1

Die Funktion 1 benutzt den Bildschirm als sequenzielle Eingabedatei. Jeder Satz dieser Eingabedatei besteht aus nur einem Feld mit der Filial-Nummer. Im Gegensatz zu bisher betrachteten sequenziellen Dateien, deren sequenzielle Lesefunktion beim Erkennen von Dateiende das Signal EOF liefert, ist hier eine besonderes Endesignal ESC vereinbart, das am Bildschirm eingegeben werden kann, um das Dateiende zu simulieren.

Eine solche Vereinbarung eines Endesignals ist charakteristisch dafür, dass der Bildschirm eine sequenzielle Datei ersetzt oder simuliert. Umgekehrt *muss* ein Endesignal vereinbart werden, wenn eine Folge von Bildschirmeingaben eine sequenzielle Datei ersetzen oder simulieren soll. Das Endesignal kann bei entsprechender Gestaltung der Bildmaske durch einen Schaltknopf (Button) dargestellt werden.

Der Eingabedatenstrom beginnt daher mit einer sequenziellen Eingabedatei, die mit der Funktion *Bildschirmanzeige* gelesen wird und mit der eine Folge von Filial-Nummern erfasst wird.

Funktion 2

Die nächste Information, die dem Programm zugeführt werden muss, kommt entsprechend der Funktion 2 aus dem zugehörigen Satz von Datei 2, der im direkten Zugriff gelesen werden kann.

Es ist hier ähnlich wie in 7.1 bei den Varianten A und B von Alternative 4 möglich, die zugehörigen Informationen aus Datei 2 durch sequenzielles Lesen zu suchen und zu finden. Das führt auch hier zu einer Alternativlösung, die vorläufig nicht weiter verfolgt wird.

Fall 2.1

Wenn ein Satz von Datei 2 bereitgestellt ist, werden seine Informationen am Bildschirm angezeigt (wie bei Aufgabe A).

Damit sind alle für die Bearbeitung des Einzelfalles erforderlichen Informationen bereitgestellt, die Entscheidung J/N kann getroffen werden und die Zeile gegebenenfalls auf Datei 3 ausgegeben werden (wie bei Aufgabe A).

Weil zu jedem von Datei 2 bereitgestellten Satz *einmal* die Funktion *Bildschirmanzeige* aktiviert wird, kann der Bildschirm für die Programmkonstruktion als Direktzugriffsdatei aufgefasst werden. Das entspricht der schon bei Aufgabe A erläuterten Betrachtungsweise und ist unabhängig davon, dass hier im Unterschied zu Aufgabe A die Datei 2 als Direktzugriffsdatei behandelt wird.

Fall 2.2

Eine Ausnahmesituation tritt ein, wenn der zugehörige Satz in Datei 2 *nicht* vorhanden ist. Solche Ausnahmesituationen können beim Eingabedatenstrom unberücksichtigt bleiben, wenn sie, wie in dieser Aufgabe B, *nicht* die Bereitstellung anderer Eingabedaten nach sich ziehen. Sie können und müssen allerdings im Grobdiagramm berücksichtigt werden, wobei der Bildschirm für die Ausgabe der entsprechenden Meldung als Direktzugriffsdatei fungiert.

Aus diesen Überlegungen ergibt sich der in Bild 7.11 dargestellte Eingabedatenstrom.

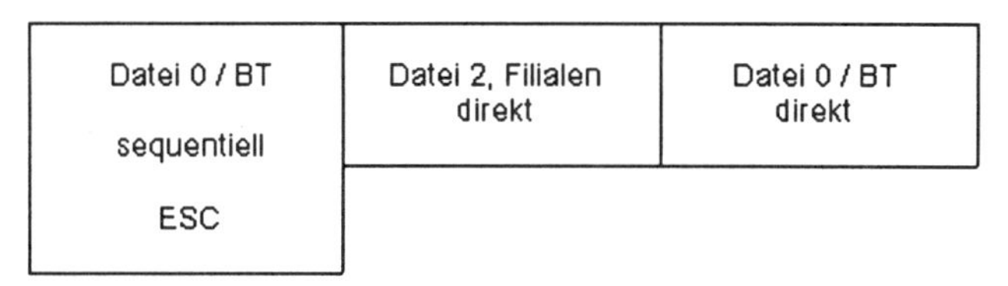

Bild 7.11
Aufgabe B,
Eingabedatenstrom

Grobdiagramm

Aus dem Eingabedatenstrom von Bild 7.11 kann sofort das Grobdiagramm von Bild 7.12 als erster Entwurf abgeleitet und um die erforderlichen Einzelheiten ergänzt werden.

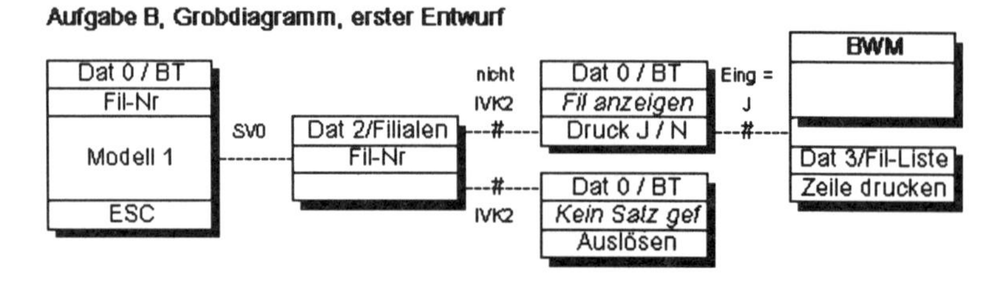

Bild 7.12
Aufgabe B,
Grobdiagramm
erster Entwurf

Das Programm ist in dieser Form ein Einphasenprogramm. Um Übersichtlichkeit und Lesbarkeit zu verbessern, können in der Darstellung einige Änderungen vorgenommen werden. Dabei werden alle im Block SV0 platzierten Funktionen mit entsprechenden Bedingungen untereinander angeordnet. Die Ausgabefunktion wird zusammengefasst und als Unterprogramm *Druck mit BWM* dargestellt. Auf diese Weise ergibt sich die äquivalente Darstellung des Grobdiagramms von Bild 7.13.

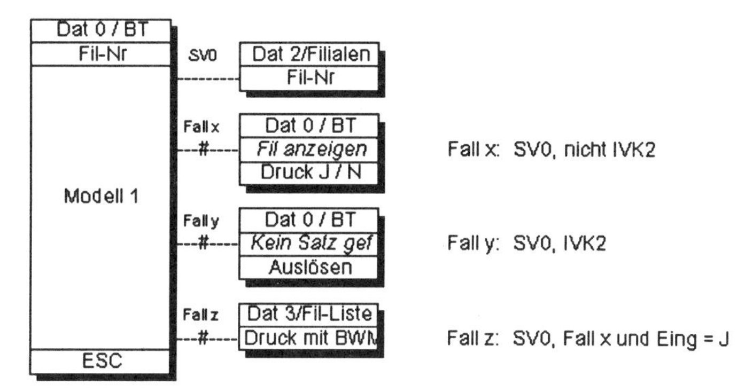

Bild 7.13
Aufgabe B,
Grobdiagramm

Programmablaufplan

In gleicher Weise wie bei Aufgabe A wird aus dem Grobdiagramm der Programmablaufplan abgeleitet (Bild 7.14). Dazu wird im Programm-Modell 1 zur Realisierung der Funktion 1 der Bildschirm zur ablaufbestimmenden Datei 0 und die Endebedingung wird entsprechend modifiziert. Abgesehen vom Öffnen und Schließen der Dateien und von der Anfangswertfestsetzung für die Blattwechselmechanik, wird Funktion 2 vollständig im Block SV 0 realisiert.

7.3 Der Entwurf von Dialogprogrammen

Die einfachen Aufgaben A und B aus 7.2.1 und 7.2.2 haben gezeigt, dass der Bildschirm mit Tastatur für den Programmentwurf als virtuelle Datei aufgefasst werden kann.

In Aufgabe A wird der Bildschirm nur an einer Stelle und nur in der Funktion einer Direktzugriffsdatei angesprochen. Dagegen wird in Aufgabe B der Bildschirm an verschiedenen Stellen und sowohl in der Funktion einer sequenziellen Eingabedatei als auch in der Funktion einer Direktzugriffsdatei angesprochen. Dabei konnten beide Aufgaben A und B mit jeweils nur einer Phase und damit als Einphasenprogramme realisiert werden.

Programmablaufplan Aufgabe B

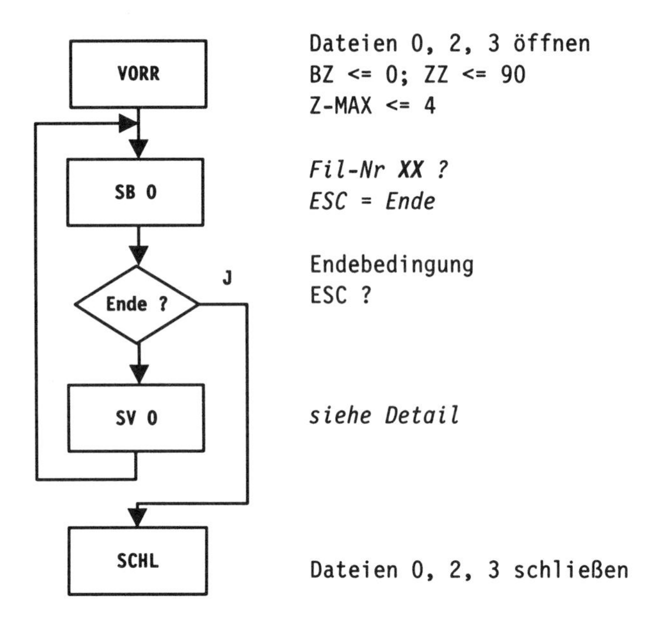

Bild 7.14
Aufgabe B, PAP

```
SVO Key2 <= Fil-NrO
    Lesen 2 direkt
    IVK2 ?
      J Meldung anzeigen  (Fall y)
        KEIN SATZ GEFUNDEN
        Auslösen
      N Satz 2 anzeigen   (Fall x)
        Drucken J/N ? X
          J Aufruf BWM    (Fall z)
            Bilden EZ und Drucken
            auf nächste Zeile
          N leer
```

Für die meisten Dialogprogramme ist charakteristisch, dass der Bildschirm in seinen unterschiedlichen Funktionen mehrfach angesprochen wird und die Realisierung nur mit einem Mehrphasenprogramm möglich ist. Bereits bei der Bearbeitung von Aufgabe B wurde auf eine mögliche Alternativlösung hingewiesen, bei der Datei 2 nicht als Direktzugriffsdatei sondern als sequenzielle Eingabedatei aufgefasst und behandelt wird. Eine solche Behandlung würde im Eingabedatenstrom von Bild 7.11 Datei 2 als sequenzielle Datei enthalten. In den Grobdiagrammen von Bild 7.12 und Bild 7.13 wäre dann bereits eine zweite Phase enthalten, die wieder mit dem Modell 1 realisiert werden kann.

Bildschirm im Datenflussplan

Weil der Bildschirm in unterschiedlichen Funktionen angesprochen werden kann, ist es im Datenflussplan nicht möglich, die Funktion des Bildschirms durch seine Anordnung auszudrücken. Der Bildschirm wird unabhängig von seiner speziellen Funktion im Datenflussplan oben oder seitlich angeordnet.

Für andere Eingabedateien gilt das in ähnlicher Weise. Für die Realisierung des Datenflusses bestehen bei den meisten Programmen mehrere unterschiedliche Alternativen. Einzelne Dateien können in einem Programm sowohl in der Funktion einer sequenziellen Datei als auch in der Funktion einer Direktzugriffsdatei angesprochen werden. Daher kann auch hier die Anordnung der Dateien im Datenflussplan oft nicht die Funktion der Datei widerspiegeln.

Um die vorgestellte Entwurfsmethode auch auf größere und schwierigere Dialogprogramme sicher anwenden zu können, werden die einzelnen Entwicklungsschritte nochmals zusammengestellt. Anschließend wird die Methode in 7.3.1 auf ein umfangreiches Dialogprogramm angewendet.

Entwurfsmethode für umfangreiche Mehrphasenprogramme

1. **Analyse des Eingabedatenstromes**, gegebenenfalls mit unterschiedlichen Alternativen.
2. **Entwurf der Grobdiagramme** für die in Betracht gezogenen Alternativen.
3. **Wahl der Programm-Modelle** und gegebenenfalls Festlegung der Gruppierworte, Prioritäten und Endebedingungen sowie anderer Einzelheiten für die in Betracht gezogenen Alternativen des Grobdiagramms.
4. **Bewertung der Alternativen** des Grobdiagramms unter Berücksichtigung des Referenzproblems, des Realisierungsaufwandes und der Wiederverwendbarkeit sowie darauf aufbauend Auswahl einer Alternative für die Realisierung.
5. **Entwurf der Programmablaufpläne** für die verschiedenen Phasen und Zuordnung der Funktionen zu den Programmblöcken.

7.3.1 Aufgabe C: Drucken Umsatzstatistik mit zwei Betriebsformen

Aufgabenstellung

In Anlehnung an die Aufgabe *Drucken Umsatzstatistik* von 3.2.2 und mit den schon bekannten Dateien 1, 2 und 3 wird eine Aufgabe formuliert, bei der zusätzlich ein Bildschirm im Datenflussplan erscheint und bei der die Programmbeschreibung erweitert worden ist.

Bild 7.15 Aufgabe C, Datenflussplan

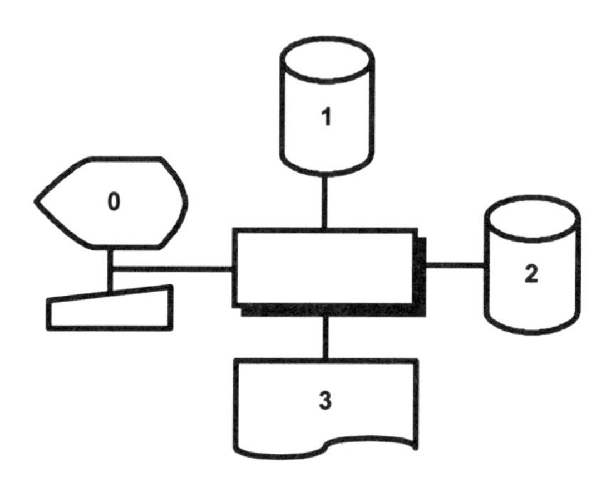

Dateien 1, 2 und 3 siehe Bilder 3.12 und 3.13.

Bild 7.16 Aufgabe C, Bildmaske

Datei 0, Bildschirm mit Tastatur

```
              DRUCKEN UMSATZSTATISTIK

            1      Alle Filialen
            2      Eine Filiale
            X      ESC = Programmende

         Fil-Nr    XX     ESC = Ende
            Ort    XXXXXXXXXX

   ********    Meldung    *******
   (W)eiter (D)rucken (A)bbruch   X
```

Programmbeschreibung

Das Programm druckt die Umsatzstatistik je nach gewählter Betriebsform für alle Filialen oder für eine Filiale mit folgenden Funktionen:

Wahl der Betriebsform

Über Bildschirm und Tastatur kann die Betriebsform gewählt werden. Wenn die Eingabe mit ESC abgeschlossen wird, endet das Programm.

Betriebsform 1

Die Umsatzstatistik wird komplett für alle Filialen gedruckt. Danach kann erneut die Betriebsform gewählt werden oder mit ESC das Programm beendet werden.

Betriebsform 2

Eine Fil-Nr kann gewählt werden. Wird die Eingabe mit ESC abgeschlossen, endet diese Betriebsform und die Betriebsform kann erneut gewählt werden oder mit ESC das Programm beendet werden.

Suchfunktion

Nach der Eingabe einer Fil-Nr wird in Datei 2 derjenige Satz gesucht, der diese Fil-Nr oder die nächst größere hat.

- Ist ein solcher Satz vorhanden, wird der Ort angezeigt. Danach kann durch Eingabe von **W**, **D** oder **A** über den weiteren Ablauf entschieden werden (Voreinstellung W).

  W = Weiter

  Sucht in Datei 2 den Satz mit dem nächst größeren Schlüssel und zeigt ihn gegebenenfalls an. Danach kann erneut **W**, **D** oder **A** eingegeben werden.

  D = Drucken

  Druckt die Umsatzstatistik der Filiale, wenn zur Filiale Sätze in Datei 1 gefunden werden. Werden keine Sätze gefunden, erscheint die Meldung KEINE UMSÄTZE, die mit Betätigung einer beliebigen Taste (Auslösen) quittiert wird. Danach kann eine andere Fil-Nr oder ESC eingegeben werden.

  A = Abbruch

  Bricht die Suche in Datei 2 ab. Danach kann eine andere Fil-Nr oder ESC eingegeben werden.

- Ist kein solcher Satz vorhanden, wird am Bildschirm die Meldung KEINE FILIALE GEFUNDEN angezeigt. Danach kann eine andere Fil-Nr oder ESC eingegeben werden.

Eingabedatenstrom

Der Bildschirm dient wie bei Aufgabe B als sequenzielle Eingabedatei. Jeder Satz dieser Eingabedatei besteht aus nur einem Feld, das die gewählte Betriebsform enthält und dessen Inhalt eine der Zahlen 1 oder 2 sein kann. Als Endesignal ist ESC vereinbart.

Im Weiteren müssen für den Eingabedatenstrom die beiden Fälle Betriebsform 1 und 2 unterschieden werden. Dabei nehmen wir an, dass entsprechend der Aufgabenstellung aus 3.2.2 die Umsatzstatistik nach Fil-Nr, Art-Gr, Art-Nr aufsteigend sortiert gedruckt wird.

Betriebsform1

Soll die Umsatzstatistik für alle Filialen gedruckt werden, bestehen für den Eingabedatenstrom folgende Möglichkeiten

Alternative 1

Datei 1 wird sequenziell gelesen, Datei 2 im direkten Zugriff. Diese Lösung ist möglich, weil Datei 1 bezüglich des Gruppierwortes

GW1 = GW1 (X, Fil-Nr1, Art-Gr1, Art-Nr1)

aufsteigend sortiert ist.

Alternative 2

Dateien 1 und 2 werden nach dem Mischalgorithmus von Modell 3 sequenziell gelesen. Diese Lösung ist möglich, weil beide Dateien hinsichtlich desselben Gruppierwortes

GW = GW (X, Fil-Nr).

aufsteigend sortiert sind und damit die notwendige Voraussetzung für die Anwendung der Modelle 3 und 4 erfüllt ist.

Alternative 3

Datei 2 wird sequenziell gelesen, Datei 1 wird *stückweise sequenziell* gelesen, d.h. zu jedem Satz von Datei 2 werden die zugehörigen Sätze von Datei 1 gelesen. Diese Lösung ist möglich, weil Datei 2 bezüglich des Gruppierwortes

GW2 = GW2 (X, Fil-Nr2)

aufsteigend sortiert ist und innerhalb der Datei 1 *die Sätze jeder Filiale* hinsichtlich des Gruppierwortes

GW1* = GW1* (X, Art-Gr1, Art-Nr1)

aufsteigend sortiert sind.

Alternative 4

Datei 1 wird sequenziell gelesen wie bei Alternative 1. Datei 2 wird ebenfalls sequenziell gelesen, im Unterschied zu Alternative 1.

Für den Eingabedatenstrom bei Betriebsform 1 ergeben sich damit die im oberen Teil von Bild 7.17 dargestellten Alternativen.

Betriebsform 2

Soll die Umsatzstatistik für *eine* Filiale gedruckt werden, muss die Fil-Nr gewählt werden. Dazu dient der Bildschirm als sequenzielle Eingabedatei. Jeder Satz dieser sequenziellen Eingabedatei enthält nur ein Feld mit der Fil-Nr. Als Endesignal ist ESC vereinbart.

Suchfunktion

Zur Realisierung der Suchfunktion ist es erforderlich, beginnend mit der eingegebenen Fil-Nr oder der nächst größeren in Datei 2 vorhandenen Fil-Nr mehrere aufeinanderfolgende Sätze der Datei 2 zu lesen. Dazu wird Datei 2 stückweise sequenziell gelesen.

Jeder aus Datei 2 bereitgestellte Satz wird am Bildschirm angezeigt und kann durch *eine* Eingabe, **W, D** oder **A**, quittiert werden. Der Bildschirm fungiert daher hier als Direktzugriffsdatei.

Sofern am Bildschirm **D** eingegeben wurde um für eine ausgewählte Filiale das Drucken auszulösen, müssen die zur Fil-Nr von Datei 2 gehörenden Sätze aus Datei 1 gelesen werden. Dazu muss Datei 1 stückweise sequenziell gelesen werden.

Für den Eingabedatenstrom bei Betriebsform 2 ergeben sich damit die im unteren Teil von Bild 7.17 dargestellten Alternativen.

Bild 7.17
Aufgabe C,
Eingabedatenstrom

Eingabedatenstrom, Aufgabe C

<table>
<tr><td rowspan="6">Datei 0, BT
Betriebsform
sequentiell</td><td rowspan="4">Betr.-
Form
1</td><td>Alt
1</td><td>Dat 1, Art-Umsätze
sequentiell</td><td>Datei 2, Filialen
direkt</td><td></td></tr>
<tr><td>Alt
2</td><td colspan="2">Dat 1, Art-Umsätze und Dat 2, Filialen
sequentiell (Mischen)</td><td></td></tr>
<tr><td>Alt
3</td><td>Datei 2, Filialen
sequentiell</td><td>Dat 1, Art-Umsätze
stückw. sequentiell</td><td></td></tr>
<tr><td>Alt
4</td><td>Dat 1, Art-Umsätze
sequentiell</td><td>Datei 2, Filialen
sequentiell</td><td></td></tr>
<tr><td colspan="2" rowspan="2">Betr.-
Form
2</td><td rowspan="2">Datei 0, BT
Fil-Nr
sequentiell</td><td rowspan="2">Datei 2, Filialen
stückw. sequentiell</td><td>Datei 0, BT, direkt
W D A</td></tr>
<tr><td>Dat 1, Art-Umsätze
stückw. sequentiell</td></tr>
</table>

Grobdiagramme

Wahl der Betriebsform

Die oberste Phase A des Programms für die Erfassung der jeweils gewählten Betriebsform wird mit Modell 1 realisiert. Phase A ruft je nach gewählter Betriebsform eine andere Phase auf.

Betriebsform 1

Die für *Betriebsform 1* gefundenen Alternativen 1 bis 4 entsprechen als Stapelverarbeitungsprogramme den Alternativen 1 bis 3 von Bild 6.08 und der Alternative 4 von Bild 7.02 und Bild 7.03. Für Betriebsform 1 liegen also bereits alle Grobdiagramme, zum Teil mit Varianten, sowie die wesentlichen Einzelheiten vor.

Betriebsform 2

Für *Betriebsform 2* kann aus dem Eingabedatenstrom das Grobdiagramm von Bild 7.18 als erster Entwurf abgeleitet werden.

Phase C

Phase C in Bild 7.18 dient der Eingabe der Fil-Nr und wird mit Modell 1 realisiert.

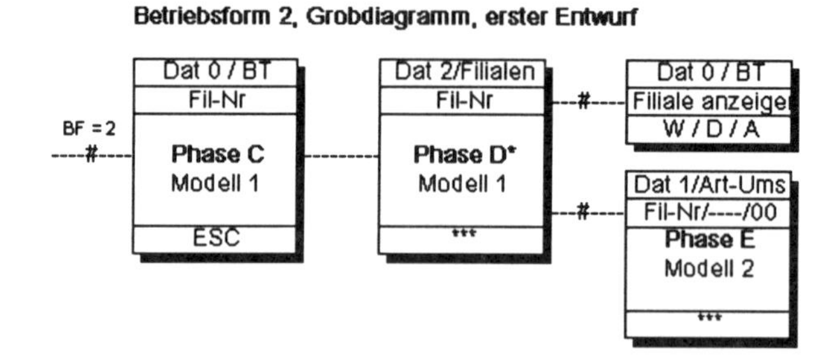

Bild 7.18
Aufgabe C,
Betriebsform 2,
Grobdiagramm
erster Entwurf

In Phase D* wird Datei 2 stückweise sequenziell gelesen, beginnend mit dem Satz, der die eingegebene Fil-Nr oder die nächst größere hat. Die Funktionen von Phase D* können mit Modell 1 realisiert werden. Dabei müssen noch verschiedene Einzelheiten für das Grobdiagramm von Bild 7.18 spezifiziert werden:

1. Der Programmblock, aus dem der Aufruf des Bildschirms zur Anzeige der Filiale und zur Eingabe von **W**, **D** oder **A** erfolgt.
2. Eine zusätzliche Bildschirmanzeige für den Fall, dass in Datei 2 kein Satz gefunden wurde und die Platzierung dieser Bildschirmanzeige in einem Programmblock.
3. Der Programmblock, aus dem Phase E aufgerufen wird.
4. Die Endebedingungen für die Schleife.

Zu 1. Die Entscheidung zu Ziffer 1 wird dadurch bestimmt, dass in Abhängigkeit von der möglichen Eingabe die Schleife verlassen werden muss. Das ist nur möglich, wenn die Bildschirmanzeige im Block *Satzbereitstellung* der Phase D* erfolgt. Sowohl nach der Eingabe **A**, als auch nach der Eingabe **D** muss die Schleife von Modell 1 verlassen werden. Für die Eingabe **A** = Abbruch ist das selbstverständlich. Für die Eingabe **D** folgt das aus der Aufgabenstellung, weil nach dem Drucken eine andere Fil-Nr eingegeben werden kann, was nur möglich ist, wenn Phase D* verlassen und in die aufrufende Phase C zurück verzweigt wird.

Zu 2. Für die Entscheidung zu Ziffer 2 gilt dasselbe, weil nach Eintreten von IVK2 oder EOF2 und der Anzeige KEINE FILIALE GEFUNDEN nach dem Betätigen einer beliebigen Taste (Auslösen) ebenfalls eine andere Fil-Nr eingegeben werden kann.

Zu 3. Der Aufruf von Phase E gemäß Ziffer 3 kann dann nur aus dem Programmblock *Schluss* der Phase D* erfolgen und nur, wenn durch Eingabe **D** das Drucken veranlasst worden ist.

Zu 4.

Als Endebedingungen für das Verlassen der Schleife ergeben sich damit vier Fälle, die sich geringfügig unterscheiden, je nachdem ob das stückweise sequenzielle Lesen mit der Funktion *Lesen direkt mit Keybedingung* nach Bild 6.03 oder mit der Funktion *Start mit Keybedingung* nach Bild 6.04 realisiert wird:

```
IVK2 oder EOF2
oder [nicht IVK2 und (Eingabe D oder A)]
oder [nicht EOF2 und (Eingabe D oder A)],
```

bzw.

```
IVK2 oder EOF2
oder [nicht EOF2 und (Eingabe D oder A)]
```

Phase E

Phase E muss durch Abbildung der Datei 1 die Umsatzstatistik für eine ausgewählte Filiale drucken. Um die satzgruppenbezogenen Funktionen der Abbildung realisieren zu können, ist Modell 2 erforderlich. Datei 2 wird dazu stückweise sequenziell gelesen. Die Lösung ist mit Phase E von Alternative 3, Variante A, (Bilder 6.07 und 6.08), bis auf die gegebenenfalls zusätzlich im Block SCHL erforderliche Meldung KEINE UMSÄTZE, identisch.

Daraus folgt sofort, dass auch eine Lösung mit Modell 1, entsprechend Phase F von Alternative 3, Variante B, und einem verkürzten Modell 2 möglich ist (Bild 6.08).

Bewertung der Alternativen

Zur Bewertung der Alternativen werden Referenzproblem und Realisierungsaufwand herangezogen. Das Referenzproblem ist in Ergänzung von Bild 6.05 im Bild 7.19 dargestellt.

Bild 7.19 Aufgabe C, Referenzproblem

Fall	Datei 1	Datei 2	Betriebsform 1 Altern. 1 3.2.2, 3.3.4	 Altern. 2 4.3.1	 Altern. 3 6.2.1	 Altern. 4 7.1	Betriebsform 2
1	X	X	X	X	X	X	X
2	X	--	X	X	--	X	--
3	--	X	--	X	X	--	X

Aus Bild 7.19 können zwei Schlussfolgerungen gezogen werden:

- Alternativen 1 und 4 von Betriebsform 1 sind hinsichtlich der Fälle des Referenzproblems äquivalent.

- Alternative 3 von Betriebsform 1 ist hinsichtlich des Referenzproblems äquivalent zu Betriebsform 2.

In 6.2.1 wurde bereits darauf hingewiesen, dass Alternative 3 dann problemgerecht ist, wenn sich die Dateien 1 und 2 im Zustand referentieller Integrität befinden, wenn also zu jedem Satz von Datei 1 ein zugehöriger Satz in Datei 2 vorhanden ist. Wird diese Annahme als erfüllt angesehen bietet sich unter dem Gesichtspunkt des geringsten Realisierungsaufwandes an, Alternative 3 von Betriebsform 1 zu realisieren, weil sie weitgehend identisch wie Betriebsform 2 realisiert werden kann. Dabei ist es gleichgültig, ob von Alternative 3 die Variante A oder B benutzt wird, weil beide Varianten ihre Gegenstücke in entsprechenden Varianten von Betriebsform 2 haben. Variante A ist im Grobdiagramm von Bild 7.20 zur Lösung ausgewählt.

Bild 7.20 Aufgabe C, Grobdiagramm

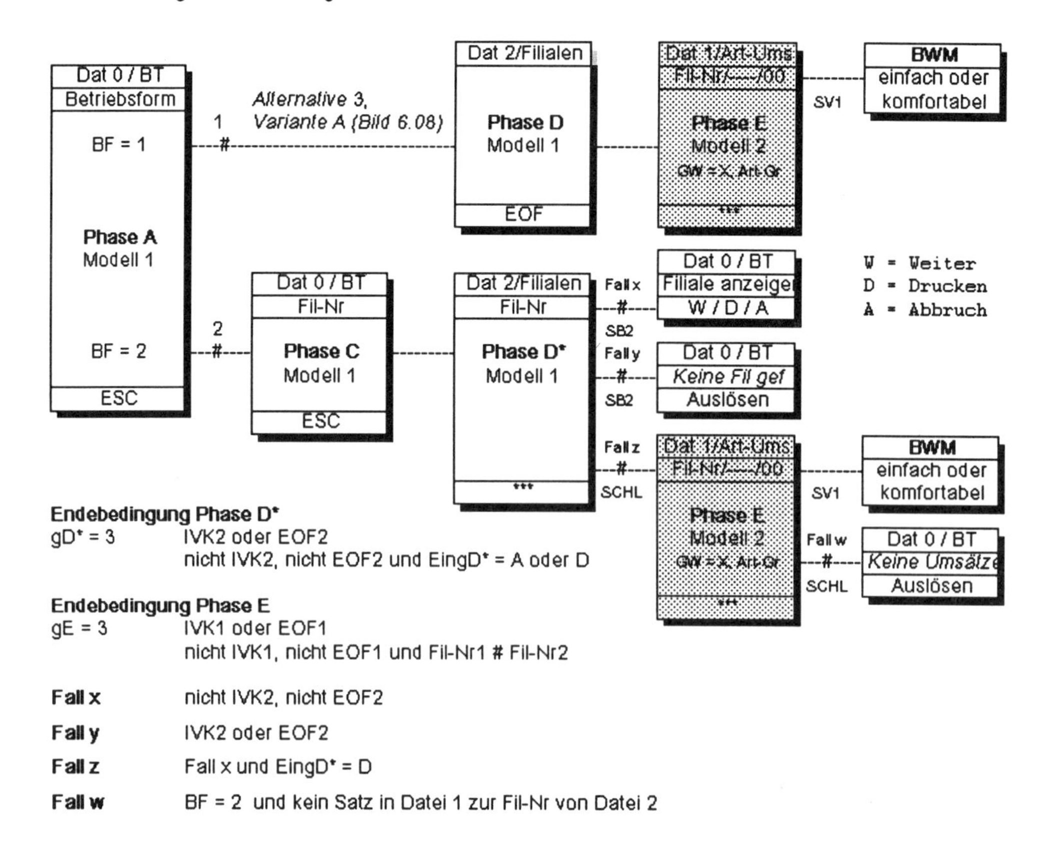

Bei der gewählten Alternative wird Phase E von beiden Betriebsformen genutzt, braucht also nur einmal realisiert zu werden. Der Schluss von Phase E enthält dabei zusätzlich zu den in Bild 6.07 enthaltenen Funktionen die Bildschirmanzeige KEINE UMSÄTZE, die gegebenenfalls bei Betriebsform 2 aktiviert wird.

Programmablaufplan

Ausgehend vom Grobdiagramm können die Programmablaufpläne der einzelnen Phasen auf der Grundlage der gewählten Programm-Modelle entworfen und die Funktionen den Programmblöcken zugeordnet werden. Für Phasen A, C und D* sind die Lösungen in den Bildern 7.21, 7.22, 7.23 und 7.24 enthalten.

Aufgabe C, Programmablaufplan
Phase A, Modell 1

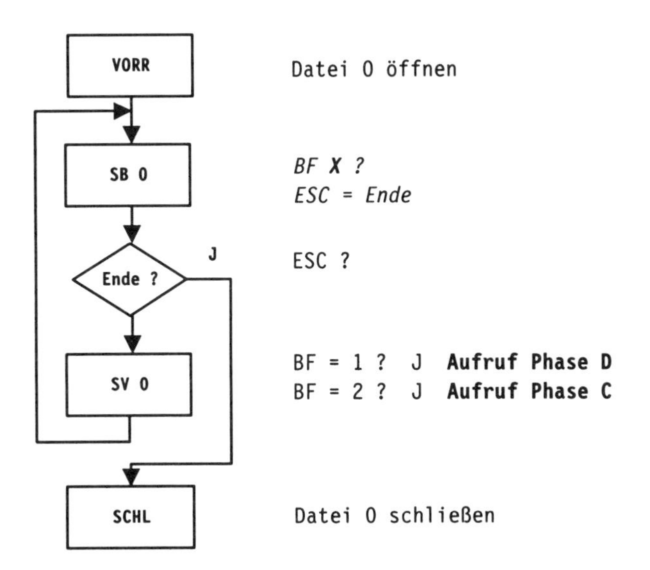

Bild 7.21 Aufgabe C, PAP Phase A

Die Phasen A und C enthalten nur sehr wenige Funktionen, in Phase C sind die Programmblöcke VORR und SCHL leer, können aber z.B. bei geänderter Aufgabenstellung Funktionen aufnehmen.

Der Block SB2 von Phase D* (Bild 7.24) enthält die Lesefunktion für das stückweise sequenzielle Lesen, die aus Bild 6.04 abgeleitet ist und zum besseren Verständnis noch die Fallunterscheidungen von 6.1.2 und 6.1.3 enthält.

Aufgabe C, Programmablaufplan
Phase C, Modell 1

Bild 7.22
Aufgabe C,
PAP Phase C

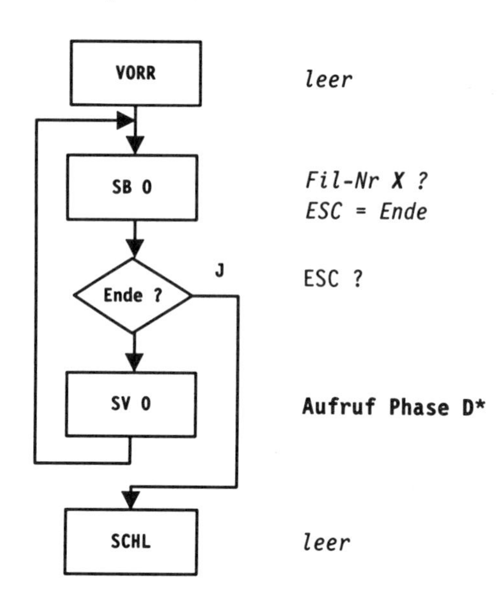

Aufgabe C, Programmablaufplan
Phase D*, Modell 1

Bild 7.23
Aufgabe C,
PAP Phase D*

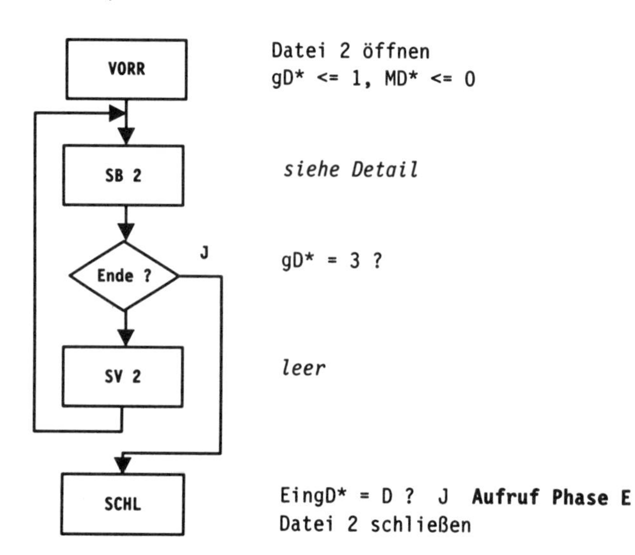

Für die Phasen D und E sind bereits in Bild 6.06 bzw. 6.07 die Einzelheiten enthalten und können von dort übernommen werden. Die notwendige Ergänzung von Phase E um die bei Betriebsform 2 im Fall 3 des Referenzproblems erforderliche Meldung KEINE UMSÄTZE wird dem Leser überlassen.

Die beiden Phasen D und D* sind weitgehend identisch, lediglich die Blöcke für die Satzbereitstellung und die Endebedingungen sind unterschiedlich. Die beiden Phasen können daher bei entsprechender Gestaltung von Satzbereitstellung und Endebedingung auch als eine einzige Phase realisiert werden, die von beiden Betriebsformen aufgerufen wird und Phase E als Unterphase benutzt.

Bei dieser Aufgabe können die in Phasen D und E bereits enthaltenen Funktionen an unveränderter Stelle bleiben. Bei anderen Aufgaben kann das anders sein, insbesondere das Öffnen und Schließen von Ausgabedateien sowie das Besetzen von Anfangswerten müssen beim Zusammensetzen eines Mehrphasenprogramms gelegentlich in übergeordnete Phasen verlagert werden.

Bei der Formulierung der Aufgabe C wurde angenommen, dass nur *eine* Bildmaske für die verschiedenen Funktionen des Bildschirms benutzt wird. Das ist möglich, wenn durch entsprechende Definition der variablen Felder bei jedem Aufruf nur die für die Programmkonstruktion an der betreffenden Stelle erforderlichen Felder als mögliche Eingabefelder definiert werden.

Es ist jedoch auch möglich, ohne Veränderung der Programmkonstruktion *mehrere unterschiedliche* Bildmasken für die Realisierung zu benutzen. In diesem Fall bietet das Grobdiagramm von Bild 7.20 die Möglichkeit, die unterschiedlichen Erscheinungsformen des Bildschirms in der Lösung zu erkennen und durch unterschiedliche Bildmasken zu realisieren. Dabei ergeben sich maximal fünf unterschiedliche Bildmasken. Jede Bildmaske muss wenigstens eine Eingabe ermöglichen, um das Programm anzuhalten und die angezeigte Bildmaske wahrnehmbar zu machen.

Bild 7.24
Aufgabe C,
PAP Phase D*, SB2

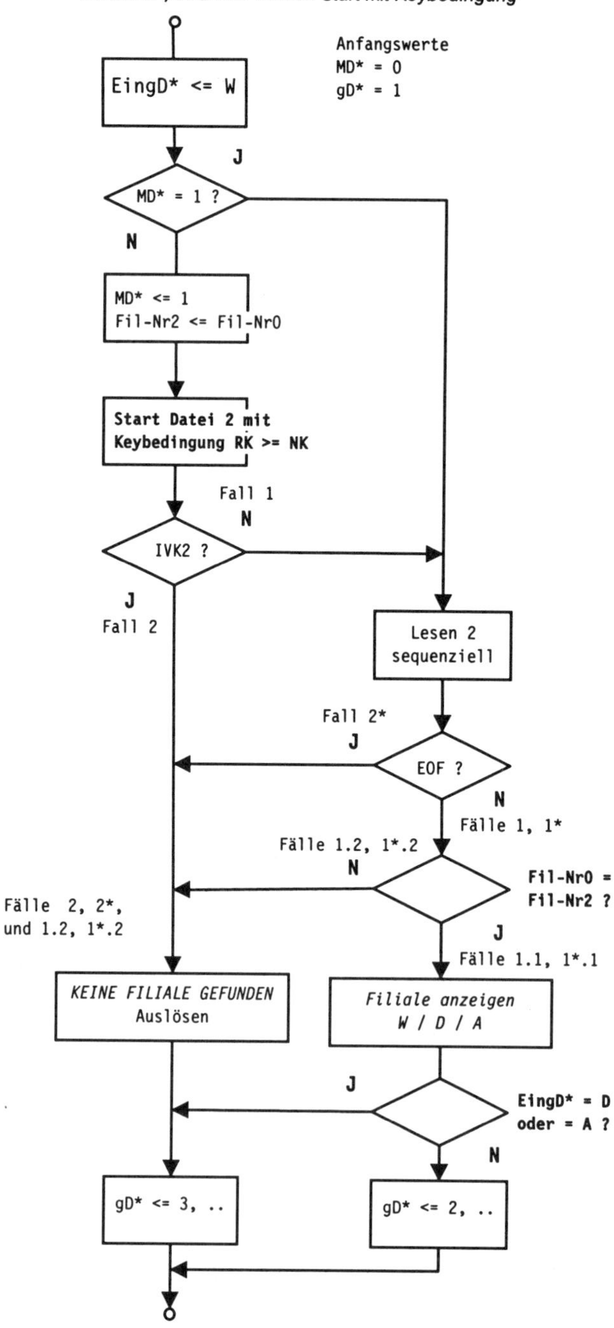

8 Mehrphasenprogramme mit virtuellen Dateien

In Kapitel 6 wurde gezeigt, wie aus dem Eingabedatenstrom der Entwurf von Mehrphasenprogammen abgeleitet werden kann. Die verschiedenen Phasen eines so entwickelten Mehrphasenprogramms sind in einer besonderen Weise miteinander verknüpft, die sich aus dem Eingabedatenstrom ergibt. Die Verknüpfung besteht darin, dass jeweils eine Phase, die Oberphase, eine andere Phase, die Unterphase, aufruft. Die aufgerufene Unterphase wird bei dieser Verknüpfung bei jedem Aufruf *vollständig* durchlaufen, d.h. beginnend mit der Vorroutine (VORR), dem anschließenden meist mehrmaligen Durchlauf der Schleife je nach Programm-Modell, und dem Durchlauf der Schlussroutine (SCHL). Jeder einzelne Aufruf der Unterphase bewirkt somit einen kompletten Durchlauf der Unterphase.

Oft werden Anwendungsprobleme zunächst nicht mit einem einzelnen Programm sondern durch eine Folge von Programmen gelöst. In solchen Programmfolgen wird dann eine Ausgabedatei eines Programms zur Eingabedatei des folgenden Programms. In diesem Kapitel wird gezeigt, wie Programme solcher Programmfolgen nachträglich und in unterschiedlicher Weise zu Mehrphasenprogrammen verknüpft werden können.

Wenn zwei Programme in der geschilderten Weise über *eine reale Zwischendatei* miteinander kommunizieren ist es möglich, die beiden Programme zu einem Zweiphasenprogramm zusammenzufassen, bei dem beide Phasen über die ***reale*** Datei miteinander kommunizieren. Es ist auch möglich die *reale* Datei durch eine *virtuelle* Datei zu ersetzen und die beiden Programme zu einem Zweiphasenprogramm zu verknüpfen, bei dem beide Phasen über die ***virtuelle*** Datei miteinander kommunizieren.

Zwei einfache beispielhafte Fälle sind bereits in den Kapiteln 3 und 4 behandelt worden und können dort nachgelesen werden.

Beispiel aus Kapitel 3

In Abschnitt 3.3.2 und Bild 3.15 ist der Datenflussplan von zwei Programmen dargestellt, die über eine *reale* Zwischendatei kommunizieren. In 3.3.3 und Bild 3.17 ist die reale Zwischendatei durch eine virtuelle Zwischendatei ersetzt. Die Programme von Bild 3.15 werden durch ein Modell 1 und ein Modell 2 realisiert. Der Datenflussplan von Bild 3.17 wird mit einem Modell 1 und einem verkürzten Modell 2 realisiert.

Beispiel aus Kapitel 4

Entsprechend ist in Abschnitt 4.3.1 und Bild 4.13 ein Datenflussplan dargestellt, bei dem die Programme HAUPT-B und UPRO-B über eine virtuelle Datei 3* kommunizieren. In diesem Fall werden die Programme durch ein Modell 3 und ein verkürztes Modell 2 realisiert. Die virtuelle Datei 3* ersetzt gewissermaßen eine reale Datei. Wird eine reale Datei an Stelle der Datei 3* angenommen, entstehen zwei Programme, die mit Modell 3 und Modell 2 realisiert werden können.

Diese beiden Beispiele sind Spezialfälle einer Kommunikation zwischen Programmen bzw. Phasen, weil die zweite Phase, das verkürzte Modell 2, keine Schleife enthält. In diesem Kapitel wird diese Verknüpfung allgemeiner untersucht und auf die Fälle ausgedehnt, bei denen beide Phasen Schleifen enthalten.

Die Entwicklung der Verknüpfung erfolgt in vier Schritten:

1. Eine beispielhafte Aufgabe wird gestellt (8.1 und 8.1.1).
2. Für die Aufgabe wird eine Lösung mit *einem* Programm entworfen, das mit Modell 4 realisiert werden kann (8.1.1, Ziffer 2)
3. Für die Aufgabe wird eine Lösung mit *zwei getrennten* Programmen entworfen, die über eine *reale* Zwischendatei miteinander kommunizieren und die mit Modell 2 und Modell 3 realisiert werden können (8.1.1, Ziffer 3).
4. Die beiden Programme werden zu *einem* Programm mit *zwei* Phasen zusammengefasst, die über die *reale* Zwischendatei miteinander kommunizieren (8.2).
5. Die *reale* Zwischendatei wird durch eine *virtuelle* Datei ersetzt. Die beiden Phasen des Programms werden so verknüpft, dass sie über die *virtuelle* Datei miteinander kommunizieren. Für die Verknüpfung werden dabei zwei verschiedene Alternativen untersucht (8.3).

8.1 Beispielaufgabe für mögliche Mehrphasenlösungen

In Abwandlung der Aufgaben aus 4.2.2 und 5.2.1 wird eine Aufgabe formuliert, die sich von diesen beiden Aufgaben in einem Punkte wesentlich unterscheidet. Bei den Aufgaben aus 4.2.2 und 5.2.1 sind beide Eingabedateien gleich aufgebaut. Bei der jetzt vorgestellten Aufgabe unterscheiden sich beide Eingabedateien.

8.1.1 Aufgabe Umsatzvergleich

Aufgabenstellung

Bild 8.01
Umsatzvergleich

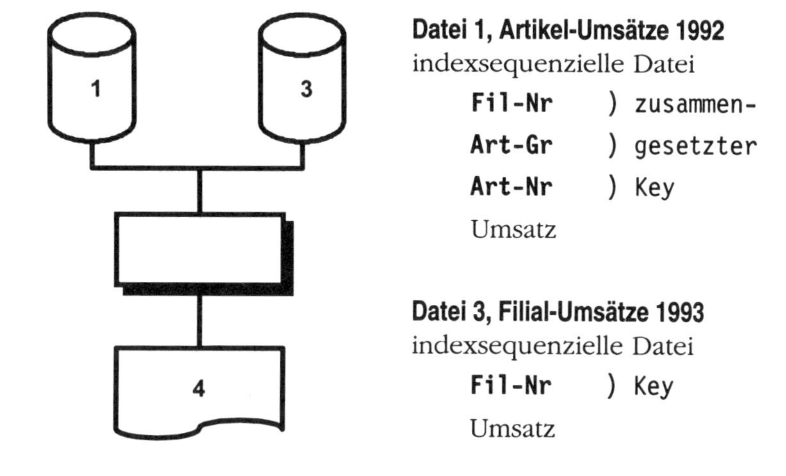

Datei 4, Filialumsatzliste

Bild 8.02
Filialumsatzliste

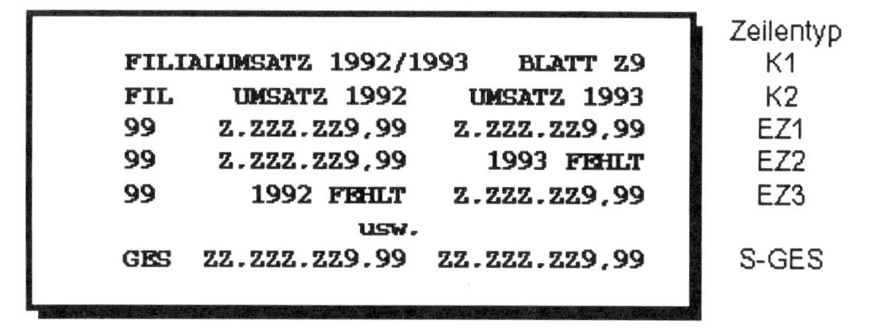

			Zeilentyp
FILIALUMSATZ	1992/1993	BLATT Z9	K1
FIL	UMSATZ 1992	UMSATZ 1993	K2
99	Z.ZZZ.ZZ9,99	Z.ZZZ.ZZ9,99	EZ1
99	Z.ZZZ.ZZ9,99	1993 FEHLT	EZ2
99	1992 FEHLT	Z.ZZZ.ZZ9,99	EZ3
	usw.		
GES	ZZ.ZZZ.ZZ9.99	ZZ.ZZZ.ZZ9,99	S-GES

Programmbeschreibung

Das Programm druckt die Filialumsatzliste laut Bild 8.02 mit den nachfolgend aufgeführten Funktionen (vergl. hierzu die Aufgaben aus 4.2.2 und 5.2.1).

1. Jede Filiale von Datei 1 und jeder Satz von Datei 3 liefern Informationen für eine Zeile. Je nach Fall wird eine Zeile vom Typ EZ1, EZ2 oder EZ3 gedruckt.
2. Jedes Blatt erhält maximal 50 Einzelzeilen EZ1, EZ2 und EZ3.
3. Die Blätter werden mit 1 beginnend fortlaufend nummeriert.

4. Die Gesamtumsatzzeile GES wird nicht allein auf ein neues Blatt gedruckt, sondern erscheint stets noch unter den Einzelzeilen.
5. Wenn beide Eingabedateien leer sind, wird keine Zeile gedruckt.

Lösungsschritte

1. Analyse des Datenflusses

Beide Eingabedateien sind indexsequenzielle Dateien und bezüglich des Gruppierworts

GW = GW (X, Fil-Nr)

aufsteigend sortiert. In Datei 3 liegt bereits je Filiale ein Satz mit dem Umsatz der Filiale im Jahr 1993 vor. Aus den Sätzen von Datei 1 muss erst je Satzgruppe vom Rang 1 (Fil-Nr) die Summe des Umsatzes jeder Filiale im Jahre 1992 ermittelt werden.

2. Wahl des Programm-Modells für ein Einphasenprogramm

Einphasenprogramm, Lösung mit Modell 4

Da alle drei Fälle des Referenzproblems bearbeitet und satzgruppenbezogene Funktionen realisiert werden müssen, kommen für ein Einphasenprogramm die Programm-Modelle 3 und 4 in Betracht. Da die satzgruppenbezogenen Funktionen nicht nur im Fall 1 des Referenzproblems, sondern auch im Fall 2 realisiert werden müssen, scheidet Modell 3 aus. Es kommt zunächst als Einphasenprogramm nur eine Lösung mit Modell 4 und GW = (X, Fil-Nr) in Betracht (vgl. 5.2.2). Die Lösung entspricht in vielen Punkten der Lösung aus 5.2.1 und soll hier nicht weiter untersucht werden, sondern kann als Übungsaufgabe vom Leser gelöst werden.

3. Wahl der Programm-Modelle für eine Programmfolge

Programmfolge von zwei Programmen

Weitere Lösungsmöglichkeiten ergeben sich, wenn das Programm in eine Folge von zwei getrennten Programmen zerlegt wird. Bild 8.03, Teil a, zeigt den Datenflussplan einer solchen Lösung, wobei die Programme im Hinblick auf die unmittelbar anschließend untersuchte Lösung bereits als Phasen bezeichnet sind.

Programm/Phase P1

Die Lösung geht davon aus, dass in Phase bzw. Programm P1 die Datei 2 erstellt wird, die gleich oder ähnlich aufgebaut ist wie Datei 3. Die Datei 2 enthält für jede Filiale, zu der eine Satzgruppe in Datei 1 enthalten ist, einen Satz mit den Informationen *Fil-Nr* und *Umsatz*. Datei 2 ist entweder eine sequenzielle Datei oder eine indexsequenzielle Datei mit Fil-Nr als Key. Wenn Datei 2 als sequenzielle Datei angenommen wird, ergibt sich die folgende Dateibeschreibung.

Datei 2, Filial-Umsätze 1992
sequenzielle Datei, aufsteigend sortiert nach Fil-Nr

Fil-Nr

Umsatz

Um Datei 2 zu erstellen, muss Phase bzw. Programm P1 mit Modell 2 und GW = (X, Fil-Nr) realisiert werden.

Programm/Phase P2

In Phase P2 müssen alle drei Fälle des Referenzproblems bearbeitet werden. Satzgruppenbezogene Funktionen werden nicht benötigt, lediglich Gesamtsummen werden gebildet. Dateien 2 und 3 sind bezüglich desselben Gruppierworts aufsteigend sortiert und erfüllen damit alle Voraussetzungen für die Anwendung von Modell 3. Phase P2 kann daher weitgehend ähnlich wie die Aufgabe *Dateivergleich Artikelumsätze* aus 4.2.2 gelöst werden, mit Modell 3, jedoch mit einem gegenüber 4.2.2 verkürzten Gruppierwort GW = (X, Fil-Nr).

Bild 8.03
Datenflusspläne der Programmfolgen

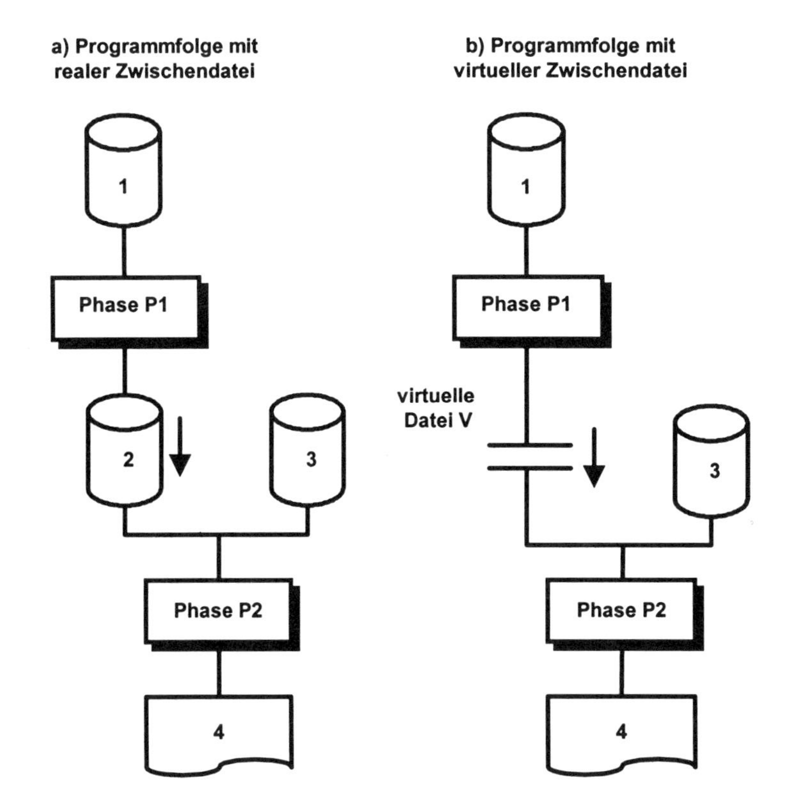

8.2 Mehrphasenprogramm mit realer Zwischendatei

Die in 8.1.1 unter Ziffer 3 geschilderte Lösung kann in einem Programm realisiert werden. Die beiden Programme P1 und P2 werden dabei zu hintereinander geschalteten Phasen eines Programms. Das Programm startet am Anfang von Phase 1. Wenn Phase 1 vollständig durchlaufen ist startet Phase 2 und läuft vollständig ab. Das Grobdiagramm dieser Lösung ist in Bild 8.04 dargestellt.

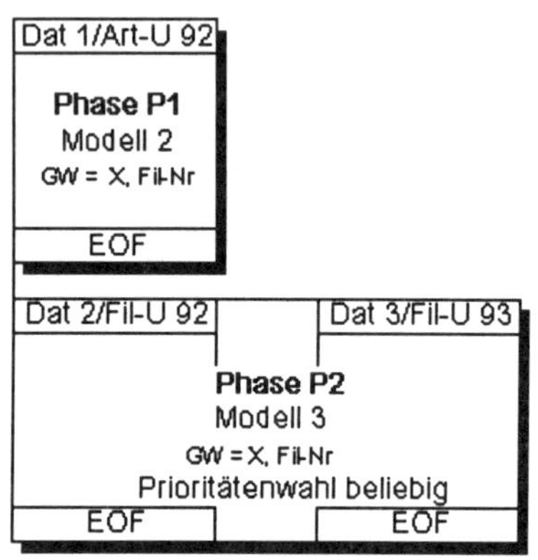

Bild 8.04
Zwei hintereinander geschaltete Phasen

Die beiden Phasen werden in gleicher Weise realisiert, wie bei der Lösung mit zwei getrennten Programmen von 8.1.1 Ziffer 3.

Die Einzelheiten der Lösung, also insbesondere die Zuordnung der Funktionen zum Programmablaufplan, bleiben dem Leser als Übungsaufgabe überlassen.

8.3 Mehrphasenprogramm mit virtueller Zwischendatei

Beide Phasen P1 und P2 können so miteinander verknüpft werden, dass Datei 2 eine virtuelle Datei wird, wie Bild 8.03, Teil b, zeigt. Der Datenfluss in der virtuellen Datei läuft nur in einer Richtung, von Phase 1 nach Phase 2, und ist durch einen Pfeil angedeutet.

Für die Realisierung bestehen zwei Alternativen:

Alternative 1, Oberphase P1 mit virtueller Ausgabedatei

Phase P1 ist Oberphase und ruft Phase P2 als Unterphase auf.

Die virtuelle Datei V ist

- in der Oberphase P1 eine Ausgabedatei,

- in der Unterphase P2 eine sequenzielle Eingabedatei.

Für jeden Satz, den die Oberphase an die Unterphase übergibt, wird die Unterphase *einmal* aufgerufen.

Alternative 2, Oberphase P2 mit virtueller Eingabedatei

Phase P2 ist Oberphase und ruft Phase P1 als Unterphase auf.

Die virtuelle Datei ist
- in der Unterphase P1 eine Ausgabedatei,
- in der Oberphase P2 eine sequenzielle Eingabedatei.

Für jeden Satz, den sich die Oberphase von der Unterphase bereitstellen lässt, wird die Unterphase *einmal* aufgerufen.

Gemeinsamkeiten und Unterschiede der Alternativen

Beide Alternativen können mit den in 8.2 entworfenen Phasen realisiert werden, die aber für die Verknüpfung modifiziert werden müssen.

Bei beiden Alternativen muss die virtuelle Datei V in der Phase P1 als Ausgabedatei so realisiert werden, dass in der Phase P2 eine sequenzielle Eingabedatei simuliert werden kann. Damit die simulierte sequenzielle Eingabedatei mit den vorgestellten Programm-Modellen und den in ihnen enthaltenen Funktionen für die Satzbereitstellung bearbeitet werden kann, ist ein *Endesignal* erforderlich, mit dem die bei realen sequenziellen Dateien durch das Signal EOF ausgelösten Endefunktionen ausgelöst werden können.

Bei beiden Alternativen ist es erforderlich, aus der Vorroutine der jeweiligen Oberphase einmal die Vorroutine der Unterphase aufzurufen, damit in der Unterphase die realen Dateien geöffnet werden können und gegebenenfalls Anfangswerte zugewiesen werden können.

Bei beiden Alternativen ist es erforderlich, aus der jeweiligen Oberphase den Verarbeitungzyklus der Unterphase aufzurufen. Die Art dieses Aufrufs ist jedoch unterschiedlich. Der Aufruf kann entweder eine Schreibfunktion oder eine Lesefunktion simulieren.

Ebenso ist es erforderlich, aus der Schlussroutine der jeweiligen Oberphase einmal die Schlussroutine der Unterphase aufzurufen, um die realen Dateien der Unterphase zu schließen und gegebenenfalls andere Abschlussfunktionen auszuführen.

8.3.1 Alternative 1, Oberphase Ausgabe – Unterphase Eingabe

Um die notwendige Kommunikation zwischen den beiden Phasen sicher zu stellen, werden zunächst vier Boolesche Variable eingeführt, die von der Oberphase beim Aufruf der Unterphase an die Unterphase übergeben werden.

SU1 Schalter für Durchlauf der Vorroutine der Unterphase

1 = Vorroutine der Unterphase durchlaufen
0 = Vorroutine der Unterphase nicht durchlaufen

SU2 Schalter für Durchlauf der Zyklusschleife der Unterphase

1 = Zyklusschleife der Unterphase durchlaufen
0 = Zyklusschleife der Unterphase nicht durchlaufen

SU3 Schalter für Durchlauf der Schlussroutine der Unterphase

1 = Schlussroutine der Unterphase durchlaufen
0 = Schlussroutine der Unterphase nicht durchlaufen

SU4 Endesignal zur Übergabe von der Oberphase an die Unterphase

1 = Ende der virtuellen Datei
0 = Kein Ende, Satz wird übergeben (Anfangswert)

Oberphase Ausgabe

Mit diesen vier Booleschen Variablen als Schaltern kann die Oberphase P1 für die Kommunikation ergänzt werden.

Vorroutine der Unterphase aufrufen

Bei Beginn der Oberphase P1 muss aus der Vorroutine der Oberphase die Vorroutine der Unterphase P2 aufgerufen werden.

Oberphase P1, Vorroutine

```
SU1 <= 1; SU2 <= 0; SU3 <= 0; SU4 <= 0
Aufruf Unterphase P2
```

Satz an die Unterphase übergeben

In dem Block der Oberphase P1, in dem der für die virtuelle Datei V bestimmte Satz gebildet und an die Unterphase P2 übergeben wird, muss die Schreibfunktion durch einen Aufruf der Unterphase simuliert werden, bei dem neben den vier Booleschen Variablen der Satz übergeben wird. Im Beispiel der Aufgabe 8.1.1 und der Lösung von Bild 8.04 erfolgt das im Block Gruppenende 1. Allgemein erfolgt das in dem Block, in dem bei einer realen Ausgabedatei die Schreibfunktion ausgeführt würde.

Oberphase P1, Satzausgabe in die virtuelle Datei

```
SU1 <= 0; SU2 <= 1; SU3 <= 0; SU4 <= 0
Aufruf Unterphase P2
```

Endesignal und Endesimulation

Für die Endesimulation ist es erforderlich, an Stelle eines Satzes ein Endesignal an die Unterphase zu übergeben, das in der Unterphase die Endefunktionen auslöst. Das kann aus der Schlussroutine erfolgen. Andererseits muss aus der Schlussroutine der Oberphase die Schlussroutine der Unterphase aufgerufen werden, um in der Unterphase Abschlussfunktionen durchzuführen und die realen Dateien zu schließen. In dem diese beiden Funktionen miteinander verbunden werden, ergibt sich für die Schlussroutine der Oberphase die folgende Ergänzung:

Oberphase P1, Schlussroutine

```
SU1 <= 0; SU2 <= 1; SU3 <= 1; SU4 <= 1
Aufruf Unterphase P2
```

Unterphase Eingabe

Die Unterphase P2 muss so gestaltet werden, dass die mit den vier Booleschen Variablen übergebenen Signale die entsprechenden Funktionen auslösen. Dazu sind Modifikationen an den Programm-Modellen erforderlich. Bei der Beispielaufgabe von 8.1.1 und der Lösung von Bild 8.04 wird Phase 2 mit Modell 3 realisiert. Für Modell 3 sind die Modifikationen in Bild 8.05 zusammengestellt. Sie können bei Bedarf durch Ergänzung oder Reduzierung um die entsprechenden Programmblöcke leicht auf die anderen Programm-Modelle übertragen werden.

Vorzüge dieser Lösung

In der Lösung von Bild 8.05 wird ersichtlich, dass die in diesem Buch durchgehend gewählte Form *der Schleife mit Unterbrechung* für diese Phasenverknüpfung und insbesondere für die Gestaltung der Unterphase sehr günstig ist. Bei anderen Formen der Schleife, wie bei den kopf- oder fußgesteuerten Formen von Bild 2.12 und Bild 2.13 sind aufwendige Hilfskonstruktionen erforderlich. Die Hilfskonstruktionen müssen es ermöglichen, den Schleifenrumpf zwischen den Blöcken Satzverarbeitung und Satzbereitstellung zu verlassen und später, beim nächsten Aufruf, an die gleiche Stelle wieder in den Schleifenrumpf hineinzuspringen. Dieses Hineinspringen in Schleifen wird durch die hier vorgestellten Konstruktionen vermieden.

8.3.2 Alternative 2, Oberphase Eingabe – Unterphase Ausgabe

Für die Kommunikation zwischen den Phasen werden wie bei Alternative 1 die Booleschen Variablen SU1, SU2 und SU3 benutzt. Die Variable SU4 wird nicht benutzt.

Zusätzlich werden drei weitere Boolesche Variable benötigt. Eine Variable SU5 wird benötigt, um das Endesignal von der Unterphase P1 an die Oberphase P2 zu übergeben. Für die interne Steuerung der Unterphase werden zwei Variable benötigt.

Bild 8.05
Unterphase,
virtuelle Eingabe

Programmablaufplan Modell 3
als Unterphase mit virtueller Eingabedatei V

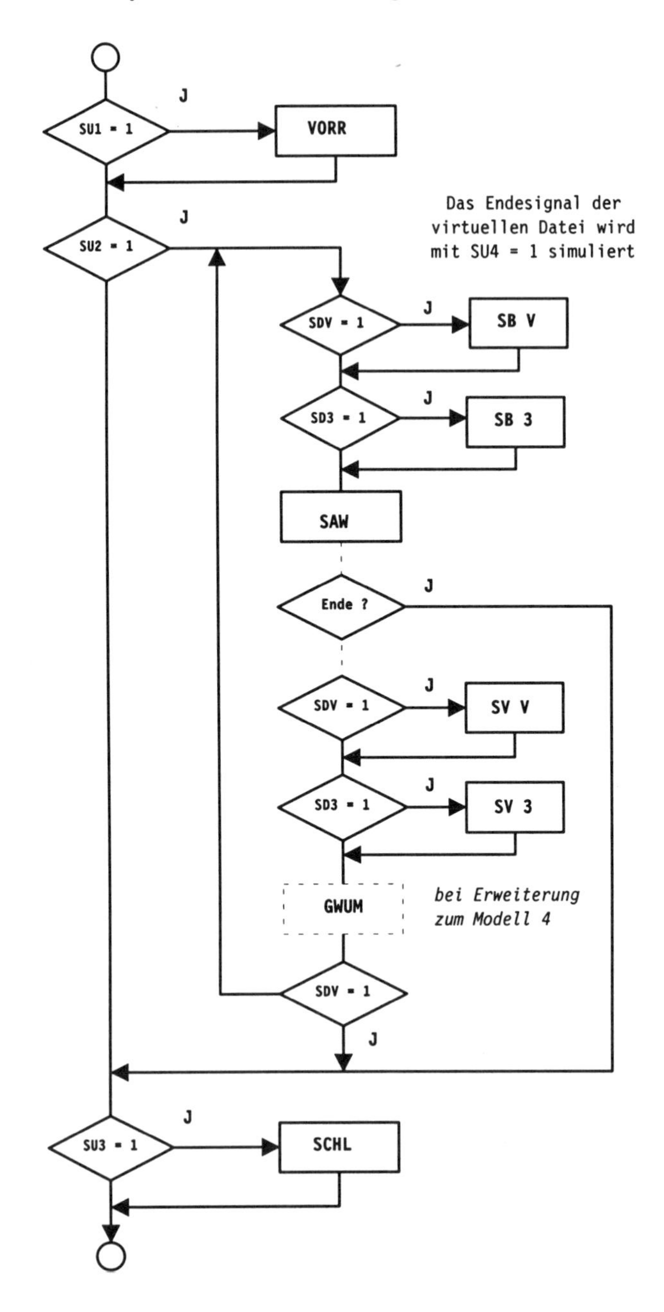

Die Variable SU6 dient der Simulation der Schreibfunktion in der Unterphase. Die Variable SU7 dient einer Vormerkung für Endesignal und Endesimulation in der Unterphase.

SU5 Endesignal zur Übergabe von der Unterphase an die Oberphase

1 = Ende der virtuellen Datei der Unterphase
0 = Kein Ende (Anfangswert)

SU6 Schreibfunktion in der Unterphase simuliert

1 = Satz zur Übergabe an die Oberphase bereitgestellt
0 = Kein Satz zur Übergabe bereitgestellt (Anfangswert)

SU7 Ende-Vormerkung für die virtuelle Datei in der Unterphase

1 = Ende vorgemerkt
0 = Ende nicht vorgemerkt (Anfangswert)

Oberphase Eingabe

Mit den sechs Booleschen Variablen SU1 – SU3 und SU5 – SU7 als Schaltern kann die Oberphase P2 für die Kommunikation ergänzt werden.

Vorroutine der Unterphase aufrufen

Bei Beginn der Oberphase P2 muss aus der Vorroutine der Oberphase die Vorroutine der Unterphase P1 aufgerufen werden.

Oberphase P2, Vorroutine

```
SU1 <= 1; SU2 <= 0; SU3 <= 0;
Aufruf Unterphase P1
```

Satz von der Unterphase anfordern

Im Block Satzbereitstellung der virtuellen Eingabedatei V der Oberphase P2 muss die Lesefunktion durch einen Aufruf der Unterphase P1 simuliert werden. Unmittelbar im Anschluss an die Lesefunktion muss das eventuell von der Unterphase übergebene Endesignal SU5 ausgewertet werden um gegebenenfalls die Endefunktionen auszulösen. Je nach Aufbau des Gruppierworts ist dazu das Gruppierwort entsprechend zu besetzen.

Oberphase P2, Satzbereitstellung virtuelle Datei V

```
SU1 <= 0; SU2 <= 1; SU3 <= 0;
Aufruf Unterphase P1
SU5 = 1 ?   J   GW-N <= 3, 00
            N   GW-N <= 2, ..
```

Schlussroutine der Unterphase aufrufen

Aus der Schlussroutine der Oberphase P2 muss die Schlussroutine der Unterphase P1 aufgerufen werden, um dort die Abschlussfunktionen auszuführen und die realen Dateien zu schließen.

Oberphase P2, Schlussroutine

```
SU1 <= 0; SU2 <= 0; SU3 <= 1;
Aufruf Unterphase P1
```

Unterphase Ausgabe

Die Unterphase P1 muss wieder so gestaltet werden, dass die mit den Booleschen Variablen SU1, SU2, SU3 und SU5 an die Unterphase übergebenen Signale die entsprechenden Funktionen auslösen. Dazu sind Modifikationen an den Programm-Modellen erforderlich. Bei der Beispielaufgabe von 8.1.1 und der Lösung von Bild 8.04 wird Phase 1 mit Modell 2 realisiert. Für Modell 2 sind die Modifikationen in Bild 8.06 zusammengestellt. Sie können bei Bedarf durch Ergänzung oder Reduzierung um die entsprechenden Programmblöcke leicht auf die anderen Programm-Modelle übertragen werden.

Die Schreibfunktion in der Unterphase P1 wird mit den drei Booleschen Variablen SU5, SU6 und SU7 simuliert, wobei SU6 und SU7 interne Variable der Unterphase P1 sind.

Bei Beginn der Unterphase P1 wird die interne Variable SU6 stets erneut auf den Anfangswert 0 (Null) gesetzt. An derjenigen Stelle in der Unterphase P1, in der für eine reale Zwischendatei die Schreibfunktion stehen würde, wird an Stelle der Schreibfunktion durch eine Zuweisung SU6 auf den Wert 1 gesetzt. Der Rücksprung in die Oberphase P2 erfolgt nicht sofort, sondern erst am Ende des Verarbeitungszyklusses nach dem Umsetzen des dateineutralen Gruppierworts und nur, wenn SU6 = 1 eine simulierte Schreibfunktion signalisiert. Der Rücksprung unterbleibt, wenn SU6 = 0 ist. In diesem Fall wird in der Schleife zur Satzbereitstellung zurückverzweigt.

Diese Konstruktion ermöglicht es, mit einem Aufruf der Unterphase P1 *einen* (oder keinen) Satz von der Unterphase P1 an die Oberphase P2 übergeben zu lassen. Dabei ist es möglich, dass der zu übergebende Satz erst nach mehrmaligem Durchlaufen der Schleife in der Unterphase P1 gebildet und die Schreibfunktion simuliert wird.

Wenn in der Unterphase P1 die Endebedingung erfüllt ist und die Schleife verlassen wird, sind zwei Fälle zu unterscheiden:

Fall 1, SU6 = 1

In der Unterphase P1 ist ***ein Satz*** *zur Übergabe an die Oberphase P2 gebildet und die Schreibfunktion durch SU6 = 1 simuliert.*

Wenn die Endebedingung eingetreten ist und die Schleife der Unterphase P1 verlassen wird, ist der gebildete und zu übergebene Satz der *letzte Satz* der virtuellen Datei.

Bei sequenziellen Dateien ist keine Kennzeichnung des letzten Satzes vorgesehen. Die Eigenschaft eines Satzes einer sequenziellen Datei, der letzte Satz der Datei zu sein, wird erst erkannt, wenn mit der Funktion *Lesen sequenziell* versucht wird seinen Nachfolger bereitzustellen und diese Funktion keine weiteren Satz sondern das Signal EOF liefert. Dieser Funktionsablauf muss simuliert werden.

Die Boolesche Variable SU7 wird für diese Simulation zur Vormerkung von Dateiende der virtuellen Datei benutzt und in der Unterphase P1 auf den Wert 1 gesetzt. Beim nächst folgenden Aufruf der Unterphase P1 wird in der Unterphase unter Umgehung des Verarbeitungszyklusses das Endesignal SU5 = 1 gesetzt und an die aufrufende Oberphase P2 übergeben.

Fall 2, SU6 = 0

In der Unterphase ist ***kein Satz*** *zur Übergabe an die Oberphase gebildet und daher auch keine Schreibfunktion simuliert.*

Wenn die Endebedingung eingetreten ist und die Schleife der Unterphase verlassen wird, kann kein weiterer Satz für die virtuelle Datei gebildet werden. Es wird daher sofort das Endesignal SU5 durch Zuweisung auf den Wert 1 gesetzt und an die aufrufende Oberphase P2 übergeben.

8.3.3 Symbolische Darstellung der Alternativen

Es muss nochmals betont werden, dass die vorgestellten Verknüpfungen in dieser Form nur anwendbar sind, wenn die jeweilige Unterphase bei einem Aufruf *entweder* genau einen Satz *oder* das Endesignal an die aufrufende Oberphase übergibt. Diese Voraussetzung ist erfüllt, wenn in der Unterphase nur *eine* simulierte Schreibfunktion enthalten ist, die z.B. im Block Satzverarbeitung oder in einem der Blöcke für die Gruppenendeverarbeitung enthalten ist.

Die Verknüpfungen über eine virtuelle Zwischendatei erhöhen dann die Effizienz, wenn das Datenvolumen der virtuellen Zwischendatei groß ist und die zeitaufwendigen Schreib- und Lesefunktionen für eine reale Datei entfallen.

Die vorgestellten beiden Alternativlösungen sind in Bild 8.07 symbolisch in Kurzform dargestellt. Die Darstellung lässt erkennen, dass diese Technik auch zur Verknüpfung von mehr als zwei Phasen und insbesondere kaskadierend anwendbar ist. Damit können bei Massendatenverarbeitung Programmfolgen von mehr als zwei Programmen in geeigneten Fällen erheblich beschleunigt werden.

Bild 8.06
Unterphase,
virtuelle Ausgabe

Programmablaufplan Modell 2, 3 Ränge, als Unterphase mit virtueller Ausgabedatei V

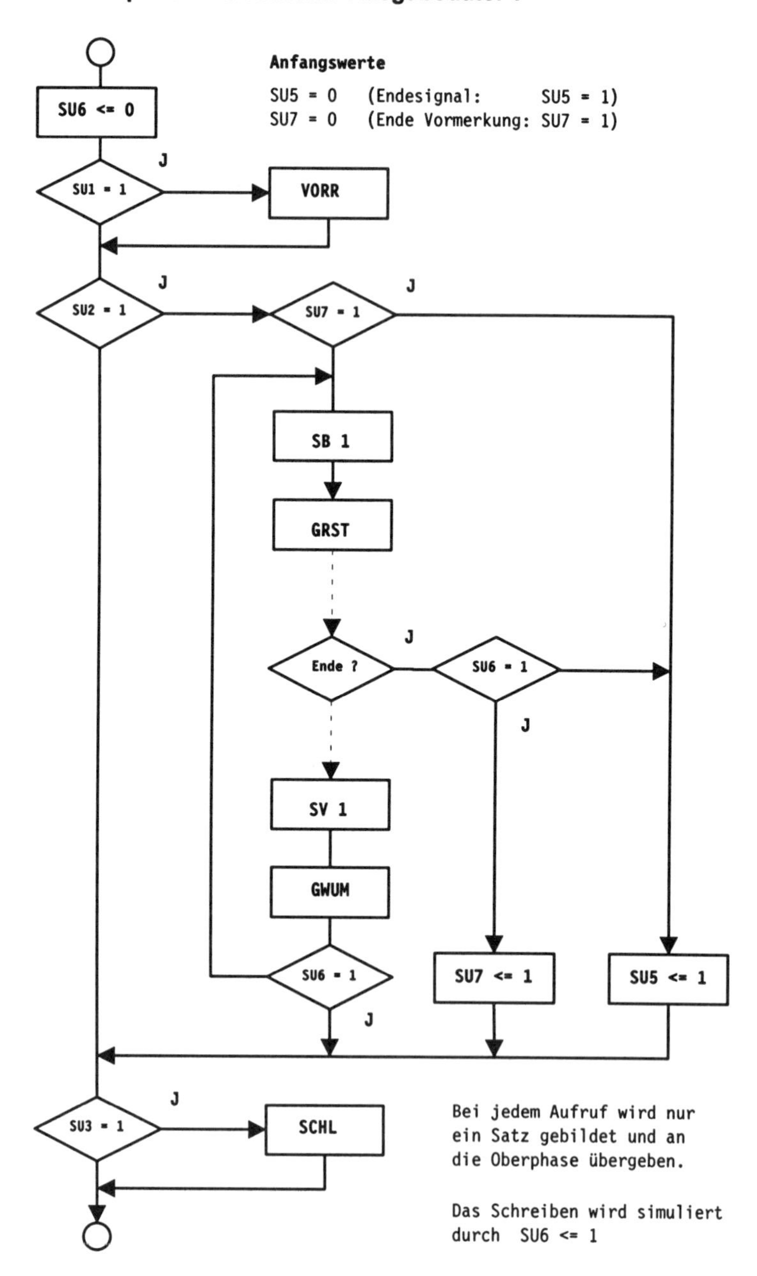

Bild 8.07
Zweiphasenprogramm, symbolische Darstellung

Programmfolge mit virtueller Zwischendatei

Alternative 1, Oberphase P1 Ausgabe

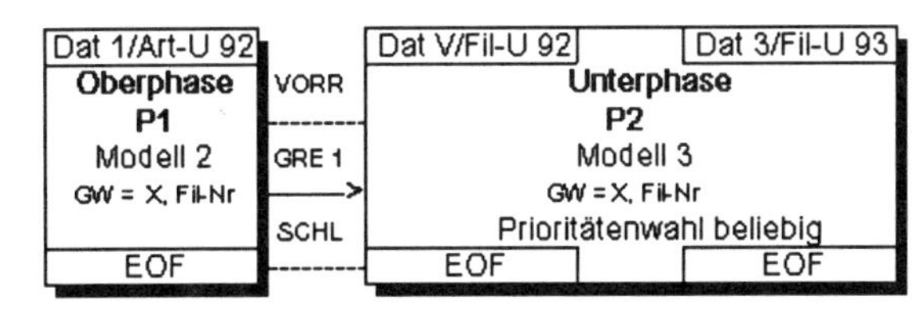

Alternative 2, Oberphase P2 Eingabe

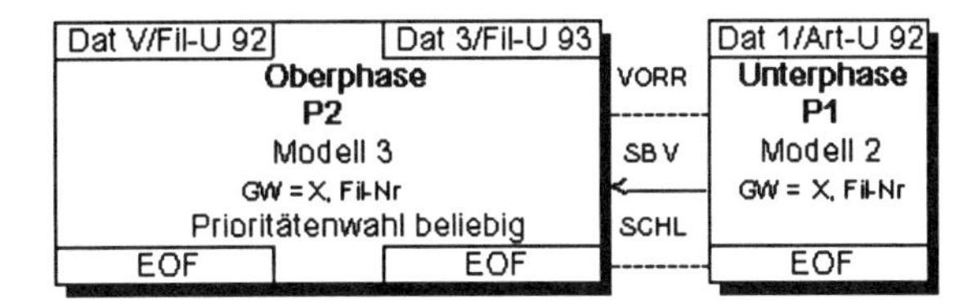

9 Sortierprogramme als Mehrphasenprogramme

Die Technik der Mehrphasenprogramme eignet sich hervorragend dazu, das Problem der Sortierung großer Datenbestände zu lösen. Die Aufgabenstellung dafür kann in zwei einander sehr ähnlichen Abwandlungen formuliert werden.

Problem 1: Isolierte Sortierung (Sort)

Aus *einer* sequenziellen (oder indexsequenziellen) Eingabedatei mit einer unbekannten aber möglicherweise sehr großen Anzahl von Sätzen ist eine bezüglich eines festzulegenden Gruppierwortes sortierte Ausgabedatei zu erzeugen, die alle Sätze der Eingabedatei enthält. Ist die Eingabedatei leer, so ist auch die Ausgabedatei leer.

Problem 2: Integrierte Sortierung (I-O-Sort)

Innerhalb eines Programms ist die Sortierung einer im Programm erzeugten Zwischendatei mit einer sehr großen Anzahl von Sätzen bezüglich eines Gruppierwortes erforderlich, um die weitere Verarbeitung zu ermöglichen. Die zu sortierende Zwischendatei kann leer sein, dann ist auch die sortierte Datei leer.

Problem 1 als Spezialfall von Problem 2

Das Problem der integrierten Sortierung kann auf das Problem der isolierten Sortierung zurückgeführt werden, wenn aus der zu sortierenden Zwischendatei in einem gesonderten Programm eine sortierte Zwischendatei erzeugt wird. Hier soll gezeigt werden, dass die zunächst als reale Dateien angenommenen Zwischendateien in geeigneten Fällen teilweise oder ganz durch virtuelle Dateien ersetzt werden können. Dabei wird die Technik der Mehrphasenprogramme von Kapitel 8 angewendet.

9.1 Lösungs-Modell für isolierte Sortierung

Zunächst wird für die isolierte Sortierung (Problem 1) ein Lösungs-Modell entwickelt, das anschließend auch auf Problem 2, integrierte Sortierung, übertragen wird. Die Entwicklung erfolgt in drei Schritten

1. Eine Folge von mehreren nacheinander ablaufenden Programmen wird entworfen, die über reale Dateien miteinander kommunizieren und die mit den Programm-Modellen 2 und 3 realisiert werden können (9.1.1 – 9.1.4).
2. Die Anzahl der nacheinander ablaufenden Programme wird in Abhängigkeit von der Anzahl der Datensätze so bestimmt,

dass mit berechenbar vielen Schritten die sortierte Datei erzeugt wird (9.1.5).

3. Ein Steuerprogramm wird entworfen, dass die nacheinander ablaufenden Programme als Phasen eines Mehrphasenprogramms aufruft (9.1.6).

9.1.1 Mehrphasenprogramm als Lösungsansatz

Der Lösungsansatz geht davon aus, dass die Anzahl der Sätze in der zu sortierenden Eingabedatei sehr groß ist und nicht alle Sätze in dem zur Verfügung stehenden Hauptspeicherbereich des Programms gespeichert werden können, sondern jeweils nur eine Folge von höchstens S Sätzen, ein sogenannter *String*. Die Anzahl S heißt Stringlänge und ist größer als 0 (Null).

Strings und Satzgruppen

Die Eingabedatei wird daher in Satzgruppen von jeweils S Sätzen zerlegt. Jede Satzgruppe wird für sich laut Aufgabenstellung sortiert. Durch wiederholtes Mischen der sortierten Satzgruppen werden immer längere sortierte Satzgruppen erzeugt, sogenannte sortierte Strings, bis eine vollständig sortierte Datei erzeugt ist.

Dazu sind mehrere Schritte erforderlich, für die zunächst eine Folge von Programmen oder Phasen entworfen wird. Anschließend werden die Programme zu einem Mehrphasenprogramm zusammengefasst.

Für die beispielhaften Überlegungen kann als Stringlänge S = 5 angenommen werden. In der Anwendungspraxis wird S jedoch einen wesentlich größeren Wert haben. Jeder String kann als Satzgruppe aufgefasst werden, wenn ein geeignetes Gruppierwort mit Hilfe einer Ordnungszahl SA-Nr definiert wird, die jedem Satz der Eingabedatei mit 1 beginnend fortlaufend zugeordnet wird. Z.B.:

```
GW-N      = GW-N (X, ST-Nr)
```

Dabei kann aus der Satz-Nummer SA-Nr die String-Nummer

```
ST-Nr     = [(SA-Nr - 1)/S + 1]
```

als größte ganze in den eckigen Klammern enthaltene Zahl gebildet werden. Beispielhaft kann hier S = 5 gesetzt werden.

9.1.2 Vorsortierphase VS

Die Programmfolge beginnt mit dem Programm VS (Bild 9.01, a). Das Programm VS bildet aus den Sätzen der Eingabedatei 0 Satzgruppen von S Sätzen. Jeweils eine Satzgruppe wird im Programm gespeichert und programmintern sortiert. Die sortierte Satzgruppe wird als sortierter String der Länge S auf die Ausgabedatei 1 oder 2 ausgegeben. Die Ausgabedatei wird dabei je String gewechselt, so dass abwechselnd ein String auf Datei 1, der nächste String auf Datei 2 usw. ausgegeben wird.

Der Algorithmus zum Sortieren der Strings innerhalb der Vorsortierphase kann beliebig gewählt werden und wird hier nicht weiter untersucht.

Die Ausgabedateien 1 und 2 enthalten zusammen alle Sätze der Eingabedatei 0. Dabei erhalten Datei 1 und Datei 2 entweder gleich viele Strings oder Datei 1 enthält einen String mehr als Datei 2. Der zuletzt ausgegebene sortierte String kann verkürzt sein und eine Länge kleiner als S haben.

Verschiedene Sonderfälle sind möglich und werden hier erwähnt, weil das Verfahren auch in diesen Sonderfällen funktionieren soll. Ausgangspunkt für die Fallunterscheidung ist die Anzahl der zu sortierenden Sätze in der Eingabedatei 0.

Sonderfall 1: Die Anzahl A der Sätze in Datei 0 ist größer als 0 (Null) aber nicht größer als S. In diesem Fall ist Datei 2 eine leere Datei.

Sonderfall 2: Die Anzahl A der Sätze in Datei 0 ist gleich 0 (Null), d.h. Datei 0 ist eine leere Datei. In diesem Fall sind beide Dateien 1 und 2 leere Dateien.

Die Vorsortierphase kann mit dem Programm-Modell 2 realisiert werden, wenn das Gruppierwort für die Satzgruppierung wie oben erwähnt gewählt wird. Die sortierten Strings müssen jedoch bezüglich eines von der jeweiligen Aufgabenstellung abhängigen Gruppierworts sortiert werden.

9.1.3 Mischphasen M-1 bis M-k

Die beiden Ausgabedateien 1 und 2 der Vorsortierphase werden zu Eingabedateien der ersten Mischphase M-1 (Bild 9.01, b). Die erste Mischphase ist realisierbar mit Programm-Modell 3. Das Gruppierwort wird aus der ST-Nr, die für jede Datei fortlaufend gebildet wird, und den durch die Aufgabenstellung bedingten Informationen der Sätze gebildet, z.B.:

```
GW-N     = GW-N (X, ST-Nr, ...)
```

Die Mischphase M-1 erzeugt durch Mischen jeweils eines *sortierten* Strings der Länge nS (in Phase M-1 ist n = 1) von Datei 1 und von Datei 2 *sortierte Strings der doppelten Länge 2nS*, und gibt diese sortierten Strings abwechselnd auf die Ausgabedateien 3 und 4 aus.

Bild 9.01
Programmfolge
für Sort

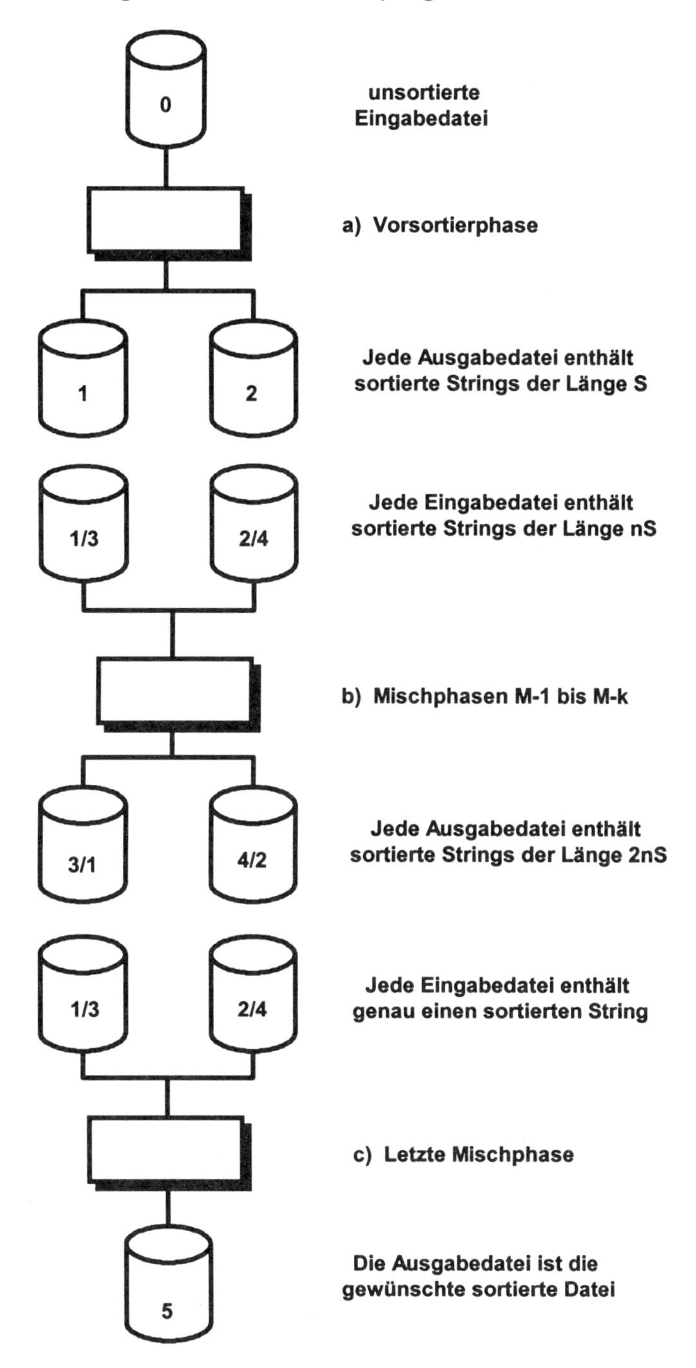

Dateien 3 und 4 enthalten zusammen alle Sätze der Dateien 1 und 2 und damit alle Sätze der zu sortierenden Eingabedatei 0. Die übrigen für Dateien 1 und 2 festgestellten Besonderheiten gelten auch für die Dateien 3 und 4.

Durch die erste Mischphase M-1 wird damit ein Zustand hergestellt, der dem durch die Vorsortierphase VS erzeugten Zustand entspricht, wobei jedoch die Länge der sortierten Strings verdoppelt worden ist.

Es liegt daher nahe, das Verfahren durch Wiederholung des Mischens fortzuführen. Dabei können abwechselnd die Dateien 3 und 4 wieder zu 1 und 2 gemischt und anschließend wieder 1 und 2 zu 3 und 4 gemischt werden, wobei sich bei jedem Schritt die Länge der sortierten Strings verdoppelt. Sobald die Länge der sortierten Strings nicht mehr kleiner als die halbe Anzahl der Sätze von Datei 0 ist, hat das Verfahren einen gewissen Abschluss gefunden.

Dabei wächst n mit Potenzen von 2 ständig an. Für die Mischphase M-1 ist n = 1, für M-2 ist n = 2, für M-3 ist n = 4 usw. für M-k ist n = 2**(k-1).

9.1.4 Letzte Mischphase M-(k+1)

Ist nach k Mischphasen jede der beiden Dateien 1 und 2 bzw. 3 und 4 vollständig sortiert, können die beiden Dateien in einer letzten Mischphase (Bild 9.01, c) zur sortierten Datei 5 zusammengeführt werden. Die letzte Mischphase wird wie die anderen Mischphasen mit Modell 3 realisiert. Das Gruppierwort kann beibehalten oder durch Weglassen des Gruppierelements für die String-Nummer verkürzt werden.

9.1.5 Anzahl der Mischphasen

Die Anzahl k der zu durchlaufenden Mischphasen (ohne die *letzte* Mischphase) hängt von der Anzahl A der Datensätze und von der gewählten Stringlänge S ab. Es kann k = 0 sein. In gewissen Fällen kann auf die *letzte* Mischphase verzichtet werden, sie kann aber auch in diesen Fällen stets durchlaufen werden.

Um in konkreten Fällen festlegen zu können, nach wievielen Schritten das Durchlaufen der Mischphasen beendet werden kann, muss aus der Anzahl A der Sätze der zu sortierenden Eingabedatei 0 die Anzahl k der zu durchlaufenden Mischphasen (ohne die letzte Mischphase) bestimmt werden.

Angenommen, A habe einen Wert, der durch folgende Schranken eingegrenzt ist:

```
S * 2**k  <    A  ≤   S * 2**(k+1)
```

Da jede Mischphase die Länge der sortierten Strings verdoppelt, sind genau k Mischphasen erforderlich um ausgehend von S eine Stringlänge von

```
S * 2**k  ≥   A/2
```

zu erreichen.

Die erforderliche Anzahl von Mischphasen kann durch eine möglichst große Wahl von S und durch Einführung von mehr als zwei Ausgabedateien für die Vorsortierphase und die k Mischphasen reduziert werden. Die Mischphasen erhalten dann mehr als zwei Eingabedateien und die Länge der sortierten Strings multipliziert sich in jeder Mischphase mit der Anzahl der Eingabedateien, also nicht nur mit zwei sondern mit drei, vier oder mehr.

9.1.6 Steuerprogramm für isolierte Sortierung

Um den Ablauf der Programmfolge zu steuern ist ein Steuerprogramm mit folgenden Funktionen erforderlich:

1. Aufruf der Vorsortierphase mit Festlegung einer möglichst großen Stringlänge S. Die Vorsortierphase muss eine Funktion zum Ermitteln der Anzahl der Sätze enthalten und diese Anzahl A an das Steuerprogramm zurückgeben.
2. Ermittlung der benötigten Anzahl von Mischphasen k ($k \geq 0$) aus der Anzahl A, der Stringlänge S und der Anzahl der Zwischendateien gemäß 9.1.5.
3. Aufruf der benötigten k Mischphasen. Dabei erhält jede Mischphase als Eingangsinformationen die Identifikationen ihrer Eingabedateien und ihrer Ausgabedateien sowie die aktuelle Stringlänge der Eingabedateien als Produkt von S und einer Potenz von 2.
4. Aufruf der letzten Mischphase, die als Eingangsinformationen die Identifikationen ihrer Eingabedateien erhält.

Das Steuerprogramm wird nicht mit einem der vorgestellten Programm-Modelle realisiert, sondern linear und mit einer Schleife für die Funktion 3.

Durch Kombination von Steuerprogramm und allen benötigten Phasen zu einem Mehrphasenprogramm entsteht das in Bild 9.02 dargestellte Mehrphasenprogramm für die isolierte Sortierung

Bild 9.02
Sort als Mehrphasenprogramm

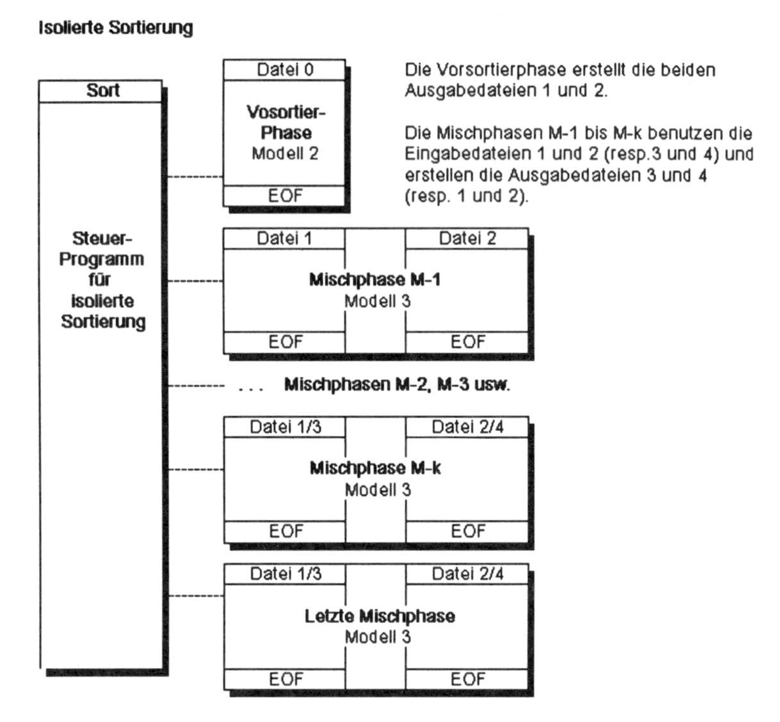

In dem Mehrphasenprogramm enthält nur die Vorsortierphase eine Sortierfunktion und kann daher auch als die eigentliche Sortierphase angesehen werden. Alle anderen Phasen sind Mischphasen.

Sortierprogramme dieser oder ähnlicher Art stehen in den Betriebssystemen als Dienstroutinen zur Verfügung und können aus Anwendungsprogrammen aufgerufen werden. In manchen Programmiersprachen stehen dafür geeignete Sprachelemente zur Verfügung.

In der Anwendungspraxis wird darauf verzichtet, im Datenflussplan die einzelnen Phasen der Sortierprogramme darzustellen. Der Datenflussplan für die isolierte Sortierung wird vereinfacht dargestellt, wobei die Arbeitsdateien 1, 2, 3 und 4 der Mischphasen zu einer Sortier-Arbeitsdatei zusammengefasst werden (Bild 9.03).

Bild 9.03
Datenflussplan
für Sort

Datenflussplan für isolierte Sortierung

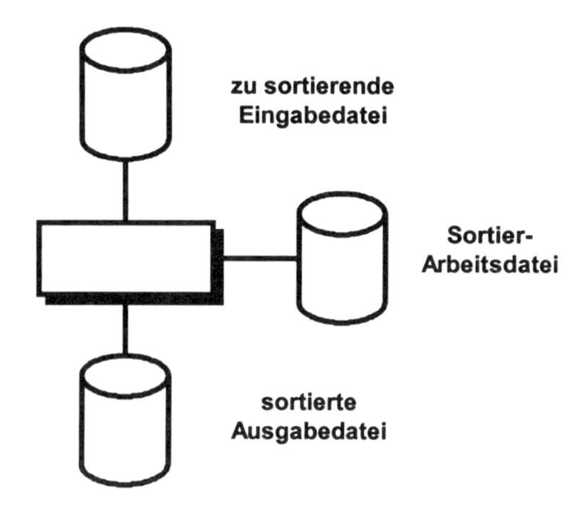

9.2 Erweiterung zur integrierten Sortierung (I-O-Sort)

In der Anwendungspraxis wird die zu sortierende Datei 0 in vielen Fällen von einem vorgeschalteten Programm als Ausgabedatei erzeugt. Entsprechend dient die sortierte Datei 5 fast immer als Eingabedatei für ein nachgeschaltetes Anwendungsprogramm. Die Dateien 0 und 5 sind dann nur Zwischendateien in einer Programmfolge.

Im Hinblick auf Mehrphasenprogramme und virtuelle Dateien stellt sich die Frage, ob die Zwischendateien 0 und 5 als reale Dateien erzeugt werden müssen oder ob sie durch virtuelle Dateien ersetzt werden können wenn Programme oder Phasen der Programmfolge in geeigneter Weise zu einem Mehrphasenprogramm zusammengefasst werden.

Die Zusammenfassung zu einem Mehrphasenprogramm mit virtuellen Dateien ist dann zweckmäßig, wenn dadurch die Effizienz verbessert wird, d.h. wenn die Laufzeit des Programms dadurch erheblich verkürzt wird.

Eine erhebliche Verkürzung kann nur bei großen Datenbeständen erwartet werden. Die Überlegungen sind daher nur für große Datenbestände von Nutzen, wie bereits in Kapitel 8, insbesondere in 8.3.3 ausgeführt. Welche Datenbestände in diesem Zusammenhang als groß anzusehen sind, hängt von den technischen Eigenschaften der Maschine und ihrer Peripheriegeräte ab.

Wenn die zu sortierende Zwischendatei zugleich mehreren Programmen oder Programmfolgen als Eingabedatei dient wird es meistens zweckmäßig sein, sie als reale Datei einmal zu erzeugen und dann mehrfach zu benutzen. Dasselbe gilt für die sortierte Zwischendatei.

Die Entwicklung des angestrebten Mehrphasenprogramms erfolgt unter Benutzung der schon für die isolierte Sortierung entwikkelten Lösung in vier Schritten.

1. Eine einfache Aufgabenstellung wird vorgestellt, bei der die zu sortierende Zwischendatei 0 von einem vorgeschalteten Anwendungsprogramm (Input-Procedure) erzeugt wird und die sortierte Zwischendatei 5 von einem nachgeschalteten Anwendungsprogramm (Output-Procedure) weiterverarbeitet wird (9.2.1).
2. Das vorgeschaltete Anwendungsprogramm wird mit der Vorsortierphase zu einem Mehrphasenprogramm verknüpft. Wobei die zu sortierende Zwischendatei 0 durch eine virtuelle Datei 0* ersetzt wird.
3. Das nachgeschaltete Anwendungsprogramm wird mit der letzten Mischphase zu einem Mehrphasenprogramm verknüpft, wobei die sortierte Zwischendatei 5 durch eine virtuelle Datei 5* ersetzt wird.
4. Durch Modifikation des Steuerprogramms für die isolierte Sortierung wird das Steuerprogramm für die integrierte Sortierung entwickelt.

Für die Verknüpfungen zu Mehrphasenprogrammen von Punkt 2 und 3 bestehen zwei verschiedene Möglichkeiten (vergl. 8.3), die zu verschiedenen Steuerprogrammen führen. Beide Möglichkeiten werden vorgestellt und gegenübergestellt.

9.2.1 Einfache Aufgabenstellung für integrierte Sortierung

1. Aus einer Eingabedatei 0 sollen Sätze selektiert werden.
2. Die selektierten Sätze sollen bezüglich eines Gruppierworts sortiert werden
3. Die sortierten Sätze sollen auf eine Liste 5 ausgegeben werden.

Die Aufgabe kann mit einer Folge von drei Programmen gelöst werden. Ziffer 1 kann als Selektionsprogramm mit Modell 1, Ziffer 2 mit einem isolierten Sort und Ziffer 3 als Druckprogramm mit Modell 1 realisiert werden. In den folgenden Abschnitten werden zwei Alternativen vorgestellt, die *drei* Programme zu *einem* Mehrphasenprogramm zusammen zu fassen.

9.2.2 Integrierte Sortierung - COBOL-Modell

Selektionsprogramm

Das Selektionsprogramm kann mit der Vorsortierphase des Sortierprogramms zu einem Mehrphasenprogramm zusammengefasst werden (Bild 9.04). Zunächst wird angenommen, dass dabei das Selektionsprogramm zur Haupt- oder Oberphase und die Vorsortierphase zur Unterphase wird.

Druckprogramm

Entsprechend kann das Druckprogramm mit der letzten Mischphase zu einem Mehrphasenprogramm zusammengefasst werden. Hier wird zunächst angenommen, dass dabei das Druckprogramm zur Haupt- oder Oberphase wird und die letzte Mischphase zur Unterphase.

Dadurch entsteht eine Programmfolge wie in Bild 9.04 dargestellt. Das vorgeschaltete Programm (hier das Selektionsprogramm) wird in diesem Zusammenhang als *Input-Procedure*, das nachgeschaltete Programm (hier das Druckprogramm) als *Output-Procedure* bezeichnet.

Um den Ablauf der Programmfolge zu steuern muss das Steuerprogramm von 9.1.6 wie folgt modifiziert werden (Änderungen und Ergänzungen sind kursiv gedruckt):

1. *Aufruf der Input-Procedure. Die Input-Procedure ruft für jeden in die virtuelle Datei auszugebenden Satz die Vorsortierphase als Unterphase auf. Nach der Übergabe des letzten Satzes übergibt die Input-Procedure bei einem weiteren, letzten Aufruf ein Endesignal (EOF) an die Vorsortierphase.* In der Vorsortierphase werden wie in 9.1.6, Ziffer 1, die Stringlänge S festgelegt, die Anzahl A der erhaltenen Sätze ermittelt und diese Anzahl A an das Steuerprogramm zurückgeben.
2. Ermittlung der benötigten Anzahl von Mischphasen k ($k \geq 0$) aus der Anzahl A, der Stringlänge S und der Anzahl der Zwischendateien gemäß 9.1.5.
3. Aufruf der benötigten k Mischphasen. Dabei erhält jede Mischphase als Eingangsinformationen die Identifikationen ihrer Eingabedateien und ihrer Ausgabedateien sowie die aktuelle Stringlänge der Eingabedateien als Produkt von S und einer Potenz von 2.

Lösungs-Modell für integrierte Sortierung

Bild 9.04
Programmfolge
für I-O-Sort

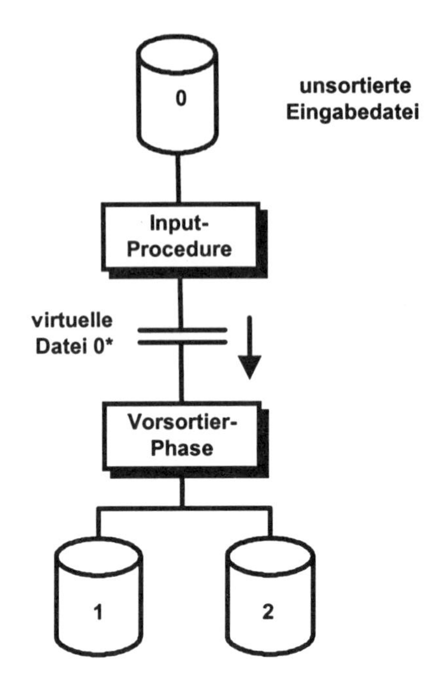

Mischphasen M-1 bis M-k

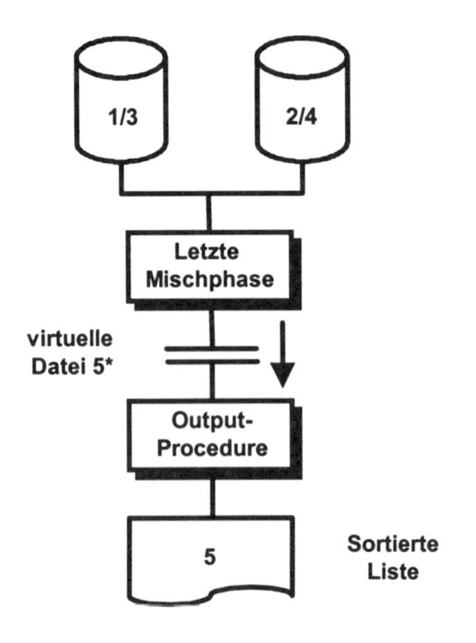

Bild 9.05
I-O-Sort,
COBOL-Lösung

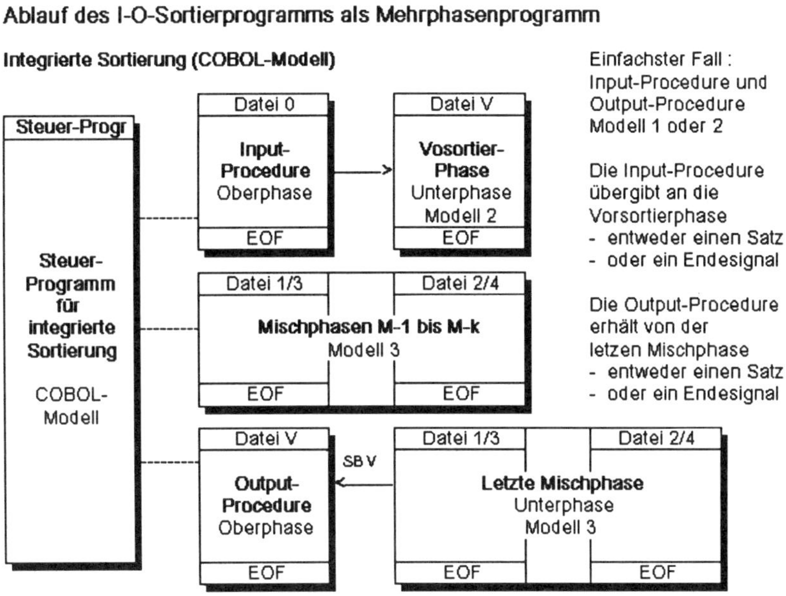

Ablauf des I-O-Sortierprogramms als Mehrphasenprogramm

Integrierte Sortierung (COBOL-Modell)

Steuer-Progr
Steuer-Programm für integrierte Sortierung
COBOL-Modell

Datei 0
Input-Procedure
Oberphase
EOF

Datei V
Vosortier-Phase
Unterphase
Modell 2
EOF

Datei 1/3
Datei 2/4
Mischphasen M-1 bis M-k
Modell 3
EOF
EOF

Datei V
Output-Procedure
Oberphase
EOF

SB V

Datei 1/3
Datei 2/4
Letzte Mischphase
Unterphase
Modell 3
EOF
EOF

Einfachster Fall :
Input-Procedure und
Output-Procedure
Modell 1 oder 2

Die Input-Procedure
übergibt an die
Vorsortierphase
- entweder einen Satz
- oder ein Endesignal

Die Output-Procedure
erhält von der
letzen Mischphase
- entweder einen Satz
- oder ein Endesignal

4. *Aufruf der Output-Procedure. Die Output-Procedure ruft die letzte Mischphase wiederholt als Unterphase auf und erhält von der Unterphase entweder einen Satz oder ein Endesignal (EOF). Ist das Endesignal einmal übergeben worden, erfolgt kein weiterer Aufruf.* Die letzte Mischphase erhält vom Steuerprogramm als Eingangsinformationen die Identifikationen ihrer Eingabedateien.

Das Steuerprogramm wird nicht mit einem der vorgestellten Programm-Modelle realisiert, sondern linear und mit einer Schleife für die Funktion 3.

Durch Kombination von Steuerprogramm und allen benötigten Phasen zu einem Mehrphasenprogramm entsteht als eine mögliche Lösung das in Bild 9.05 dargestellte Mehrphasenprogramm für die integrierte Sortierung.

Ähnlich wie bei der isolierten Sortierung wird der Datenflussplan für die integrierte Sortierung vereinfacht dargestellt (Bild 9.06).

Bild 9.06
Datenflussplan
für I-O-Sort

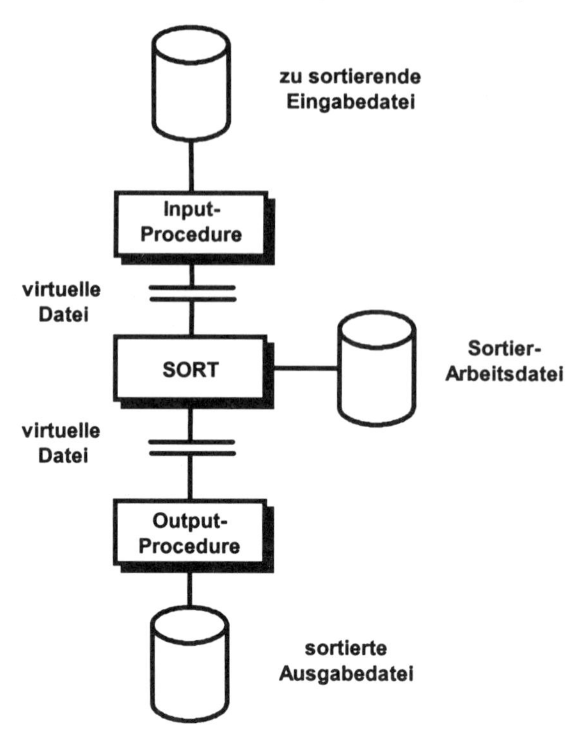

Diese als COBOL-Modell vorgestellte Lösung wird bei der Realisierung in der Programmiersprache COBOL durch geeignete Sprachelemente und durch die Bereitstellung von Steuerprogramm, Vorsortierphase und allen Mischphasen einschließlich der letzten Mischphase mit den benötigten Funktionen unterstützt. Vorsortierphase und letzte Mischphase sind dabei als Unterphasen realisiert und enthalten die Funktionen für den Empfang eines Endesignals *von* der Input-Procedure bzw. die Übergabe eines Endesignals *an* die Output-Procedure.

Input- und Output-Procedure können daher mit geringfügigen lokalen Änderungen aus entsprechend realisierten Einzelprogrammen abgeleitet werden. Bilder 9.07 und 9.08 zeigen Musterlösungen für Input- und Output-Procedure für die Aufgabenstellung von von 9.2.1.

Gegenüber einer Lösung mit realen Dateien sind bei unveränderter Programmstruktur

Input-Procedure, COBOL-Lösung

Bild 9.07
Input-Procedure,
COBOL-Lösung

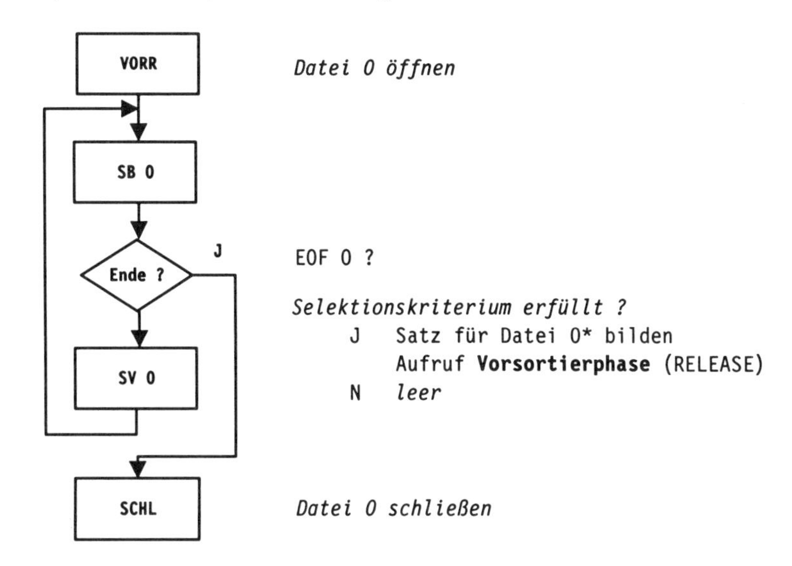

- in der **Input-Procedure** die Schreibfunktion (WRITE ...) durch den Aufruf der *Vorsortierphase* (RELEASE ...),
- in der **Output-Procedure** die Lesefunktion (READ ...) durch den Aufruf der *letzten Mischphase* (RETURN ...) ersetzt worden.

Die Lösung lässt sich daher hinsichtlich Input- und Output-Procedure in gleicher Weise auf solche Aufgaben übertragen, bei denen diese Phasen mit einem Programm-Modell 2, 3 oder 4 oder mit einem Mehrphasenprogramm realisiert werden.

Bei der COBOL-Lösung wird die Arbeitsdatei des Sortierprogramms von der Sortierroutine geöffnet, ohne dass es hierzu einer Anweisung im Programm bedarf. Weitere formale Einzelheiten des Aufrufs sind den jeweiligen Handbüchern zur Programmiersprache COBOL zu entnehmen.

Der Funktionsablauf bei dieser Lösung gestattet es, zunächst die Input-Procedure als vorgeschaltetes Programm für eine isolierte Sortierung und die Output-Procedure als deren nachgeschaltetes Programm zu realisieren und erst zu einem späteren Zeitpunkt ohne Änderung der Programmkonstruktion in eine integrierte Sortierung zu überführen.

Output-Procedure, COBOL-Lösung

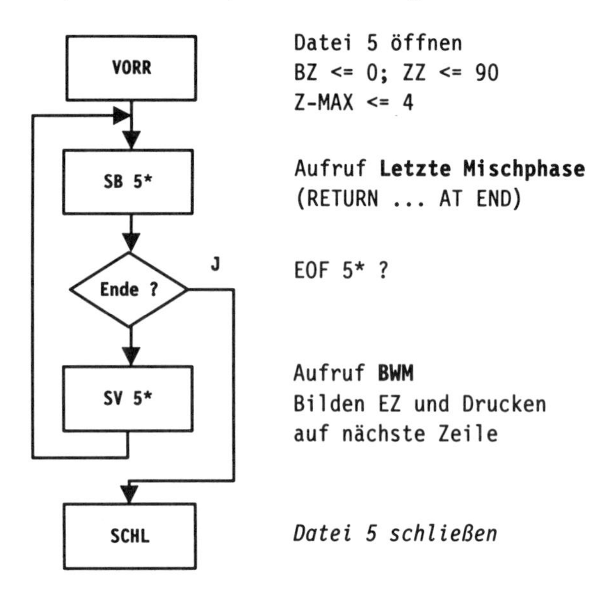

Bild 9.08
Output-Procedure,
COBOL-Lösung

9.2.3 Integrierte Sortierung – PL/1-Modell

Im Gegensatz zu dem in 9.2.2 vorgestellten COBOL-Modell, bei dem Input-Procedure und Output-Procedure *Oberphasen* der Vorsortierphase bzw. der letzten Mischphase sind, wird in der Programmiersprache PL/1 ein Lösungs-Modell unterstützt, bei dem die Input-Procedure und die Output-Procedure *Unterphasen* der Vorsortierphase bzw. der letzten Mischphase sind.

In Kapitel 8 wurde bereits gezeigt, welche Änderungen an der Programmkonstruktion normalerweise erforderlich sind, um ein Programm als Unterphase einsetzen zu können. Die dort vorgestellten Lösungen lassen sich jedoch nur teilweise auf die Input- und Output-Procedure der PL/1-Lösung übertragen, weil die von PL/1 zur Verfügung gestellten und unterstützen Funktionen des Sortierprogramms die Übergabe von Endesignalen nur teilweise und in anderer Form realisieren. Vorsortierphase und letzte Mischphase rufen in der von PL/1 bereitgestellten Version ihre Unterphasen Input-Procedure bzw. Output-Procedure nicht gesondert zum Durchlaufen der jeweiligen Voroutine auf, wodurch weitere Änderungen an den Programmkonstruktionen von Kapitel 8 erforderlich werden.

Selektionsprogramm

Im PL/1-Modell wird das Selektionsprogramm ebenfalls mit der Vorsortierphase des Sortierprogramms zu einem Mehrphasenprogramm zusammengefasst, wie in Bild 9.04 dargestellt. Jedoch wird dabei das Selektionsprogramm zur Unterphase und die Vorsortierphase zu ihrer Oberphase.

Druckprogramm

Entsprechend wird das Druckprogramm mit der letzten Mischphase zu einem Mehrphasenprogramm zusammengefasst. Dabei wird das Druckprogramm zur Unterphase und die letzte Mischphase zu ihrer Oberphase.

Dadurch entstehen dieselbe Programmfolge und derselbe Datenflussplan wie sie schon in Bild 9.04 bzw. 9.06 dargestellt worden sind. Das Mehrphasenprogramm von Bild 9.05 ändert sich jedoch und ist in der neuen Form in Bild 9.09 dargestellt.

Um den Ablauf der Programmfolge zu steuern muss das Steuerprogramm von 9.1.6 jetzt wie folgt modifiziert werden (Änderungen und Ergänzungen sind kursiv gedruckt):

1. Aufruf der Vorsortierphase. *Die Vorsortierphase ruft für jeden aus der virtuellen Datei gewünschten Satz die Input-Procedure als Unterphase auf. Die Input-Procedure übergibt der Vorsortierphase entweder einen Satz oder ein Endesignal.* In der Vorsortierphase wird wie in 9.1.6, Ziffer 1, die Stringlänge S festgelegt, die Anzahl A der erhaltenen Sätze ermittelt und diese Anzahl A an das Steuerprogramm zurückgegeben.
2. Ermittlung der benötigten Anzahl von Mischphasen k ($k \geq 0$) aus der Anzahl A, der Stringlänge S und der Anzahl der Zwischendateien gemäß 9.1.5.
3. Aufruf der benötigten k Mischphasen. Dabei erhält jede Mischphase als Eingangsinformationen die Identifikationen ihrer Eingabedateien und ihrer Ausgabedateien sowie die aktuelle Stringlänge der Eingabedateien als Produkt von S und einer Potenz von 2.
4. Aufruf der letzten Mischphase. *Die letzte Mischphase ruft die Output-Procedure wiederholt als Unterphase auf und übergibt der Output-Procedure bei jedem Aufruf einen Satz.* (Der nach dem letzten übergebenen Satz erforderliche weitere Aufruf zur Übergabe des Endesignals ist in PL/1 nicht realisiert.) Die letzte Mischphase erhält vom Steuerprogramm als Eingangsinformationen die Identifikationen ihrer Eingabedateien.

Diese als PL/1-Modell vorgestellte Lösung – auch als *Sort mit EXIT* bezeichnet - wird bei der Realisierung in der Programmiersprache PL/1 durch geeignete Sprachelemente und durch die Bereitstellung von Steuerprogramm, Vorsortierphase und allen Mischphasen einschließlich der letzten Mischphase unterstützt. Vorsortierphase und letzte Mischphase sind dabei als Oberphasen realisiert.

Die Übergabe des Endesignals von der Input-Procedure an die Vorsortierphase erfolgt in einer besonderen Weise durch Aufruf eines Unterprogramms und Übergabe unterschiedlicher Returncodes.

Übergibt die Input-Procedure einen Satz an die Vorsortierphase, so wird dies der Vorsortierphase vor dem Verlassen der Input-Procedure durch Aufruf des Unterprogramms PL1RETC(12) signalisiert. Übergibt die Input-Procedure keinen Satz an die Vorsortierphase sondern signalisiert das Ende der virtuellen Datei, wird dies der Vorsortierphase vor dem Verlassen der Input-Procedure durch Aufruf des Unterprogramms PL1RETC(8) signalisiert.

Die letzte Mischphase übergibt in der von PL/1 unterstützten Lösung kein Endesignal an die Output-Procedure. Daher werden in der Output-Procedure Abschlussfunktionen wie das Ausgeben von Summen für die letzte Satzgruppe, das Ausgeben von Gesamtsummen oder das Schließen von Dateien nicht ausgeführt, weil sie nur von einem Endesignal ausgelöst werden können.

Um die Abschlussfunktionen ausführen zu können muss eine der drei folgenden Alternativen bei der Realisierung gewählt werden:

Alternative 1: Nach Beendigung des Steuerprogramms wird die Output-Procedure noch einmal mit einem simulierten Endesignal aufgerufen (vergl. hierzu 3.3.3, Aufruf des Unterprogramms aus der Schlussroutine mit dem Endewert des Gruppierworts).

Alternative 2: Die Abschlussfunktionen der Output-Procedure werden aus der Output-Procedure ausgelagert und an das Steuerprogramm als Nachlauf angefügt.

Alternative 3: In der Input-Procedure wird ein zusätzlicher Satz für eine Endesimulation erzeugt und an die Vorsortierphase übergeben. Der Satz muss in Aufbau und Inhalt so gestaltet sein, dass er bei der Sortierung letzter Satz der sortierten Datei wird, in der Output-Procedure als solcher erkannt wird, eine Endesimulation auslöst und so das Ausführen der Abschlussfunktionen anstößt.

Alternative 1 ist vorteilhaft, wenn gewisse Abschlussfunktionen bei einer leeren virtuellen Datei an der Schnittstelle zwischen letzter Mischphase und Output-Procedure *nicht* ausgeführt werden dürfen (z.B. Ausgabe satzgruppenbezogener Summen). Bei Alternative 2 muss der Fall der leeren virtuellen Datei erst durch zusätzliche Programmfunktionen in der Output-Procedure erkennbar gemacht werden (z.B. durch Satzzählung).

Im Falle des einfachen Beispiels, das dem Bild 9.11 zu Grunde liegt, ist es zweckmäßig die Datei 5 in einem Nachlauf zum Steuerprogramm des I-O-Sortierprogramms zu schließen.

Als eine weitere Besonderheit ist es erforderlich, dass die Output-Procedure ihre Bereitschaft zur Entgegennahme weiterer Sätze nach Verarbeitung jedes Satzes vor dem Rücksprung in die letzte Mischphase durch den Aufruf PL1RETC(4) anzeigt. Weitere Einzelheiten sind den PL/1-Handbüchern zu entnehmen.

Input- und Output-Procedure können wegen der Besonderheiten nur mit erheblichen Änderungen der Programmstruktur aus entsprechend realisierten Einzelprogrammen abgeleitet werden.

Bild 9.09
I-O-Sort,
PL/1-Lösung

Ablauf des I-O-Sortierprogramms als Mehrphasenprogramm

Integrierte Sortierung (PL/1-Modell)

Steuer-Progr
Steuer-Programm für integrierte Sortierung
PL/1-Modell

Datei V
Vosortier-Phase
Oberphase
Modell 2
EOF

Datei 0
Input-Procedure
Unterphase
EOF

Datei 1/3 | Datei 2/4
Mischphasen M-1 bis M-k
Modell 3
EOF | EOF

Datei 1/3 | Datei 2/4
Letzte Mischphase
Oberphase
Modell 3
EOF | EOF

Datei V
Output-Procedure
Unterphase
***

Nachlauf

Datei V
Output-Procedure
***

Einfachster Fall :
Input-Procedure und
Output-Procedure
Modell 1 oder Modell 2

Die Vorsortierphase erhält
von der Input-Procedure
bei jedem Aufruf
- entweder einen Satz
- oder ein Endesignal

Letzte Mischphase übergibt
der Output-Procedure
bei jedem Aufruf
genau einen Satz
(das Endesignal fehlt)

Im Anschluss an das Sortierprogramm
muss in einem Nachlauf
- entweder mit einem simulierten Endesignal
  die Output-Procedure aufgerufen werden
- oder es müssen die Abschlussfunktionen
  gesondert ausgeführt werden.

Bild 9.10
Input-Procedure,
PL/1-Lösung

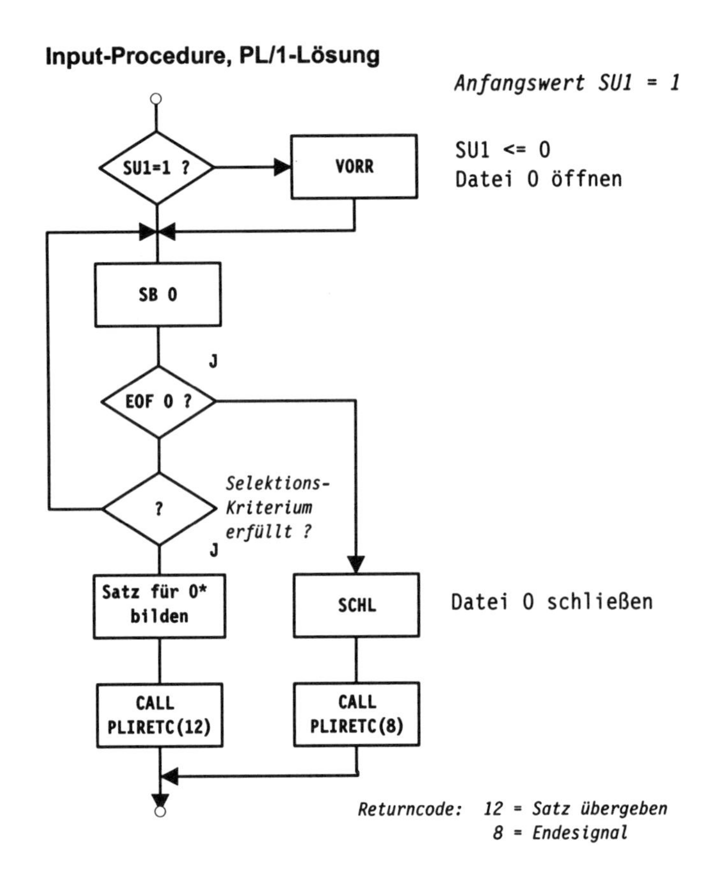

Bilder 9.10 und 9.11 zeigen Musterlösungen für Input- und Output-Procedure für die einfache Aufgabenstellung von von 9.2.1. Die in der Musterlösung der Input-Procedure enthaltene Schleife dient dabei dem Filtern der zu selektierenden Sätze, ähnlich wie in 6.1 und Bild 6.01 gezeigt.

Grundsätzlich sind die in Kapitel 8 vorgestellten Konstruktionen für Unterphasen auch hier für alle Programm-Modelle anwendbar, müssen aber entsprechend angepasst werden.

Output-Procedure, PL/1-Lösung

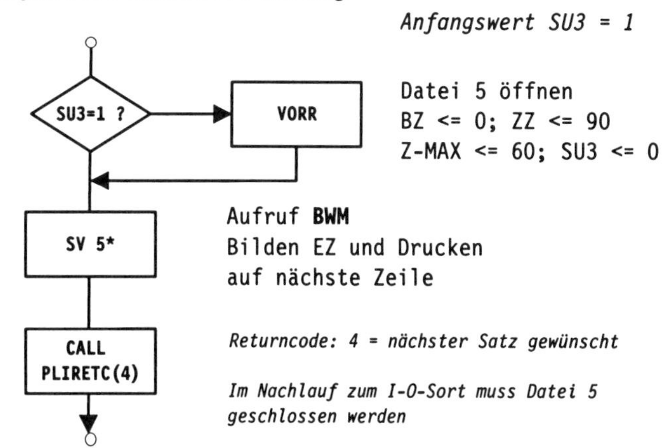

Bild 9.11
Output-Procedure,
PL/1-Lösung

Sachwortverzeichnis